高等院校土建类专业"互联网+"创新规划教材

工程设计软件应用(第2版)

主　编　孙香红　郑宏强　刘　喜

北京大学出版社
PEKING UNIVERSITY PRESS

内容简介

本书针对高等学校土木工程专业的培养目标，根据PKPM2010（V5.2.4.3，2021年版）和SAP2000（V23.3.0）软件编写而成。全书共分为8章，包括PKPM系列软件介绍，结构平面计算机辅助设计软件PMCAD，钢筋混凝土框架、排架及连续梁结构计算与施工图绘制软件PK，多、高层建筑结构空间有限元分析与设计软件SATWE，复杂多、高层建筑结构分析与设计软件PMSAP，地基基础分析与设计软件JCCAD，混凝土结构施工图，SAP2000结构分析软件。本书核心章节均有操作实例，每章后都有思考与练习题，方便教师教学和学生学习。

本书既可供土木工程专业和工程造价专业本科生学习使用，也可供土木工程专业的研究生、继续教育的本科生和专科生学习使用，还可供从事结构设计、研究及施工的人员参考使用。

图书在版编目（CIP）数据

工程设计软件应用/孙香红，郑宏强，刘喜主编.—2版.—北京：北京大学出版社， 2023.6
高等院校土建类专业"互联网+"创新规划教材
ISBN 978-7-301-34077-6

Ⅰ.①工… Ⅱ.①孙… ②郑… ③刘… Ⅲ.①建筑设计—计算机辅助设计—应用软件—高等学校—教材 Ⅳ.①TU201.4

中国国家版本馆CIP数据核字（2023）第098654号

书　　　　名	工程设计软件应用（第2版）
	GONGCHENG SHEJI RUANJIAN YINGYONG（DI-ER BAN）
著作责任者	孙香红　郑宏强　刘　喜　主编
策 划 编 辑	吴　迪　卢　东
责 任 编 辑	伍大维
数 字 编 辑	蒙俞材
标 准 书 号	ISBN 978-7-301-34077-6
出 版 发 行	北京大学出版社
地　　　址	北京市海淀区成府路205号　　100871
网　　　址	http://www.pup.cn　　新浪微博：@北京大学出版社
电 子 信 箱	pup_6@163.com
电　　　话	邮购部 010-62752015　　发行部 010-62750672　　编辑部 010-62750667
印 刷 者	河北滦县鑫华书刊印刷厂
经 销 者	新华书店
	787毫米×1092毫米　　16开本　　27印张　　648千字
	2012年1月第1版
	2023年6月第2版　2023年6月第1次印刷
定　　　价	68.00元

随着计算机技术和工程建造技术的不断进步，以及设计人员对智能化技术的需求日益提高，工程设计的计算方法和种类日益更新。作为土木工程专业的大学生，应紧密结合行业发展，除掌握基本专业理论知识外，还需具备运用工程设计软件进行实际工程设计的能力，以满足新时代下土木工程专业本科人才培养的要求。

"工程设计软件应用"是土木工程专业的主要专业课之一，也是结构力学、材料力学、混凝土结构设计、荷载与结构设计方法、建筑结构抗震设计及地基基础设计等专业知识在结构计算机分析与设计中的综合应用，能让学生初步接触本专业的设计规范、标准和图集，同时注重理论联系实际，让学生在学习过程中明确专业知识在工程设计中的体现，提高学生解决实际问题的能力。

本书从人才培养需求和设计软件发展两方面出发，面向本专业高年级学生和初、中级工程设计专业技术人员，着重培养学生独立开展工程设计的能力；基于工程实例，以广泛应用的主流工程设计软件——PKPM2010（V5.2.4.3，2021 年版）和 SAP2000（V23.3.0）为对象，引导学生了解软件各个模块的功能，理解工程结构设计的概念，熟悉结构建模和分析的过程，能够清晰地判断计算与设计结果的正确性，熟练地进行结构施工图的绘制，最终达到综合运用所学理论知识进行工程设计的目的。全书共分为 8 章，第 1 章为 PKPM 系列软件介绍，其他章节除理论讲解外，均有操作实例，再辅以思考与练习题，方便教师教学和学生学习。此外，全书还配有 44 个软件操作视频，读者可以扫描书中知识点旁边的二维码观看（需要先扫描封二的二维码激活）。

资源索引

本书由长安大学孙香红、西安长安大学工程设计研究院有限公司郑宏强、长安大学刘喜主编。本书具体编写分工为：第 1 章、第 7 章由郑宏强编写，第 2 章～第 6 章由孙香红编写，第 8 章由刘喜编写。全书由孙香红负责统稿。本书的编写受到了长安大学中央高校教材建设基金的资助和支持，对学校的资助特别表示感谢。在本书编写过程中，研究生吴冰雪、齐炳越、轩云鹏、丁汉卿、纪颖颖、高家彬及西安长安大学工程设计研究院有限公司闫露为本书做了不少辅助工作，在此对他们一并表示感谢。

由于编者水平有限，书中难免有不足之处，敬请广大读者批评指正。

编　者

2023 年 1 月

目 录

第1章
PKPM系列软件介绍

知识结构图

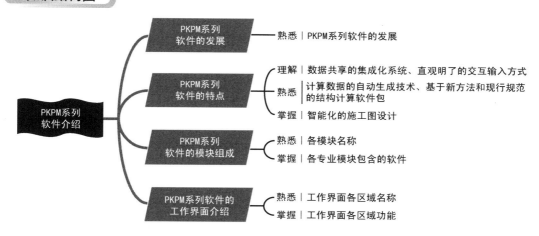

PKPM系列软件介绍
- PKPM系列软件的发展 —— 熟悉 | PKPM系列软件的发展
- PKPM系列软件的特点 —— 理解 | 数据共享的集成化系统、直观明了的交互输入方式
  —— 熟悉 | 计算数据的自动生成技术、基于新方法和现行规范的结构计算软件包
  —— 掌握 | 智能化的施工图设计
- PKPM系列软件的模块组成 —— 熟悉 | 各模块名称
  —— 掌握 | 各专业模块包含的软件
- PKPM系列软件的工作界面介绍 —— 熟悉 | 工作界面各区域名称
  —— 掌握 | 工作界面各区域功能

　　PKPM 系列软件是目前国内建筑工程中应用最广泛、用户最多的一套计算机辅助设计系统。它是集结构设计、给排水设计、电气设计，以及工程量统计、概预算及施工软件等于一体的大型建筑工程综合 CAD 系统。针对建筑结构各部新版规范的诞生，PKPM系列软件也进行了数次较大规模的改版。2008 版软件，根据工程需要和用户意见，精简合并了菜单，简化了操作，扩充了大量功能，拓展了对复杂类型结构的适用性和施工图设计的应用，使系统的整体水平有了较大幅度的提高。2010 版软件，紧密结合国家 2010 系列规范更新，对相关软件模块进行了全面改进。本书讲解的软件为 PKPM2010（V5.2.4.3，2021 年版）。本章对 PKPM 系列软件的发展、特点、模块组成及工作界面等进行了介绍，使读者对 PKPM 系列软件有一个整体认识。

1.1 PKPM 系列软件的发展

在 PKPM 系列软件开发之初，我国的建筑工程设计领域计算机应用水平相对还较落后，计算机仅用于结构分析，CAD 技术应用还很少。针对上述情况，中国建筑科学研究院经过几年的努力，研制开发了 PKPM 系列软件。该软件自 1987 年推广以来，历经了多次更新改版，目前的 2010 版已经发展成为一个集建筑、结构、设备、施工管理于一体的集成系统。迄今，该软件在全国用户已超过 10000 家，这些用户主要分布于各省市的各类大中小型设计院；该软件在省部级以上设计院的普及率已达到 90% 以上。引入该软件的项目数量、应用软件的水平和范围也在逐年提高，设计质量及效益明显提升。PKPM 系列软件已成为目前国内建筑结构设计领域应用最广泛的一套 CAD 系统。

伴随着国内市场的成功，从 1995 年开始，中国建筑科学研究院 PKPM CAD 工程部开始着手国际市场的开拓工作，并根据国际市场的需求，相应开发了几种英文界面版本的 PKPM 系列软件，这些版本包括英国规范版、新加坡规范版、中国规范的英文版本等。在国际 CAD 软件市场竞争激烈的情况下，还成功拓展了在新加坡、马来西亚、越南、韩国等亚洲国家的市场。

在党的二十大报告中指出，要加快实现高水平科技自立自强。PKPM 系列软件，注重自主创新、加快实现高水平科技自立自强，以其雄厚的开发实力和技术优势，越来越受到国内外建筑工程设计人员的青睐，为我国国民经济建设带来了巨大的经济和社会效益。

1.2 PKPM 系列软件的特点

PKPM 系列软件的特点概括起来，主要有以下几方面。

1. 数据共享的集成化系统

建筑设计过程一般分为方案设计、初步设计和施工图设计 3 个阶段。常规配合的专业有结构、设备（包括水、电、暖通等）。在各个阶段，各专业之间往往有大大小小的改动和调整。因此，各专业的配合需要及时互相提供设计条件。在手工绘图时，一旦发生变更，各阶段和各专业的设计成果只能分别返工。而利用 PKPM 系列软件数据共享的特点，无论先进行哪个专业的设计工作，其所形成的建筑数据都可与其他专业共享，避免重复输入数据。此外，结构专业中各个设计模块之间也可数据共享，即各种模型原理的上部结构分析、绘图模块和各类基础设计模块可以共享结构布置、荷载及计算分析结果。这样可最大限度地利用数据资源，大大提高工作效率。

2. 直观明了的交互输入方式

PKPM 系列软件采用友好的界面进行交互输入，避免了烦琐的数据文件填写，只要通过对建筑物进行整体建模即可完成数据输入。该软件有详细的中文菜单引导，并提供了丰富的图形输入功能，可有效地帮助用户输入。这种交互输入方式比较容易掌握，而且比传统的输入方式可提高效率达数十倍。

3. 计算数据的自动生成技术

PKPM系列软件具有自动传导荷载（简称"导荷"）功能，实现了恒荷载（简称"恒载"）、活荷载（简称"活载"）及风荷载（简称"风载"）的自动计算和传导，还可自动提取结构几何信息并完成结构单元划分，在此基础上可自动生成平面框架、进行高层三维分析，得到砖混结构及底层框架（以下简称"底框"）上部砖房结构等多种计算方法的数据，特别是可把剪力墙自动划分成壳单元，从而使复杂计算模式实用化。上部结构的平面布置信息及荷载数据，可自动传递给各类基础，并接力完成基础的计算和设计。在设备专业设计中可实现从建筑模型中自动提取各种信息，并完成负荷计算和线路计算。

4. 基于新方法和现行规范的结构计算软件包

利用中国建筑科学研究院是工程建设技术标准和规范的主编和管理单位的优势，PKPM CAD系统能够紧跟规范的更新而改进软件，全部结构计算及丰富成熟的施工图辅助设计功能完全按照国家设计规范和标准开发，全面反映了现行规范和标准所要求的荷载效应组合、计算表达式、计算参数取值、抗震设计新概念所要求的强柱弱梁、强剪弱弯、节点核心区、罕遇地震及考虑扭转效应的振动耦联计算方面的内容，使其能够及时满足工程设计需要。

在计算方法方面，PKPM系列软件采用了国内外最流行的各种计算方法，如平面杆系，矩形及异形楼板，薄壁杆系，高层空间有限元，高精度平面有限元，高层结构动力时程分析，梁式和板式楼梯及异形楼梯，各类基础、砖混及底框抗震分析等，其中有些计算方法已达到国际先进水平。

5. 智能化的施工图设计

利用PKPM系列软件，可在结构计算完毕后，智能化选择钢筋，确定构造措施及节点大样，能满足现行规范及不同设计习惯，可全面地人工干预修改手段、钢筋截面归并整理、自动布图等一系列操作，使施工图设计过程自动化。设置好施工图设计方式后，系统可自动完成框架、排架、连续梁、结构平面、楼板计算配筋、节点大样、各类基础、楼梯、剪力墙等施工图绘制，并提供图形编辑功能，包括标注、说明、移动、删除、修改、缩放及图层和图块管理等。

PKPM系列软件是根据我国国情和特点自主开发的建筑工程设计辅助软件系统，正是由于它在上述方面的特点，使它在国内的使用比其他国内外同类软件更具有优势，在系统图形及图像处理技术、功能集成化等方面正在向国际领先水平看齐。

1.3　PKPM系列软件的模块组成

2010版的PKPM系列软件包含了结构、砌体、钢结构、减隔震、施工图审查、鉴定加固、预应力、工具工业、BIM软件共9个主要专业模块，如图1.1所示。

在每个专业模块下，包含了各自相关的若干软件。PKPM 系列软件各模块名称及其包含的软件见表 1-1。

图1.1　PKPM系列软件的主要专业模块

表 1-1　PKPM 系列软件各模块名称及其包含的软件

专业	模块名称及其包含的软件		
结构	SATWE 核心的集成设计	结构建模	双击后进入 PMCAD。PMCAD 软件采用交互方式，引导用户逐层布置各层平面和各层楼面，再输入层高就能建立起一套描述建筑物整体结构的数据
		SATWE 分析设计	对于一个新建工程，在 PMCAD 模型中已经包含了部分参数，这些参数可以为 PKPM 系列的多个软件模块所公用，但对于结构分析而言并不完备。SATWE 在 PMCAD 参数的基础上，提供了一套更为丰富的参数，以适应结构分析和设计的需要
		基础设计	JCCAD 以基于二维、三维图形平台的交互技术建立模型，界面友好，操作顺畅；它接力上部结构模型建立基础模型、接力上部结构计算生成基础设计的上部荷载，充分发挥了系统协同工作、集成化的优势
		复杂楼板设计	可进行复杂楼板分析与设计
		弹塑性时程分析	可进行多、高层建筑结构弹塑性静力和动力分析
		静力推覆分析	主要包含两项内容：一项是纯粹的有限元非线性静力分析；另一项是在有限元计算结果的基础上，采用能力谱方法进行的结构弹塑性性能评定
		混凝土结构施工图	其主要功能是辅助用户完成上部结构各种混凝土构件的配筋设计，并绘制施工图
		混凝土施工图审查	主要操作对象是施工图，操作目的是审查，即对施工图中的实际配筋进行审查，对工程的计算结果进行审查，最后给出审查报告

专业	模块名称及其包含的软件		
结构	SATWE 核心的集成设计	结构工程量统计	是面向结构设计人员的工程量、钢筋量统计工具，可从工程造价控制的角度为结构方案的确定提供参考数据
		钢结构施工图	针对钢结构的连接进行设计，包含设计参数、连接设计、连接查询、连接修改、结果文件与算量统计
		楼梯设计	用交互方式建立各层楼梯的模型，继而完成钢筋混凝土楼梯的结构计算、配筋计算及施工图绘制
		工具集	可针对混凝土结构构件、加固构件、砌体结构混凝土构件、钢结构构件、地基基础岩土进行分析计算
		SAUSAGE	可在进行动力弹塑性分析后，自动输出结构超限分析报告需要的各种统计数据，如层间位移角曲线、层间剪力曲线等，能大大简化用户的操作，提高工作效率
	PMSAP 核心的集成设计	结构建模	与 SATWE 中的结构建模基本一致。其方法不同点：PMSAP 读取的是 PMCAD 的用户定义的恒、活面荷载，而 SATWE 读取的是导荷载；PMSAP 读取的是 PMCAD 的原始偏心信息，而 SATWE 则根据偏心定义调整节点坐标
		PMSAP 分析设计	对复杂多、高层建筑结构进行分析与设计
		PMSAP 结果查看	可查看结构的模型、分析结果、设计结果、特殊分析结果、组合内力、校核、文本结果和钢筋层
		基础设计	同 SATWE
		复杂楼板设计	包含复杂楼板分析与设计软件 SLABCAD 与板施工图两个模块，不但可以按照传统方法进行楼板设计，而且可以完成如板柱结构、厚板转换层结构、楼板局部开大洞结构，以及大开间预应力板结构等复杂类型楼板的计算分析和设计
		弹塑性时程分析、静力推覆分析、混凝土结构施工图、结构工程量统计、钢结构施工图、工具集	同 SATWE
	Spas+PMSAP 的集成设计	空间建模与 PMSAP 分析	空间建模程序，复杂多、高层建筑结构分析与设计
		PMSAP 结果查看	同 PMSAP
		基础设计、弹塑性时程分析、静力推覆分析、混凝土结构施工图、结构工程量统计、钢结构施工图、工具集	同 SATWE

专业	模块名称及其包含的软件		
结构	PK 二维设计	PK 二维设计	主要应用于平面杆系二维结构计算和接力二维计算的框架、排架、框排架及连续梁的施工图设计
		PMCAD 形成 PK 文件	可生成任一轴线框架或任一连续梁结构的结构计算数据文件，从而省略人工准备框架计算数据的大量工作
	数据转换接口		提供 PDB、ETABS、SAP2000、midas Gen、STAAD.Pro、PDMS、YJK、Revit、Intergraph PP&M、SQLite 等软件的数据转换接口
	TCAD、拼图和工具		图形编辑与打印 TCAD
			DWG 拼图
			复杂任意截面编辑器
钢结构	钢结构二维设计		包含门式刚架、框架、桁架、支架、框排架、重钢厂房、工具箱
	钢结构厂房三维设计		包含门式刚架三维设计、门式刚架三维效果图、框排架三维设计
	钢框架三维设计		包含结构建模、SATWE 分析设计、基础设计、楼板设计、混凝土结构施工图、钢结构施工图、屋面和墙面设计、PMCAD 形成 PK 文件、工具集
	网架网壳管桁架设计		包含网架网壳管桁架结构设计与整体分析
砌体	砌体及底框结构		包含结构建模、砌体及底框结构设计、砌体及底框结果查看、基础设计、混凝土结构施工图、工具集
	配筋砌体结构集成设计		包含结构建模、配筋砌体结构设计、配筋砌体结果查看、基础设计、混凝土结构施工图、工具集
	底框及连续梁 PK 二维分析		包含 PK 二维设计、PMCAD 形成 PK 文件
减隔震	隔震设计		
施工图审查	混凝土施工图审查		
鉴定加固	砌体及底框结构鉴定加固		
	混凝土结构鉴定加固		
	钢结构鉴定加固	二维钢结构加固设计	
		柱构件鉴定加固设计	
		梁构件鉴定加固设计	
		图形编辑、打印及转换	

续表

专业	模块名称及其包含的软件
预应力	预应力混凝土结构二维设计
	预应力混凝土结构三维设计
	预应力工具箱
工具工业	设计工具集（增强版）
	水池设计软件
	烟囱设计软件
	智能详图设计软件
	智能详图设计软件（开发版）
BIM软件	PKPM-BIM 建筑设计软件
	PKPM-BIM 结构设计软件
	PKPM-BIM 机电设计软件
	钢结构深化设计软件 PKPM-DetailWorks
	PKPM 建筑施工集成架设计软件
	铝模板设计软件 PKPM-LMB
	BIM 云审查平台

本书将从结构专业出发，对各软件的主要功能及其特点加以介绍。

1. 结构平面计算机辅助设计软件 PMCAD

PMCAD 是整个结构 CAD 的核心，是剪力墙高层空间三维分析和各类基础 CAD 的必备接口软件，也是建筑 CAD 与结构的必要接口。该软件通过交互方式输入各层平面布置和外加荷载信息后，可自动计算结构自重并形成整栋建筑的荷载数据库，此数据库可自动为框架、空间杆系薄壁柱、砖混结构计算提供数据文件，也可为连续次梁和楼板计算提供数据。PMCAD 还可进行砖混结构及底框上部砖房结构的抗震分析验算，计算现浇楼板的内力和配筋，并绘制出楼板配筋图，框架结构、框架 - 剪力墙结构、剪力墙结构和砖混结构的结构平面图，以及砖混结构的圈梁、构造柱节点大样图。

2. 钢筋混凝土框架、排架及连续梁结构计算与施工图绘制软件 PK

PK 采用二维内力计算模型，可进行钢筋混凝土框架、排架、框排架及连续梁结构的内力分析和配筋计算（包括抗震验算及梁的裂缝宽度计算），并完成施工图辅助设计工作。它可接力多、高层三维分析软件 TAT、SATWE、PMSAP 的计算结果，以及砖混的底框、框支梁的计算结果，为用户提供 4 种方式来绘制梁、柱施工图。它还能根据规范及构造手册要求自动进行构造钢筋配置。该软件计算所需的数据文件可由 PMCAD 自动生成，也可通过交互方式直接输入。

3. 多、高层建筑结构空间有限元分析与设计软件 SATWE

SATWE 是针对现代多、高层建筑发展要求专门为建筑结构分析与设计而研制的空间组合结构有限元分析与设计软件。SATWE 采用空间杆单元模拟梁、柱及支撑等杆件，采用在壳元基础上凝聚而成的墙元模拟剪力墙。对于楼板，SATWE 给出了 4 种简化假定，即楼板整体平面内无限刚、分块无限刚、分块无限刚加弹性连接板带和弹性楼板。在应用中，可根据工程实际情况和分析精度要求，选用其中的一种或几种简化假定。

SATWE 适用于多、高层钢筋混凝土框架结构、框架 – 剪力墙结构、剪力墙结构，以及高层钢结构或钢 – 混凝土混合结构。SATWE 考虑了多、高层建筑中多塔、错层、转换层及楼板局部开大洞等特殊结构形式，可完成建筑结构在恒载、活载、风载、地震荷载作用下的内力分析、动力时程分析及荷载效应组合计算，可进行活载不利布置计算、底框结构空间计算、吊车荷载计算，可将上部结构和地下室作为一个整体进行分析，可进行钢筋混凝土结构的截面配筋计算，还可进行钢构件截面验算。

SATWE 在 Windows 环境下运行，会动态占用计算机内存资源，计算机的内存越大，SATWE 的效率越高，用 SATWE 分析规模大、层数多的高层或超高层结构，其在计算能力和速度方面的优越性更突出。

SATWE 所需的几何信息和荷载信息可全部从 PMCAD 建立的结构模型中自动提取生成，并且有墙元和弹性楼板单元自动划分及多塔、错层信息自动生成功能，大大简化了用户操作。SATWE 完成计算后，可经全楼归并接力 PK 绘制梁、柱施工图，接力剪力墙计算机辅助设计软件绘制剪力墙施工图，并可为各类基础设计软件提供设计荷载。

4. 复杂多、高层建筑结构分析与设计软件 PMSAP

PMSAP 是针对多、高层建筑中所出现的各种复杂情形，如楼板开大洞、复杂剪力墙体系、厚板转换层等而开发的通用设计软件。它基于广义协调理论和子结构开发技术开发了能够任意开洞的细分墙单元和多边形楼板单元，分别由平面应力膜和弯曲板模拟面内刚度和面外刚度，可以很好地体现剪力墙和楼板的真实变形和受力状态。它的结构建模主要由 PMCAD 或空间建模软件来完成，计算完成后，可接力混凝土结构施工图模块、钢结构设计模块、非线性分析模块，并可为各类基础设计软件提供设计荷载。

5. 地基基础分析与设计软件 JCCAD

JCCAD 能适应多种类型基础的设计，可自动或交互完成工程实践中常用的基础设计，包括柱下独立基础、墙下条形基础、弹性地基梁基础、带肋筏板基础、柱下平板基础、墙下筏板基础、柱下桩基承台基础、筏板基础、桩格梁基础等基础设计及单桩基础设计，也可进行由上述基础组合的大型混合基础设计，还可进行布置多块筏板的大型基础设计。

6. 空间建模软件 Spas CAD

Spas CAD 采用了真实空间结构模型输入的方法，适用于各种建筑结构，可满足任意复杂结构的建模、分析和设计。

7. 数据转换接口

PKPM 开发了与其他多种软件模型数据双向转换的接口软件 P-Trans，提供包括 PDB、ETABS、SAP2000、midas Gen、STAAD.Pro、PDMS、YJK、Revit、Intergraph PP&M、SQLite 等软件在内的数据转换接口。

PKPM 拥有丰富的数据转换接口，体系更加开放，可满足用户对不同分析与设计需求的转换，目前提供几乎所有主流软件的数据转换接口，后续还会持续发展。相对于其他第三方软件针对 PKPM 的数据转换接口，PKPM 自己开发的数据转换接口更加准确可靠。

开放的 PKPM 数据转换接口实现了不同软件模型之间的转换，满足了用户对数据转换的需要，简化了建模工作，提高了工程师的工作效率，充分发挥了各结构软件的优势。

8. 图形平台 TCAD

TCAD 是 PKPM 系列软件的自主版权图形支撑平台，提供建筑模型的建立、专业计算结果的图形显示、施工图绘制与修改等各方面的应用。这种架构使 PKPM 不像很多其他 CAD 软件那样必须先配置一个其他的图形平台，从而大大减少了用户的负担，而且安装快捷、使用方便。

TCAD 在界面风格、基本功能、编辑修改方式等方面参考了 AutoCAD，使熟悉 AutoCAD 的用户可无障碍地使用 TCAD。作为建筑行业的专业绘图编辑软件，TCAD 为用户增加了建筑工程设计中需要的建筑、结构、设备等专业设计的辅助绘图工具。

TCAD 保持与 AutoCAD 的兼容和顺畅交流，其图形文件可以保存成为 AutoCAD 的 DWG 格式的图形文件，也可以在不进入 AutoCAD 环境的情况下，直接导入 AutoCAD 各种版本的 DWG 格式的图形文件。TCAD 具有开放的体系结构，它允许用户和开发者采用高级编程语言对其功能进行扩充和修改（二次开发），能最大限度地满足用户的特殊要求。

9. 钢结构设计软件 STS

STS 可完成钢结构的模型输入、截面优化、结构分析、构件验算、节点设计与施工图绘制，适用于门式刚架，多、高层框架，桁架，支架，框排架，空间杆系钢结构（如塔架、网架、空间桁架）等结构类型，还提供专业工具用于檩条、墙梁、隅撑、抗风柱、组合梁、柱间支撑、屋面支撑、吊车梁等基本构件的计算和绘图。它可用三维方法和二维方法建立结构模型。STS 提供 70 多种常用截面类型，用户还可以自己绘制任意形状的截面，构件材料可以是钢材，也可以是混凝土。STS 适用于钢结构及钢-混凝土混合结构的设计。

10. 砌体结构辅助设计软件 QITI

QITI 将与砌体结构相关的设计、计算及绘图软件进行了整合和重组，将其划分为 3 个主要板块：砌体及底框结构、配筋砌体结构集成设计、底框及连续梁 PK 二维分析。

QITI 可完成多层砌体结构、底框 – 抗震墙结构和配筋砌块小高层砌体建筑的结构分析计算和辅助设计的全部工作，包括建模及荷载输入、砖混计算及详图设计。QITI 支持的砌体结构材料包括烧结砖、蒸压砖、混凝土空心砌块和混凝土砖。

11. 隔震结构非线性设计分析软件 PKPM-GZ

PKPM-GZ 继承了 PKPM 在设计方面的传统优势，同时增强了非线性分析的能力，增加了考虑支座局部非线性的快速非线性时程分析方法，还增加了基于复模态分析的振型分解反应谱法及迭代确定支座等效刚度和等效阻尼的方法。

PKPM-GZ 同时支持水平向减震系数法和整体分析设计法。选择水平向减震系数法时，可以自动进行"中震隔震"和"中震非隔震"模型的快速非线性时程分析，并给出减震系数，据此可对上部结构进行折减地震作用后的小震设计。选择整体分析设计法时，可以选择基于复模态分析的振型分解反应谱法，也可以选择时程分析法调整振型分解反应谱法的内力，并按《建筑隔震设计标准》（GB/T 51408—2021）进行构件设计。

在采用 PKPM-GZ 设计一个常规的隔震结构时，不需要进行软件之间的模型转换、内力导出、荷载输入等，可以"一键"完成隔震结构上下部结构的计算，使设计人员能够像使用 SATWE 设计传统抗震结构一样设计隔震结构。

12. 混凝土施工图审查软件

混凝土施工图审查软件是一款针对设计人员绘制的 CAD 图纸是否满足《高层建筑混凝土结构技术规程》（JGJ 3—2010）、《建筑抗震设计规范（2016 年版）》（GB 50011—2010）及《混凝土结构设计规范（2015 年版）》（GB 50010—2010）等规范各项要求的审查软件，主要帮助审图人员或设计人员做内审。混凝土施工图审查软件的主要特点是：审查规范条文全面、准确、便捷、高效，并且可以审查人工审查难以审查的规范条文。

13. 鉴定加固软件 JDJG

JDJG 是专门针对现有建筑进行抗震鉴定与加固设计的软件，可以根据后续使用年限为 30 年、40 年、50 年的不同建筑，按照《建筑抗震鉴定标准》（GB 50023—2009）、《建筑抗震加固技术规程》（JGJ 116—2009）进行既有建筑及加固后建筑的抗震鉴定计算，并根据《混凝土结构加固设计规范》（GB 50367—2013）、《建筑抗震加固技术规程》（JGJ 116—2009）和《砌体结构加固设计规范》（GB 50702—2011）提供的加固方法进行建筑加固设计。

JDJG 具有以下特点。

① 适用于多层砌体结构、底框结构、混凝土结构和钢结构的鉴定与加固设计。

② 提供多套设计规范的选择。根据建筑后续使用年限为 30 年、40 年、50 年的 A 类、B 类、C 类建筑，按照《建筑抗震鉴定标准》（GB 50023—2009）、《建筑抗震加固技术规程》（JGJ 116—2009）、《混凝土结构加固设计规范》（GB 50367—2013）和《砌体结构加固设计规范》（GB 50702—2011）进行设计计算。

③ 可将现有构件的实配钢筋面积录入模型中，实现实配面积与所需计算面积的比

较，便于设计人员判断构件承载力是否满足要求。

④ 材料强度按实测强度值输入。混凝土、砂浆的强度等级均可按现场实测强度值录入软件中，程序将根据线性插值法计算非标准值下的材料强度设计值。

⑤ 混凝土构件提供增大截面法、外包钢法、外粘纤维复合材料法、置换混凝土法等多种加固方法，按照最新《混凝土结构加固设计规范》（GB 50367—2013）进行截面的加固设计。

⑥ 多层砌体房屋提供多种墙体加固方法：水泥砂浆面层加固法、钢筋网水泥砂浆面层加固法、钢筋混凝土板墙加固法和钢丝绳网片－聚合物砂浆面层加固法。

⑦ 在混凝土结构计算结果的整体定制计算书中，输出综合抗震能力指数的信息。

⑧ 提供混凝土单构件加固工具箱。

⑨ 提供二维钢结构鉴定加固计算。

⑩ 加固设计结果在结构布置平面图上以平法标注的方式表达。

14. 预应力混凝土结构设计软件 PREC

PREC 可对二维模型、三维模型进行预应力设计，完成预应力混凝土结构的预应力钢筋线型设计、结构分析计算及结构施工图设计。

PREC 具有以下特点。

① 框架部分可对有黏结及无黏结预应力框架、连续梁和等代框架的板柱体系进行结构设计与施工图绘制。

② 预应力钢筋线型有抛物线型、折线型、直线型等 8 种线型，每个构件上可布置多种线型，以适应构件承担的不同的荷载状况。

③ 满足《无黏（粘）结预应力混凝土结构技术规程》（JGJ 92—2016）、《缓黏（粘）结预应力混凝土结构技术规程》（JGJ 387—2017）、《混凝土结构设计规范（2015 年版）》（GB 50010—2010）的要求。软件根据所布预应力筋自动计算预应力等效荷载，分析预应力引起的综合内力与次内力，验算恒载、活载、风载、地震作用和多种荷载组合作用下的极限承载力，验算准永久荷载和标准荷载组合下的挠度、抗裂度和裂缝宽度。PREC 还有冲切验算与施工阶段验算功能。

④ PREC 可方便输出预应力构件的多种组合内力、极限承载力、挠度、正应力和裂缝宽度。

15. 工具工业模块

工具工业模块由设计工具集（增强版）、水池设计软件、烟囱设计软件、智能详图设计软件和智能详图设计软件（开发版）组成，包含梁、板、柱、墙、基础、地基处理、钢结构、砌体特种结构等 90 多个模块，计算书有中文和英文两种格式，同时可以输出 DWG 格式的施工图。

本书重点选择常用的 PMCAD、PK、SATWE、PMSAP、JCCAD、混凝土结构施工图软件进行讲解。

1.4 PKPM 系列软件的工作界面介绍

双击桌面上的 PKPM 图标，启动软件后，其主界面如图 1.2 所示。PKPM 的主界面分为上侧的功能菜单区、模块切换及楼层显示管理区、快捷命令按钮区，右侧的工作树、分组及命令树面板区，下侧的命令提示区、快捷工具条按钮区、图形状态提示区，以及中部的图形显示区。

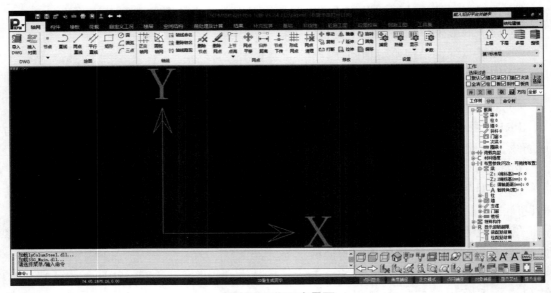

图1.2 PKPM主界面

1. 功能菜单区

功能菜单区包含软件的专业功能，主要包含文件存储、图形显示、轴线网点生成、构件布置编辑、荷载输入、楼层组装、工具设置等功能，具体菜单外观和内容都从 TgRibbon-PM.xml 菜单文件中读取，该文件安装在 Ribbon 目录的 Support 子目录中。

2. 模块切换及楼层显示管理区

模块切换区可以在同一集成环境中切换到其他计算分析处理模块，而楼层显示管理区可以快速进行单层、多层和整楼的展示。

3. 快捷命令按钮区

快捷命令按钮区主要包含模型的快速保存、恢复，以及编辑过程中的恢复（Undo）、重做（Redo）功能。

4. 工作树、分组及命令树面板区

PKPM2010（V5.2.4.3，2021 年版）增加的工作树，提供了一种全新的交互方式，可做到以前版本中不能做到的选择、编辑交互。工作树提供了 PM 中已定义的各种截面、荷载、属性，这些内容可作为选择过滤条件；同时也可由工作树内容看出当前模型的整体情况。

工作树的交互对象都是针对构件的，双击工作树中的任一种条件，可直接选中当前层中满足该条件的所有构件，而且还可以多种条件同时选中，比如取交集、并集。拖动一个条件到工作区，可以完成对已选择构件的布置。

5. 命令提示区

在屏幕下方的是命令提示区，一些数据、命令可以通过键盘在此输入，如果用户熟悉命令名，可以在"命令:"的提示下直接输入一个命令名而不必使用菜单选择命令。例如，当程序运行时没有菜单显示，用户可输入"QUIT"退出程序。

当然用户也可以完全依靠输入命令名的方式完成全部工作，所有菜单命令均有与之对应的命令名，这些命令可以设置快捷命令——通过名为"TgRibbon-PM-Hot.txt"的文件的支持。这个文件一般安装在":\PKPMMAININFOS\Hotkey"目录中，用户可直接编辑该文件来自定义简化的快捷命令，也可以通过"工具设置"中的"热键"命令来设置。

6. 快捷工具条按钮区

主界面下侧的快捷工具条按钮区，主要包含了模型显示模式快速切换，构件的快速删除、编辑、测量工具，楼板显示开关，模型保存、编辑过程中的恢复（Undo）、重做（Redo）等功能。

7. 图形状态提示区

PKPM 界面右下侧的图形状态提示区，包含了图形工作状态管理的一些快捷按钮，有点网显示、角度捕捉、正交模式、点网捕捉、对象捕捉、显示叉丝、显示坐标等功能，可以在交互过程中单击按钮，直接进行各种状态的切换。

8. 图形显示区

PKPM 界面上最大的空白窗口便是图形显示区，是用来建模和操作的地方。用户可以利用图形显示及观察命令，在图形显示区内进行视图移动和缩放等操作。

思考与练习题

1. PKPM 系列软件包含哪些专业模块？
2. PKPM 系列软件的特点是什么？

第2章

结构平面计算机辅助设计软件PMCAD

知识结构图

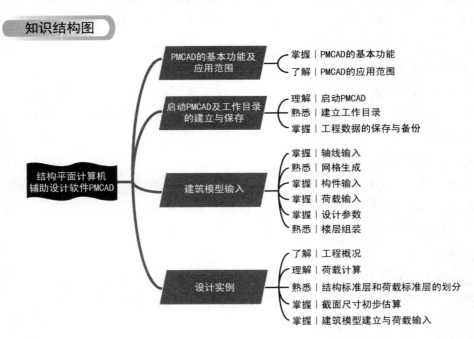

PMCAD 是 PKPM 系列软件的基本组成模块之一。它采用交互方式引导用户逐层逐步地布置各层平面和各层楼面的柱、主梁、墙、楼板、次梁、预制板、洞口、错层、挑檐等信息和外加荷载信息，并在交互过程中提供随时中断、修改、复制、查询、继续操作等功能。

PMCAD 具有较强的荷载统计和传导计算功能，除计算结构自重外，还可自动完成从楼板到次梁，从次梁到主梁，从主梁到承重柱或承重墙，再从上部结构传到基础的全部荷载计算，加上局部的外加荷载，可方便地建立整栋建筑的荷载数据。由于建立了整栋建筑的荷载数据，PMCAD 成为 PKPM 系列软件中各结构设计软件的核心，为各功能设计提供数据接口。

　　特别值得注意的是：PKPM2010（V5.2.4.3，2021 年版）采用了全新的模块架构与界面设计，PMCAD 不再单独作为模块出现，而是被整合到不同的集成设计模块之中。双击桌面上的 PKPM 图标，即可启动 PKPM，在主菜单的专业模块列表中选择"结构"主页，其设计主界面如图 2.1 所示。读者可根据不同需求选择相应的集成设计模块，本章选择以"SATWE 核心的集成设计"模块为例讲解 PMCAD 的操作和应用。

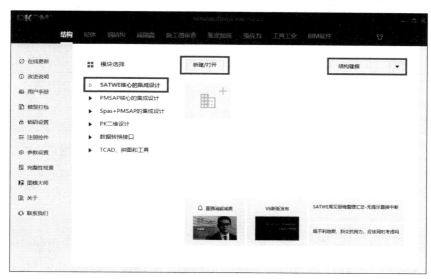

图2.1　PKPM"结构"设计主界面

2.1　PMCAD 的基本功能及应用范围

2.1.1　PMCAD 的基本功能

　　PMCAD 的基本功能及其说明汇总于表 2-1 中。

表 2-1　PMCAD 的基本功能及其说明

基本功能	功能说明
智能交互建立全楼结构模型	智能交互方式引导用户在屏幕上逐层布置柱、梁、墙、楼板等结构构件，快速搭建全楼的结构构架，在输入过程中伴有中文菜单及提示，便于用户反复修改
自动导算荷载建立恒载和活载库	① 对于用户给出的楼面恒载和活载，程序将自动进行楼板到次梁、次梁到主梁、主梁到承重柱或承重墙的分析计算，所有次梁传到主梁的支座反力及各梁到梁、各梁到节点、各梁到柱传递的力均通过平面交叉梁系计算求得。 ② 自动计算次梁、主梁及承重柱或承重墙的自重。 ③ 引导用户交互地输入或修改各房间的楼面荷载、主梁荷载、次梁荷载、墙间荷载、节点荷载及柱间荷载，并方便用户使用复制、修改等功能

续表

基本功能	功能说明
为各种计算模型提供计算所需的数据文件	① 可指定任一轴线形成 PK 平面杆系计算所需的框架计算数据文件，包括结构立面、恒载、活载和风载的数据。 ② 可指定任一层平面的任一由次梁或主梁组成的多组连梁，形成 PK 按连续梁计算所需的数据文件。 ③ 为多、高层建筑结构三维分析与设计软件 TAT 提供计算数据文件，程序将所有梁、柱转换成三维空间杆系，并将剪力墙墙肢转换成薄壁柱计算模型。 ④ 为多、高层建筑结构空间有限元分析与设计软件 SATWE 提供数据文件。 ⑤ 为复杂多、高层建筑结构分析与设计软件 PMSAP 提供计算数据
为上部结构各绘图 CAD 模块提供结构构件的精确尺寸	如梁、柱的截面和跨度，轴线间距，偏心距，剪力墙的平面与立面模板尺寸，楼板厚度及楼梯间布置等
为基础设计 CAD 模块提供布置数据及恒载和活载	不仅为基础设计 CAD 模块提供底层结构布置与轴线网格布置，还提供上部结构传下的恒载和活载

2.1.2 PMCAD 的应用范围

PMCAD 适用于创建任意平面形式的结构模型（平面网格可以正交，也可斜交成复杂体型平面），并可处理弧形墙、弧形梁、圆柱、各类偏心和转角构件等。PMCAD 的应用范围见表 2-2。

表 2-2 PMCAD 的应用范围

序号	项目应用范围
1	层数 ≤ 190 层
2	标准层 ≤ 190 层
3	网格正交时，横向网格、纵向网格数 ≤ 170 个 网格斜交时，每层网格线条数 ≤ 32000 条 用户命名的轴线总条数 ≤ 5000 条
4	每层节点总数 ≤ 20000 个
5	标准柱截面 ≤ 800 个 标准梁截面 ≤ 800 个 标准墙体洞口 ≤ 512 个 标准楼板洞口 ≤ 80 个 标准墙截面 ≤ 200 个 标准斜杆截面 ≤ 200 个 标准荷载定义 ≤ 9000 个

序号	项目应用范围
6	每层柱根数≤ 3000 根 每层梁根数（不包括次梁）≤ 30000 根 每层圈梁根数≤ 20000 根 每层墙数≤ 2500 面 每层房间总数≤ 10000 间 每层次梁总根数≤ 6000 根 每个房间周围最多可以容纳的梁、墙数≤ 150 根 / 片 每个节点周围不重叠的梁、墙数≤ 15 根 / 片 每层房间次梁布置种类数≤ 40 种 每层房间预制板布置种类数≤ 40 种 每层房间楼板开洞种类数≤ 40 种 每个房间楼板开洞数≤ 7 个 每个房间次梁布置数≤ 16 根 每层层内斜杆布置数≤ 40000 根 全楼空间斜杆布置数≤ 30000 根
7	两个节点之间最多安置一个洞口；需安置两个洞口时，应在两个洞口间增设一网格线与节点
8	结构平面上的房间数量的编号是由软件自动完成的，软件将把由墙或梁围成的一个个平面闭合体自动编成房间，房间是用来作为输入楼面上的次梁、预制板、洞口和导荷载及画图的一个基本单元
9	次梁是指在房间内布置且在执行"构件布置"菜单中的"次梁"命令时输入的梁，不论是矩形房间还是非矩形房间均可输入次梁。次梁布置时不需要网格线，次梁与主梁、墙相交处也不产生节点。若房间内的梁是使用"主梁"命令输入的，则程序将该梁当作主梁处理。用户在操作时将一般的梁使用"次梁"命令输入的好处是：可避免过多的无柱连接点，避免这些点将主梁分隔过细，造成梁根数和节点个数过多而超界，或造成每层房间数量超过容量限制而使程序无法运行。当工程规模较大而节点、杆件或房间数量超界时，将主梁当作次梁输入可有效地大幅度减少节点、杆件或房间的数量。对于弧形梁，因目前程序无法输入弧形次梁，所以可将它作为主梁输入
10	这里输入的墙应是结构承重墙或抗侧力墙，框架填充墙不应当作墙输入，它的重力可作为外加荷载输入，否则不能形成框架荷载
11	平面布置时，应避免大房间内套小房间的布置，否则会在荷载导算或统计材料时重复计算，可在大小房间之间用虚梁（虚梁即截面为 100mm × 100mm 的主梁）连接，将大房间进行切割

2.2　启动 PMCAD 及工作目录的建立与保存

2.2.1　启动 PMCAD

双击桌面的 PKPM 图标，或者使用桌面的"多版本 PKPM"工具启动 PKPM 主界面，在图 2.1 所示主界面上方的专业模块列表中选择"结构"选项。选择主界面左侧的"SATWE 核心的集成设计"（普通标准层建模），或者"PMSAP 核心的集成设计"（普通标准层 + 空间层建模）。移动光标到已经创建的工作目录，如图 2.2 所示，双击可启动 PMCAD 建模程序，右击可打开所创建的工作目录。

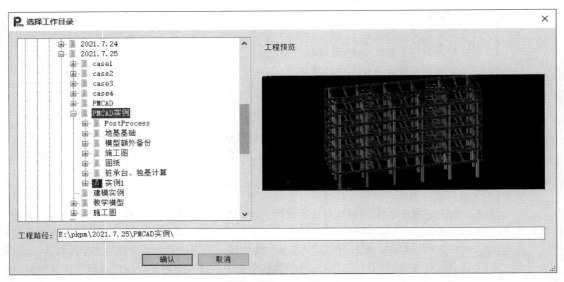

图2.2　选择工作目录

2.2.2　建立工作目录

对于任意一项工程，均应建立该工程专用的工作子目录，子目录可以任意命名，但是总字符数不应超过 256 个英文字符或 128 个中文字符，且不能有特殊字符；不同工程的数据结构，应在不同的工作子目录下运行，以防混淆。

对于新建工程，建立工作目录后，首先应在专业模块列表中选择"结构"选项，这样可建立该工程的整体数据结构，完成后可按顺序执行列表中的其他项。

2.2.3　工程数据的保存与备份

所有建立的工程数据，包括用户交互输入的模型数据、定义的各类参数和软件运算后得到的结果等，都以文件的方式保存在预先设置的工作目录下。"PKPM 设计数据存取管理"对话框提供了备份工程数据的功能，如图 2.3 所示。通过该对话框可把工程目录下的各种文件压缩后保存。

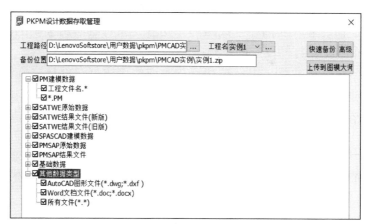

图2.3　"PKPM设计数据存取管理"对话框

2.3　建筑模型输入

建筑模型输入是工程分析的基础，也是 PMCAD 操作中最重要的一步，为此需完成轴线输入、网格生成、构件输入、荷载输入、设计参数及楼层组装等工作。

PMCAD 建模的主要步骤。

① 平面布置首先输入轴线。由于程序要求平面上布置的构件一定要放在轴线或网格线上，因此凡是有构件布置的地方一定要先选择"轴网"菜单布置它的轴线。轴线可用直线、圆弧等在屏幕上画出，对正交网格也可用对话框方式生成。程序会自动在轴线相交处生成节点，两节点之间的一段轴线称为网格线。

② 构件布置需依据网格线。两节点之间的一段网格线上布置的梁、墙等构件就是一个构件。柱必须布置在节点上。比如一根轴线被其上的 4 个节点划分为 3 段，3 段上都布置了墙，则程序就生成了 3 个墙构件。

③ 选择"构件布置"菜单定义构件的截面尺寸，输入各层平面的各种建筑构件。构件可以设置对于网格和节点的偏心。

④ 在"荷载布置"菜单中，程序可布置的部位有柱、主梁、墙（应为结构承重墙）、墙洞、支撑、次梁、层间梁。"荷载布置"菜单中输入的荷载有作用于楼面的均布恒载和活载，以及作用于梁间、墙间、柱间和节点的恒载和活载。

⑤ 完成一个标准层的布置后，可以选择"增加标准层"选项，把已有的楼层全部或局部复制下来，再在其上接着布置新的标准层，这样可保证在各层组装在一起时，上下楼层的坐标系自动对位，从而实现上下楼层的自动对接。

⑥ 依次录入各标准层的平面布置，再选择"楼层组装"选项将各标准层组装成全楼模型。

2.3.1 轴线输入

轴线输入是整个交互输入过程中最为重要的一环。"轴网"菜单如图 2.4 所示，它集成了轴线输入和网格生成两部分功能，只有绘制出准确的轴网才能为以后的布置工作打下良好的基础。

轴线输入与
网格生成

网格是轴线交织后被交点分割成的小段红色线段，在所有轴线相交处及轴线本身的端点、圆弧的圆心处都会产生一个白色的节点。将轴线划分为网格与节点的过程是程序自动进行的。

程序提供了"节点""直线""两点直线""平行直线""矩形""圆""圆弧""三点"等基本选项，还有"正交轴网""圆弧轴网"选项，它们配合各种捕捉工具、快捷键和其他一级菜单中的各项工具，构成了一个小型绘图系统，用于绘制各种形式的轴线。

图2.4 "轴网"菜单

（1）节点。

"节点"选项适用于直接绘制白色节点，供以节点定位的构件使用。节点绘制是单个进行的，如果需要成批输入节点，则可以使用图形编辑菜单进行复制。

（2）直线。

"直线"选项适用于绘制首尾相接的直轴线，按 Esc 键或右击可以结束绘制。

（3）两点直线。

"两点直线"选项适用于绘制零散的直轴线，可以使用多种方式和工具进行绘制。

（4）平行直线。

"平行直线"选项适用于绘制一组平行的直轴线。首先绘制第一条轴线，然后以第一条轴线为基准输入复制的间距和次数，间距值的正负决定了复制的方向，以上、右为正，可以分别按不同的间距连续复制，提示区会自动累计复制的总间距。

操作步骤：

① 绘制第一条轴线。

② 选择"平行直线"选项，命令行提示：输入第一点，单击已有的第一条轴线端点。

③ 命令行提示：输入下一点，单击第一条轴线另一端点。

④ 命令行提示：输入复制间距，此时按要求输入拟画轴线与第一条轴线的间距即可。

（5）矩形。

"矩形"选项适用于绘制一个与 X、Y 轴平行的闭合矩形轴线，只需输入两个对角的坐标即可。

（6）圆。

"圆"选项适用于绘制一组闭合同心圆环轴线。在确定圆心和半径后可以绘制第一个圆，输入复制间距和次数还可绘制同心圆，复制间距值的正负决定了复制方向，以半径增加方向为正，可以分别按不同间距连续复制，提示区会自动累计半径增减的总和。

（7）圆弧。

"圆弧"选项适用于绘制一组同心圆弧轴线。按圆心起始角、终止角的次序绘出第一条弧轴线。输入复制间距和次数，复制间距值的正负表示复制方向，以半径增加方向为正，可以分别按不同间距连续复制，提示区会自动累计半径增减的总和。

（8）三点。

"三点"选项适用于绘制三点圆弧轴线。按第一点、第二点、中间点的次序输入圆弧轴线。

（9）正交轴网。

"正交轴网"选项是通过参数输入的方式形成平面正交的轴线网格。用户可以通过定义开间和进深完成轴网的输入，定义"下开间"是输入横向从左到右各跨的跨度，定义"左进深"是输入竖向从下到上各跨的跨度，跨度数据可用光标从屏幕上已有的常见数据中挑选，也可以用键盘输入。

操作步骤：

选择图2.4所示"轴网"菜单中的"正交轴网"选项，弹出"直线轴网输入对话框"，如图2.5所示。按要求依次输入下（上）开间、左（右）进深的数据，输完开间和进深后，单击"确定"按钮退出对话框，此时移动光标可将形成的轴网布置在平面上任意位置。布置时可输入轴线的转角（与水平方向的夹角），也可以直接捕捉现有的网点，使新建轴网与之相连。

图2.5 "直线轴网输入对话框"

（10）圆弧轴网。

"圆弧轴网"选项适用于绘制环向为开间、径向为进深的扇形轴网。

操作步骤：

"圆弧轴网"选项的操作与"正交轴网"选项的操作类似。选择图 2.4 所示"轴网"菜单中的"圆弧轴网"选项，弹出"圆弧轴网"对话框，如图 2.6 所示。根据需要在该对话框中分别设置"圆弧开间角"和"进深"选项下的"跨数＊跨度""内半径"和"旋转角"参数。

内半径：环向最内侧轴线半径，作为起始轴线。

旋转角：径向第一条轴线起始角度，轴线按逆时针方向排列。

也可单击图 2.6 中的"两点确定"按钮输入插入点，缺省方式是以圆心为基准点，按 Tab 键可转换为以第一开间与第一进深的交点为基准点的布置方式。完成后单击"确定"按钮，弹出"轴网输入"对话框，如图 2.7 所示。在该对话框中可进行轴网的相关设置。

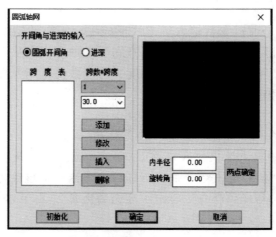

图2.6 "圆弧轴网"对话框

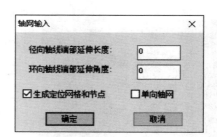

图2.7 "轴网输入"对话框

2.3.2 网格生成

网格生成是指程序自动将绘制的定位轴线分割为网格和节点的过程，凡是轴线相交处都会产生一个节点，轴线线段起止点也作为节点。图 2.8 所示为网格生成的主要菜单，包括"轴线命名""删除轴名""轴线隐现""删除节点""删除网点""上节点高""网点平移""归并距离""节点下传""形成网点""网点清理"选项。下面介绍其中常用的选项。

图2.8 网格生成的主要菜单

（1）轴线命名。

"轴线命名"选项是在网点生成之后为轴线命名的选项。在输入轴线时，凡在同一条直线上的线段不论其是否贯通都视为同一轴线，在执行本选项时可以顺次点取每根网格线，为其所在的轴线命名；对于平行的直轴线可以在按一次 Tab 键后进行批量命名，这时程序要求点取相互平行的起始轴线及虽然平行但不希望命名的轴线，点取之后输入一个字母或数字后程序将自动顺序地为轴线编号。

（2）轴线隐现。

"轴线隐现"选项能控制轴线显示的开关。

（3）网点平移。

"网点平移"选项可不改变构件的布置情况，而对轴线、节点、间距进行调整。对于与圆弧有关的节点应使所有与该圆弧有关的节点一起移动，否则圆弧的新位置无法确定。

（4）删除节点。

"删除节点"选项可在形成网点图后对节点进行删除。删除节点过程中若节点被已布置的墙线挡住，按 F9 键，在弹出的菜单中选择"填充开关"选项，使墙线变为非填充状态。删除端节点将导致与之相连的网格也会被删除。

（5）形成网点。

"形成网点"选项可将用户输入的几何线条转变成楼层布置需用的白色节点和红色网格线，并显示轴线与网点的总数。这项功能在输入轴线后将自动执行，一般不必专门选择此选项。

（6）网点清理。

"网点清理"选项可清除本层平面上没有用到的网格和节点。

（7）上节点高。

"上节点高"选项可方便地处理像坡屋顶这样楼面高度有变化的情况。上节点高即本层在层高处相对于楼层高的高差，程序默认平面内每一节点高位于层高处，即其上节点高为0。改变上节点高，也就改变了该节点处的柱高和与之相连的墙、梁的坡度。选择图2.8中的"上节点高"选项，弹出"设置上节点高"对话框，如图2.9所示。图2.10所示为"上节点高"实例。

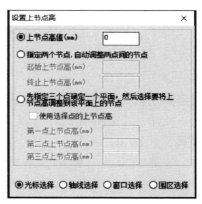

图2.9 "设置上节点高"对话框

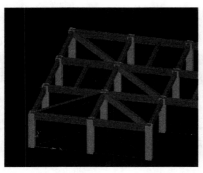

图2.10 "上节点高"实例

（8）删除网格。

"删除网格"选项可在形成网点图后对网格进行删除。注意：网格上布置的构件也会被删除。

（9）归并距离。

"归并距离"选项可以优化由于计算机精度有限产生的意外网格。如果有些工程规模很大或带有半径很大的圆弧轴线，"形成网点"选项会由于计算误差、网点位置不准而引起网点混乱。此时应选择"归并距离"选项，输入一个程序要求的归并距离，这样，凡是间距小于该距离数值的节点都将被归并为同一个节点。程序默认值的节点归并距离设定为 50mm。

2.3.3 构件输入

单击"楼层"|"组装"|"楼层组装"，在弹出的"楼层组装"对话框中，出现的"标准层"即为需要输入的各结构标准层，选中其中某一标准层及相应的结构层高和复制层数，单击"增加"按钮，则所选信息出现在对话框右侧，然后单击"确定"按钮，完成楼层组装。具体操作可见 2.4.5 节建筑模型建立与荷载输入。在进行楼层组装之前，需要先对各标准层进行构件定义和荷载输入等操作。接下来，我们对一个标准层的构件定义进行介绍，其余标准层操作类似。

1."构件"菜单功能

为了提高构件输入的效率，新版软件采用了一种全新的停靠面板方式进行构件输入。

如图 2.11 所示，在"构件"菜单中选择主梁、柱、墙等构件的布置选项，屏幕左侧将弹出构件布置停靠面板。弹出的停靠面板和旧版软件的各类构件截面列表对话框类似，使用这个停靠面板，可以更加方便地完成对截面的增加、删除、修改、复制、清理等管理、显示工作。

停靠面板的右侧整合了每类构件布置时需要输入的参数，如偏心、标高、转角等。单击"构件"菜单，停靠面板会自动切换布置信息，然后根据布置需要，分别选择"梁""柱""墙"等选项，即可在图面上开始该构件的输入。

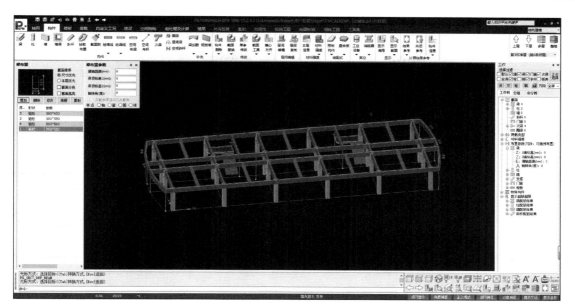

图2.11　构件布置面板

新版软件将原有 PMCAD 及 STS 中的所有截面进行了整合。在增加新截面时，程序将提供原有 PMCAD 及 STS 中的所有截面供用户选择，程序在内部使用统一的数据格式。图 2.12 所示为梁的截面类型，图 2.13 所示为柱的截面类型。

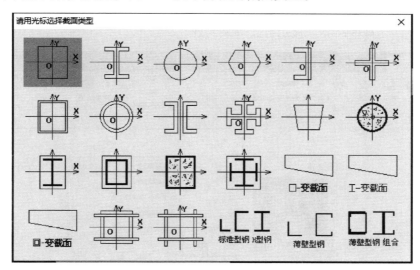

图2.12　梁的截面类型

构件输入包括构件定义与构件布置两项工作，各种构件（包括柱、主梁、墙、洞口、斜杆和次梁）的布置操作基本类似，但各级子菜单输入参数不同。各类构件布置前必须先定义其截面尺寸、材料、形状类型等信息。

1）构件定义

构件定义分为梁、柱、墙、墙洞、斜杆、次梁、圈梁、层间梁等构件截面的定义工

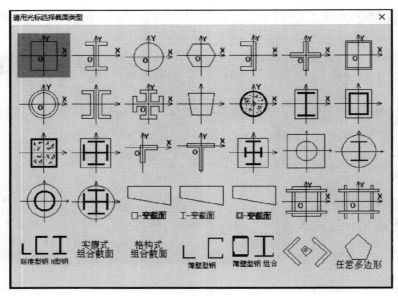

图2.13　柱的截面类型

作（注：墙洞在 PKPM 系列软件中被看作构件）。"构件"菜单如图 2.14（a）所示。

　　构件截面列表包含工程所定义的全部同类构件截面类型。以梁为例，选择"梁"选项，弹出"梁布置"和"梁布置参数"停靠面板，如图 2.14（b）所示。对构件的操作可通过单击"增加""删除""修改""清理""复制"按钮，单选"截面排序"方式和复选"截面分色""截面高亮"显示方式等来实现。

(a)"构件"菜单

(b)"梁布置"和"梁布置参数"停靠面板

图2.14　"构件"菜单及"梁布置"和"梁布置参数"停靠面板

　　（1）增加。

　　单击图 2.14（b）所示"梁布置"停靠面板中的"增加"按钮，弹出"截面参数"对话框，图 2.15 和图 2.16 分别为梁和柱的"截面参数"对话框，在对话框中可以输入构件的相关参数。

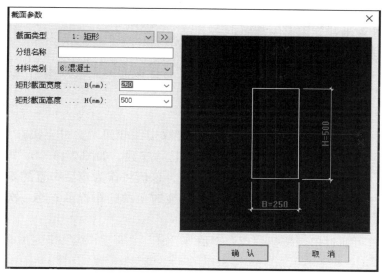

图2.15　梁的"截面参数"对话框

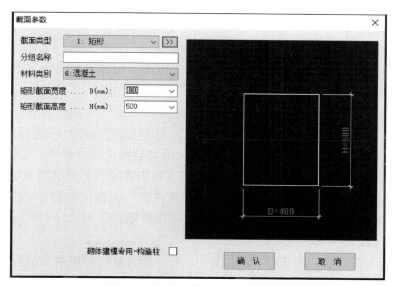

图2.16　柱的"截面参数"对话框

（2）删除。

"删除"是指对已经定义过的构件截面进行删除，已经布置于各层的这种构件也将自动删除。

（3）修改。

"修改"是指对已经定义过的构件截面形状类型进行修改，已经布置于各层的这种构件的尺寸也会自动改变，此时弹出的类型选择界面中，原类型图标会自动加亮以显示当前正在修改的类型。

（4）清理。

"清理"是指将定义了但在整个工程中未使用的截面类型清除掉，这样便于在布置或修改截面时快速地找到需要的截面。

（5）截面排序。

通过点选"截面排序"方式可以显著提高目标截面的查找效率。"截面排序"可选择"尺寸优先"和"本层优先"两种排序方式。

2）构件布置

当布置梁、柱、墙、墙洞等构件时，在选取构件截面后，可直接在"梁布置参数"停靠面板的"偏轴距离"中输入构件的偏心信息等参数，如图2.14（b）所示。当需要输入偏心信息时，应点取停靠面板中的项目输入，该值将作为今后布置的隐含值直到下次被修改。用这种方式工作的好处就是当偏心不变时每次的布置可省略一次输入偏心信息的操作。

构件的布置可通过单选按钮"点""轴""窗""围""线"来完成，如图2.14（b）所示。

（1）偏心参数。

柱相对于节点可以有偏心和转角，柱宽边方向与 X 轴的夹角称为转角，沿柱宽方向（转角方向）的偏心称为沿轴偏心（以右偏为正），沿柱高方向的偏心称为偏轴偏心〔以向上（柱高方向）为正〕。柱沿轴线布置时，柱的方向自动取轴线的方向。

设置梁或墙的偏心时，一般输入其偏心的绝对值；布置梁或墙时，光标偏向网格的哪一边，梁或墙就偏向哪一边。

（2）构件布置的方式。

"点"布置（直接布置）：在选好构件并输入偏心值后，程序首先便进入该方式。凡是被捕捉靶套住的网格或节点，在按 Enter 键后即被插入选好的构件。若该处已有构件，则其将被当前选好的构件替换。用户可随时用 F5 键刷新屏幕，观看布置结果。

"轴"布置（沿轴线布置）：在出现了"直接布置"的提示和捕捉靶后，按一次 Tab 键，程序将转换为沿轴线的布置方式，此时，被捕捉靶套住的轴线上的所有网格或节点将被插入选好的构件。

"窗"布置（按照窗口布置）：在出现了"沿轴线布置"的提示和捕捉靶后，按一次 Tab 键，程序将转换为按窗口布置的方式，此时用户可用光标在图中截取一个窗口，窗口内的所有网格或节点上将被插入选好的构件。

"围"布置（按照围栏布置）：用光标点取多个点围成一个任意形状的围栏，围栏内所有网格或节点上将被插入选好的构件。

"线"布置（按照直线栏选布置）：当切换到该方式时，需拉一条线段，与该线段相交的网点或构件即被选中，即可进行后续的布置操作。

注意事项

按 Tab 键，可使程序在以上 5 种构件布置方式间依次切换。

（3）绘墙线与绘梁线。

选择图2.14（a）所示"构件"菜单中的"绘墙线"和"绘梁线"选项，可以把墙或梁线连同它上面的轴线一起输入，即将先输入轴线再布置墙或梁的两步操作简化为一步操作。

2. 一般构件的输入过程

1）柱输入

（1）截面定义。

选择图2.14（a）所示"构件"菜单中的"柱"选项，在"柱布置"停靠面板中单击"增加"按钮，弹出柱的"截面参数"对话框，如图2.17所示。单击图2.17所示的">>"按钮，弹出图2.18所示的"请用光标选择截面类型"对话框，在该对话框中可

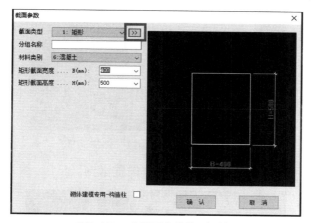

图2.17　"截面参数"对话框

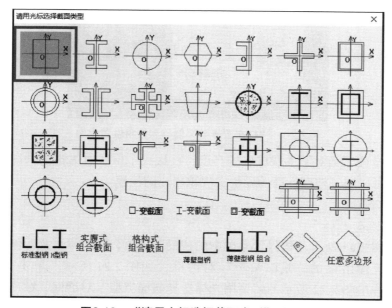

图2.18　"请用光标选择截面类型"对话框

以选择需要的截面类型（此处以选择矩形截面为例），选好后回到"截面参数"对话框，在对话框中输入截面参数，同时右侧预览图会根据输入尺寸按比例绘制截面形状。如果材料类别输入"0"，保存后程序会自动更正为" 6 ：混凝土"。柱最多可以定义 800 类截面，程序默认有 35 种标准截面类型。

（2）柱的布置。

柱需要布置到节点上，每个节点上只能布置一根柱，如果在已布置了柱的节点上再布置柱，则后布置的柱将替换已有的柱。图 2.19 所示的"柱布置参数"停靠面板中包含的参数有"沿轴偏心""偏轴偏心""柱底标高"及"柱转角"。

柱的布置

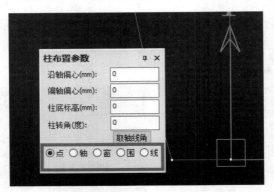

图2.19　"柱布置参数"停靠面板

图 2.20 所示为"柱布置参数"偏心和转角设置示例。

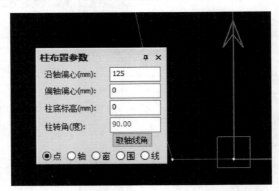

图2.20　"柱布置参数"偏心和转角设置示例

柱底标高指柱底相对于本层层底的高度，柱底高于层底时为正值，柱底低于层底时为负值。用户可以通过柱底标高的调整实现越层柱的建模。

2）主梁输入

（1）截面定义。

选择图 2.14（a）所示"构件"菜单中的"梁"选项，在"梁布置"停靠面板中单击"增加"按钮，弹出梁的"截面参数"对话框，如图 2.21 所示。单击图 2.21 所示的">>"按钮，弹出图 2.22 所示的"请用光标选择截面类型"对话框，在该对话框中可以选择需要的截面（此处以选择矩形截面为例），选好后回到"截面参数"对话框，在对话框中输入截面宽度和高度。梁的布置与柱的布置大致相同，其不同之处是梁布置在网格上，一个网格上通过调整梁端的标高可布置多根梁，但梁与梁之间不能有重合的部分。梁最多可以定义 800 类截面。

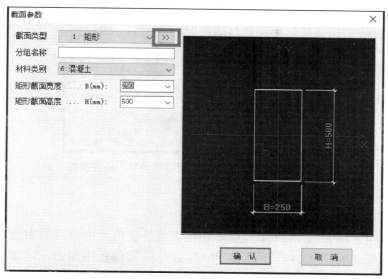

图2.21　"截面参数"对话框

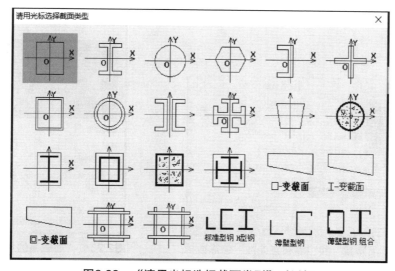

图2.22　"请用光标选择截面类型"对话框

（2）主梁的布置。

在"梁布置参数"停靠面板（图 2.23）中，可设置的主梁布置参数有"偏轴距离""梁顶标高 1""梁顶标高 2""轴转角"。

偏轴距离：可以输入偏心的绝对值，布置梁时，光标偏向网格的哪一边，梁也偏向哪一边。

梁顶标高 1、梁顶标高 2：梁两端相对于本层顶的高差。如果该节点有

主梁的布置

上节点高的调整，则梁顶标高是指相对于调整后节点的高度。如果梁所在的网格是竖直的，则梁顶标高1指下面的节点，梁顶标高2指上面的节点；如果梁所在的网格不是竖直的，则梁顶标高1指网格左边的节点，梁顶标高2指网格右边的节点。对于按主梁输入的次梁，三维结构计算程序将默认为不调幅梁。

轴转角：此参数用来控制梁布置时梁截面绕截面中心的转角。

图2.23　"梁布置"和"梁布置参数"停靠面板

3）墙体输入

（1）墙体定义。

选择图2.14（a）所示"构件"菜单中的"墙"选项，弹出"墙布置"和"墙布置参数"停靠面板，如图2.24所示。在"墙布置"停靠面板中单击"增加"按钮，弹出图2.25所示的"墙截面信息"对话框，墙需要定义厚度和材料类别（烧结砖、蒸压砖、空心砌块、混凝土砖、混凝土、轻骨料）。墙最多可以定义200类截面。

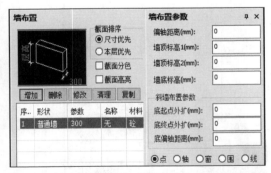

图2.24　"墙布置"和"墙布置参数"停靠面板

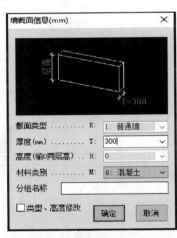

图2.25　"墙截面信息"对话框

（2）墙体布置。

墙体布置的方式有5种，具体的布置方式与主梁的布置方式相同，墙布置参数可以指定"偏轴距离""墙顶标高1""墙顶标高2""墙底标高"。墙体布置实例如图2.26所示。

偏轴距离：是指层间墙轴心偏离X轴的距离。输入正值表示偏向Y轴的正方向，输入负值则表示偏向Y轴的负方向。

墙顶标高1、墙顶标高2：是指墙顶两端相对于所在楼层顶部节点的高度。如果该节点有上节点高的调整，则墙顶标高是指相对于调整后节点的高度。

墙底标高：是指墙底部两端相对于所在楼层底部节点的高度。

图2.26　墙体布置实例

新版软件增加了斜墙布置参数的选项，斜墙布置参数设置有"底起点外扩""底终点外扩""底偏轴距离"。斜墙布置实例如图 2.27 所示。

图2.27　斜墙布置实例

底起点外扩：是指墙体底部起点位置沿墙体轴线方向扩张一定距离。此选项适用于布置两侧倾斜的墙体。

底终点外扩：是指墙体底部终点位置沿墙体轴线方向外扩一定距离。

底偏轴距离：是指墙体底部轴线偏移轴线一定距离。此选项适用于布置相对铅垂方向倾斜的墙体。

 注意事项

若使用 SATWE 进行模型分析，则非顶部结构的剪力墙允许错层（即相邻两片墙的墙顶标高可以不一致），但不允许墙体倾斜。

4）墙洞布置

洞口布置在墙上，所以应在该网格上先布置墙。一段网格上只能布置一个洞口。选择图 2.14（a）所示"构件"菜单中的"墙洞"选项，弹出图 2.28 所示的"墙洞布置"

和"墙洞布置参数"停靠面板。布置墙洞时，可以在"墙洞布置参数"停靠面板中输入位置信息。墙洞的定位方式有"左起""居中""右起"3种定位方式。选中"墙洞布置参数"停靠面板中"位置"参数中的"居中"选项，输入"距离起点"和"底部标高"的数值。"距离起点"即墙洞距墙左边的距离，可以控制墙洞位置；"底部标高"可以控制墙洞底部的高度。"左起"和"右起"选项的设置方法与"居中"选项的设置方法类似。注意，程序规定，选择"左起"选项时，输入的"距离起点"数值必须为正；选择"右起"选项时，输入的"距离起点"数值必须为负。洞口最多可以定义240类截面。图2.29所示为墙洞布置实例。

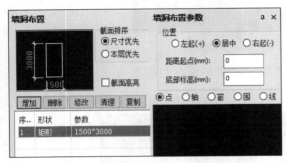

图2.28 "墙洞布置"和"墙洞布置参数"停靠面板

图2.29 墙洞布置实例

5）斜杆输入

（1）斜杆定义。

斜杆定义的过程与梁、柱定义的过程基本相同。选择图2.14（a）所示"构件"菜单中的"斜杆"选项，弹出"斜杆布置"和"斜杆布置参数"停靠面板，如图2.30所示。斜杆最多可以定义200类截面。图2.31所示为斜杆布置实例。

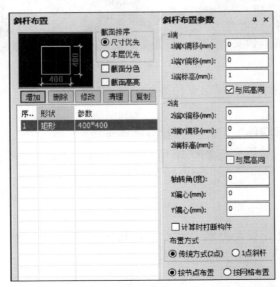

图2.30 "斜杆布置"和"斜杆布置参数"停靠面板

图2.31　斜杆布置实例

（2）斜杆的布置。

图2.30所示的"斜杆布置参数"停靠面板中斜杆的布置方式有"传统方式（2点）""1点斜杆"两种，每种布置方式又有"按节点布置""按网格布置"两种选项。

斜杆布置时需要输入1端和2端的 X 偏移值、Y 偏移值及标高。输入"1"则表示与层高相同，输入"0"则表示与底层同高。同时还需输入斜杆的轴转角与偏心值。特别需要注意的是偏心与偏移存在不同的含义。

① 传统方式（2点）。

传统方式有两种布置方法，即按节点布置和按网格布置。斜杆在本层布置时，其两端点的高度可任意布置，也可水平布置，还可越层布置，用输入标高的方法即可实现。

斜杆的布置参数在截面列表下方，如图2.30所示，在"斜杆布置参数"停靠面板中可以选择按节点布置或按网格布置。如果按节点布置，则先分别输入所选的两个节点处斜杆端部相对于层底的标高和相对于节点的偏心，再在图形上依次选择相应的两个节点，即可完成斜杆的输入。如果选择按网格布置，则以上输入的各值将以所选网格的两端节点为参照。

② 1点斜杆。

所谓"1点斜杆"是指在布置时只需指定一个节点，另一个点直接在图面上进行捕捉或者输入相对坐标来确定，第二个点位置不一定要有节点。在布置时，第一个点确定节点，第二个点确定偏移值。

在"斜杆布置"停靠面板中，选择"1点斜杆"布置方式，"1端标高"设置为"1"，"2端标高"设置为"0"，在图面上选择第一个点位置，在下部的命令提示栏中给出"选择2端偏移值"（按Esc键返回）时，可以直接捕捉端点、中点等位置，也可以通过输入斜杆投影长度直接定位斜杆。

"1点斜杆"布置方式最大的优势在于沿着斜交构件布置斜杆时，可以通过直接输入距离和角度来确定斜杆的空间位置，而不需要分别计算 X、Y 的偏移值再手工填写。

6）空间布梁与空间布杆

"空间布梁"与"空间布杆"选项如图2.32所示，可以在多层组装和整楼组装下，跨层拉线、精确定位布置梁和杆，以解决跨层梁、杆定位困难的问题，如模型竖向不规则、需要捕捉的节点不在本层内、定位节点复杂或者难以确定偏心标高等。

图2.32　"空间布梁"与"空间布杆"选项

次梁布置

空间梁与主梁采用同一套截面定义的数据，其定义的过程与主梁的定义相同；空间杆与斜杆采用同一套截面定义的数据，其定义的过程与斜杆的定义过程相同。

7）次梁布置

（1）次梁布置说明。

① 次梁与主梁采用同一套截面定义的数据，如果对主梁的截面进行定义或修改，次梁也会随之修改。

② 次梁布置时，选取与它首尾两端相交的主梁或墙构件，连续次梁的首尾两端可以跨越若干跨一次布置，而不需要在次梁下布置网格线，次梁的顶面标高和与它相连的主梁或墙构件的标高相同。

图2.33　"次梁布置"停靠面板

③ 布置的次梁应满足以下3个条件：使其与房间的某边平行或垂直；非二级以上次梁；次梁之间有相交关系时，必须相互垂直。如果不满足这3个条件，即使能够正常建模，后续的模块处理也会产生问题。

（2）次梁布置操作。

选择图2.14（a）所示"构件"菜单中的"次梁"选项，弹出"次梁布置"停靠面板，如图2.33所示，此时图中已有的次梁将会以单线的方式显示。按程序的提示信息，逐步输入次梁的起点、终点即可。图2.34所示为次梁布置实例。

图2.34　次梁布置实例

注意事项

次梁定位时不靠网格和节点，而是靠捕捉主梁或墙中间的一点，但需要对该点精确定位。常用的方法是参照点定位，可以用主梁或墙的某一个端节点作参照点。首先将光标移动到定位的参照点上，按Tab键后，光标即捕捉到该参照点，再根据提示输入相对偏移值即可得到该参照点的精确定位。

如果次梁按主梁输入，梁相交处会形成大量无柱连接节点，节点又会把一跨梁分成多段小梁，因此整个平面的梁根数和节点数会增加很多。如果次梁按次梁输入，次梁端点不会形成节点，不会切分主梁，次梁的单元是房间两支承点之间的梁段，次梁与次梁之间也不形成节点，这时可避免形成过多的无柱节点，整个平面的主梁根数和节点数会大大减少，房间数量也会大大减少。因此，当工程规模较大而节点、杆件或房间数量可能超出程序允许的范围时，按次梁输入可有效地大幅度减少节点、杆件和房间的数量。

次梁的端点一定要搭接在梁或墙上，否则悬空的部分传入后面的模块时将被删除掉。若次梁跨过多道梁或墙，布置完成后次梁将自动被这些杆件打断。

8）圈梁布置

圈梁的定义和布置方式与主梁相同，只是相对于主梁的布置，圈梁采用的是独立的截面定义数据。

9）层间梁布置

（1）层间梁定义。

层间梁同样与主梁采用同一套截面定义的数据，其定义的过程与主梁相同。

（2）层间梁布置。

选择图2.14（a）所示"构件"菜单中的"层间梁"选项，弹出"层间梁布置"和"梁布置参数"停靠面板，如图2.35所示。层间梁的布置有"偏轴距离"与"相对层底的标高"两个重要参数。

图2.35 "层间梁布置"和"梁布置参数"停靠面板

偏轴距离：是指层间梁轴心偏离X轴的距离。输入正值表示偏向Y轴的正方向，输入负值则表示偏向Y轴的负方向。

相对层底的标高：是指层间梁的端点相对本层地面的距离。布置层间梁时可以通过输入相对层底的标高值来精确定位层间梁的位置，也可以通过对象捕捉来捕捉柱的中点或端点，以方便地定位层间梁的位置。

在层间梁布置过程中，可以只布置一根连通的层间梁，即只将两个最远端的柱中点指定为一根梁的两个端点，待布置结束后，程序会自动根据周边网格和节点关系，将这根大梁打断成多段小梁。图 2.36 所示为层间梁布置实例。

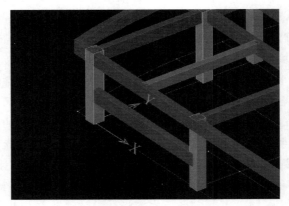

图2.36　层间梁布置实例

10）空间斜杆布置

选择图 2.14（a）所示"构件"菜单中的"空间斜杆"选项，弹出图 2.37（a）所示的"空间斜杆布置"停靠面板，再单击"增加"按钮，弹出与图 2.17 相同的"截面参数"对话框。选择需要布置的截面进行定义，单击"布置"按钮，程序会弹出如图 2.37（b）所示的"空间斜杆布置"对话框。"空间斜杆布置"对话框中有"显示楼层""显示模式""显示区域""捕捉精度""计算时打断"等主要设置参数，以及"布置""删除""全部删除""点选修改""归并入层""取消"按钮。

(a)"空间斜杆布置"停靠面板

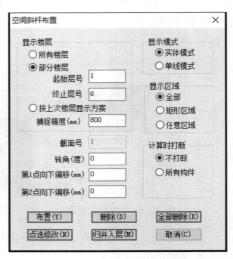

(b)"空间斜杆布置"对话框

图2.37　"空间斜杆布置"停靠面板及对话框

① 显示楼层。

"显示楼层"可以显示所有楼层，也可以按指定起始层号进行部分楼层的显示，还可以按上次楼层显示方案显示。

② 显示模式。

构件显示时默认按"实体模式"进行显示。如果模型规模较大，或实体遮挡较严重，可以按"单线模式"进行显示。此时，程序在进行构件捕捉时，会沿空间网格线捕捉到节点。

③ 显示区域。

默认按"全部"区域内的所有构件进行显示，也可选择按"矩形区域"和按"任意区域"模式显示。

④ 捕捉精度。

"捕捉精度"是指在交互建模过程中，当显示模式选择为"实体模式"时，捕捉点至真实节点位置之间的容差。由于在三维建模过程中，构件实体显示时会遮挡PMCAD中的节点，因此捕捉不到节点的实际位置。程序会根据容差自动进行判断，找到最近的节点，与输入的空间斜杆进行关联，确保其与其他构件的连接关系。"捕捉精度"的默认值为800mm，用户可以视当前布置斜杆位置的其他构件截面的尺寸进行调整，从而提高节点捕捉的准确性。

⑤ 计算时打断。

"计算时打断"是指SATWE前处理时，程序对PMCAD空间斜杆的打断处理。

不打断：表示不会被其他任何构件打断。

所有构件：如果某空间斜杆遇到与其他构件（如梁、柱、墙、斜杆等）相交的情况，在计算前该空间斜杆会按交点数量被打断成若干段空间斜杆，之后其再依赖空间网格与其他构件进行协调。

注意：这些打断操作都是在计算分析的前处理过程中进行的，不会影响PMCAD本身的模型数据。当再次进入PMCAD模块时，空间斜杆数据不会发生改变。

⑥ 点选修改。

单击"点选修改"按钮后，在屏幕上用光标选取需要修改的空间斜杆，程序将弹出"构件信息"对话框，用来展示该空间斜杆的布置信息、定义信息、扩展属性等。其中，可以修改的信息有："轴转角""打断标记""1端Z向偏移""2端Z向偏移""构件类别"。

与"布置"对话框内参数含义不同，属性框内的"1端Z向偏移"与"2端Z向偏移值"，输入"−1"表示Z值按所在自然层层底标高计算，输入"0"表示按所在自然层层顶标高计算，输入"500"表示比所在自然层层顶高出500mm。

⑦ 归并入层。

对于单根空间斜杆，程序提供了将它打断、拆分，并分别归并进入几个标准层的功能。但需要注意的是，"归并入层"功能需要用户已经建立好对应的标准层，才能自动进行。例如，某空间斜杆跨越3个自然层，如果要将它归并入层，则需要在建模时就已经存在3个标准层。图2.38所示为归并入层实例。

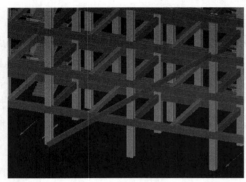
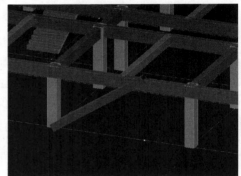

图2.38　归并入层实例

3. 构件的补充与修改

新版软件界面在"构件"菜单中不仅包括了各类构件输入的选项组，而且集成了构件的"补充"与"修改"选项组。用户在进行建模操作时，可以更加方便地对模型的构件进行位置的调整、截面的修改，以及进行构件的补充等操作。构件的"补充"与"修改"选项组如图2.39所示，主要有"梁加腋""钢板墙""构件删除""截面替换""单参修改""截面工具""偏心对齐"等选项，以下将对主要选项进行介绍。

图2.39　构件的"补充"与"修改"选项组

（1）梁加腋。

"梁加腋"选项包含"布置梁加腋""删除梁加腋"两个命令。

注意："梁加腋"只能布置在矩形截面梁之上。

操作步骤：

① 执行"布置梁加腋"命令，程序将弹出"加腋梁输入"停靠面板，如图2.40所示。

② 在停靠面板中输入"腋长"，选择"竖向加腋"或"水平加腋"等选项并输入对应腋高，即可开始布置梁加腋。

在删除梁加腋时，如果是采用"光标选择"方式，程序会删除距离光标最近位置一端的梁加腋；而如果采用其他选择方式，则程序将删除整根梁，即两端布置的梁加腋会同时删除。

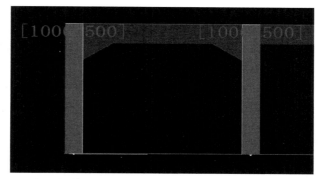

图2.40　"加腋梁输入"停靠面板与示例

（2）钢板墙。

"钢板墙"下拉菜单中包含"外包钢板""内置钢板""钢管束墙""隔墙挂板""删钢板/钢管束墙"5个命令，如图2.41所示。布置钢板墙的步骤较为简单，只需单击相应类型的钢板墙按钮，设置相应的参数，即可将钢板布置于已有的墙体上。

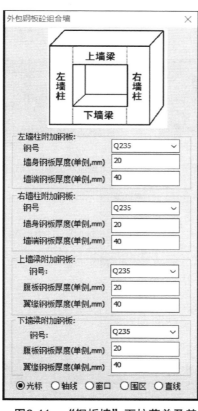

图2.41　"钢板墙"下拉菜单及其参数设置停靠面板

（3）构件删除。

选择图 2.39 中的"构件删除"选项，弹出"构件删除"停靠面板，如图 2.42 所示。"构件删除"对话框中罗列了所有类型的构件选项，在需要删除的构件类型上打勾即可选中相应类型的构件。

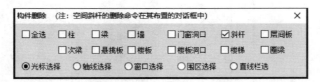

图2.42 "构件删除"停靠面板

（4）截面替换。

通过"截面替换"选项可以方便地修改已有构件的截面尺寸，方便后期验算过程中对模型的修改。通过使用"截面替换"选项，用户可以一次性替换模型中全部或者特定范围内的构件的截面尺寸，极大地提高了修改模型的效率。

选择图 2.39 中的"截面替换"选项，会弹出需要替换截面的构件类型 [图 2.43(a)]，再选中需要替换的构件类型，会弹出"构件截面替换"对话框，如图 2.43 所示。选择原截面类型，再选择新的截面类型，单击"替换"按钮，即可完成截面的替换操作。

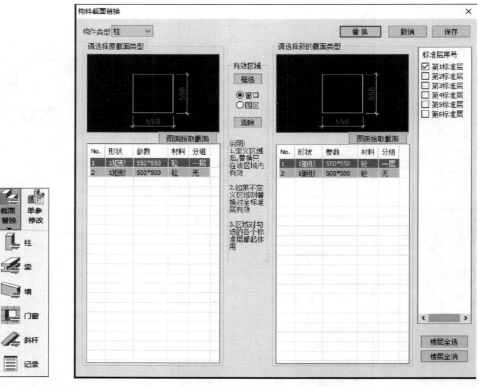

(a)"截面替换"下拉菜单 (b)"构件截面替换"对话框

图2.43 "截面替换"下拉菜单和"构件截面替换"对话框

（5）单参修改。

通过"单参修改"选项既可以修改墙体、门窗、柱、梁、支撑构件的位置、标高等参数，又可以批量修改柱子偏心、梁的偏轴距离等。

（6）截面工具。

"截面工具"下拉菜单包括"修改梁宽""修改梁高""修改墙厚""修改门窗高度""截面导入与导出"等命令。选择相应的修改工具即可修改选中构件的截面信息。

（7）偏心对齐。

构件"修改"选项组中有"偏心对齐"选项组（图2.44），提供了柱、梁、墙相关的对齐操作，可用来调整柱、梁、墙，使之沿某个边界进行对齐操作（常用来处理建筑外轮廓的平齐问题）。

"偏心对齐"选项包括"通用对齐"命令或单独的命令。单独的命令按柱、梁、墙分类共有12项，分别是："柱上下齐""柱与柱齐""柱与墙齐""柱与梁齐""梁上下齐""梁与梁齐""梁与柱齐""梁与墙齐""墙上下齐""墙与墙齐""墙与柱齐""墙与梁齐"。

"偏心对齐"选项可以根据布置的要求自动完成偏心计算与偏心布置，举例说明如下。

① 柱上下齐。

当上下层柱的尺寸不一样时，可按上层柱对下层柱某一边对齐（或中心对齐）的要求自动算出上层柱的偏心，并按该偏心对柱的布置自动修正。此时如打开"层间编辑"下拉菜单，可使从上到下各标准层的某些柱都与第一层柱的某边对齐。因此，用户布置柱时可先省去偏心的输入，等各层布置完后再用"偏心对齐"选项修正各层柱的偏心。

② 梁与柱齐。

可使梁与柱的某一边自动对齐，按轴线或窗口方式选择某一列梁时可使这些梁全部自动与柱对齐，这样在布置梁时不必输入偏心，可省去人工计算偏心的过程。

图2.44　"偏心对齐"下拉菜单

4. 层间编辑

新版软件将层间编辑功能整合入了"构件"菜单中。"层间编辑"选项组包括"层间编辑"和"层间复制"两个选项，如图2.45所示。它是在实际工程中使用频率较高的功能，该功能可将操作在多个标准层上同时进行，即同时编辑多个标准层，省去来回切换到不同标准层重复执行同一操作的麻烦。图2.46所示为"层间编辑设置"对话框。

图2.45　"层间编辑"选项组

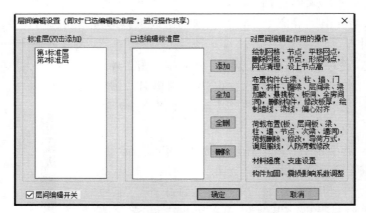

图2.46　"层间编辑设置"对话框

5. 本层信息与材料强度

（1）本层信息。

输入本层信息是每个结构标准层必须进行的操作，其作用是确认"标准层信息"对话框（图2.47）中的各项结构信息。

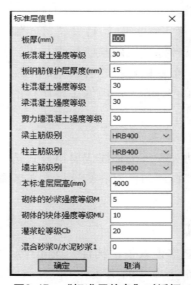

图2.47　"标准层信息"对话框

（2）材料强度。

材料强度初设值可在"本层信息"选项内设置，而对与"本层信息"和设计参数中默认强度等级不同的构件，则可用"材料强度"进行赋值。

6. 楼板和层间板

"楼板"选项组包含"生成楼板""修改板厚""错层""全房间洞""板洞""悬挑板""板加腋"选项,"层间板"选项组包含"层间板""层间板厚"选项,如图2.48所示。

1)生成楼板

"生成楼板"选项可自动生成本标准层结构布置后的各房间楼板,"板厚"默认取"本层信息"中设置的板厚值,也可通过"修改板厚"选项进行修改。"楼板"选项组中的其他选项除"悬挑板"外,都要按房间进行操作。

生成楼板

图2.48 "楼板"与"层间板"选项组

2)修改板厚

"生成楼板"选项会自动按"本层信息"中的板厚值设置板厚,可以通过"修改板厚"选项进行修改。运行"修改板厚"选项后,每块楼板上会标出其目前的板厚,并弹出"修改板厚"对话框,输入板厚值后在图形上选中需要修改的房间楼板即可。

3)错层

选择"错层"选项后,每块楼板上会标出其错层值,并弹出"楼板错层"对话框,如图2.49所示。输入错层值后,选中需要修改的楼板即可。图2.50所示为楼板错层实例。

图2.49 "楼板错层"对话框

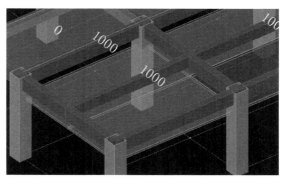

图2.50 楼板错层实例

4）楼板开洞

（1）全房间洞。

"全房间洞"选项将指定房间楼板全部设置为开洞。当某房间设置了"全房间洞"时，该房间楼板上布置的其他构件将不再显示。全房间开洞时，相当于该房间无楼板，也无楼面恒活荷载。

 注意事项

与"全房间洞"设置类似的"板厚设置为 0"的操作，可实现设计要求该房间无须布置楼板，却要保留该房间楼面恒活荷载的楼面状况（如楼梯间）。

（2）板洞。

板洞的布置方式与一般构件类似，需要先进行洞口形状的定义，然后再将定义好的板洞布置到楼板上。

① 板洞定义。

选择"板洞"选项，在停靠面板中单击"增加"按钮，弹出图 2.51 所示的"截面参数"对话框。板洞的定义过程与普通构件的定义过程相同，单击">>"按钮，弹出"请用光标选择截面类型"对话框，其截面类型有矩形、圆形和任意多边形，如图 2.52 所示。

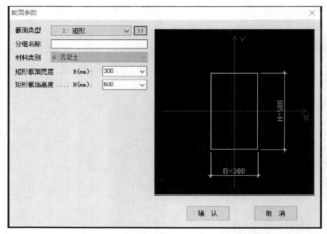

图2.51 "截面参数"对话框

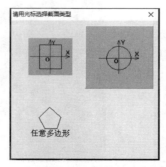

图2.52 "请用光标选择截面类型"对话框

② 板洞布置。

板洞布置首先选择参照房间，再设置板洞"沿轴偏心""偏轴偏心"和"轴转角"，即可布置板洞，如图2.53所示。

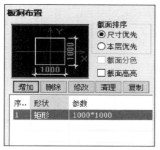
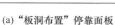

(a)"板洞布置"停靠面板

(b)"板洞布置参数"停靠面板

(c)板洞布置实例

图2.53   板洞布置

矩形板洞的插入点为左下角点，圆形板洞的插入点为圆心，任意多边形板洞的插入点在画多边形后由人工指定。

板洞的"沿轴偏心"指板洞插入点距离基准点沿基准边方向的偏移值，"偏轴偏心"则指板洞插入点距离基准点沿基准边法线方向的偏移值，"轴转角"指板洞绕其插入点沿基准边正方向开始逆时针旋转的角度。

5）悬挑板

（1）悬挑板定义。

悬挑板的定义与普通构件的定义相同，悬挑板的形状有矩形和任意多边形两种。

（2）悬挑板布置。

进行悬挑板布置时，需要先进行悬挑板形状的定义，然后再将定义好的悬挑板布置到楼面上。"悬挑板布置"和"悬挑板布置参数"停靠面板如图2.54所示。程序支持输入矩形悬挑板和多边形悬挑板，但一道网格只能布置一个悬挑板。图2.55所示为悬挑板布置实例。

图2.54   "悬挑板布置"和"悬挑板布置参数"停靠面板

6）板加腋

选择"板加腋"选项，会弹出"板加腋参数设置"对话框，如图2.56所示。在"板加腋参数设置"对话框中可以设置腋长度、板边腋高、板内腋高等参数。图2.57所示为楼板加腋实例。

图2.55　悬挑板布置实例

图2.56　"板加腋参数设置"对话框

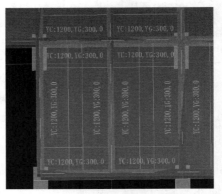

图2.57　楼板加腋实例

7）层间板

新版软件中，增加了一个新选项组"层间板"，用来进行层间板的布置。"层间板"选项组包括"层间板"和"层间板厚"选项，可对层间板进行布置、修改板厚、删除等操作。

"层间板参数"对话框如图 2.58 所示，"标高"参数的默认值为"–1"，标高"–1"表示自动生成层间板。当房间边界有墙时，如出现楼层板掉到层间板位置的情况，需要在墙顶布置虚梁。程序支持自动查找空间斜板。

在"荷载"菜单中也相应增加了层间板的恒活荷载修改功能。在退出 PMCAD 时，程序会自动将层间板上的荷载导算到支撑构件（梁、墙）上。图 2.59 所示为层间板布置实例。

图2.58　"层间板参数"对话框

图2.59　层间板布置实例

注意事项

① 层间板只能布置在支撑构件（梁、墙）上，并且要求这些构件已经形成了闭合区域。

② 层间板在指定标高时，必须与支撑构件处在同一标高。

③ 一个房间区域内，只能布置一块层间板。

7. 楼梯布置

为了适应新的抗震规范要求，程序给出了计算中考虑楼梯影响的解决方案：在PMCAD 模块中输入楼梯，可在矩形房间输入平行两跑、三跑、四跑楼梯等类型。程序可自动将楼梯转化成折梁或折板。

此后在 SATWE 模块中计算时，无须更换目录，在计算参数中直接选择是否计算楼梯即可。SATWE 的"参数定义"中可选择是否考虑楼梯作用，如果考虑，可选择梁或板任一种方式或两种方式同时计算楼梯。

1）楼梯布置及楼梯参数设置

选择"楼板"|"楼梯"|"楼梯布置"，弹出"请选择楼梯布置类型"对话框，如图 2.60 所示。选择好楼梯类型之后，会弹出"平行两跑楼梯—智能设计对话框"对话框，如图 2.61 所示。用户只需输入要插入楼梯的各项参数，程序就会自动完成楼梯的布置。

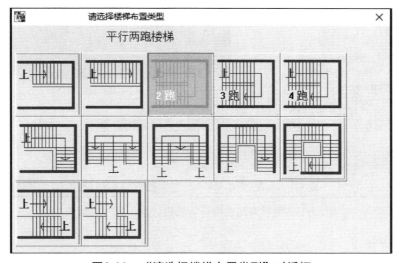

图2.60 "请选择楼梯布置类型"对话框

（1）楼梯类型：目前程序共有 12 种楼梯类型可供用户选择，包括单跑直楼梯、双跑直楼梯、平行两跑楼梯、平行三跑楼梯、平行四跑楼梯、两跑转角楼梯、双分平行楼梯 1、双分平行楼梯 2、三跑转角楼梯、四跑转角楼梯、双跑交叉楼梯、双跑剪刀楼梯带平台。

（2）起始节点号：用来修改楼梯布置方向，可根据预览图中显示的房间角点编号调整。

（3）是否是顺时针：确定楼梯走向。

（4）起始高度：第一跑楼梯最下端相对本层底标高的相对高度，单位为 mm。

（5）踏步总数：输入楼梯的总踏步数。

（6）坡度：当修改踏步参数时，程序会根据层高自动调整楼梯坡度，并显示计算结果。

（7）各梯段宽：设置梯板宽度。

（8）梯板厚：设置平台板厚度。

（9）各标准跑详细设计数据：设置各梯跑定义与布置参数。

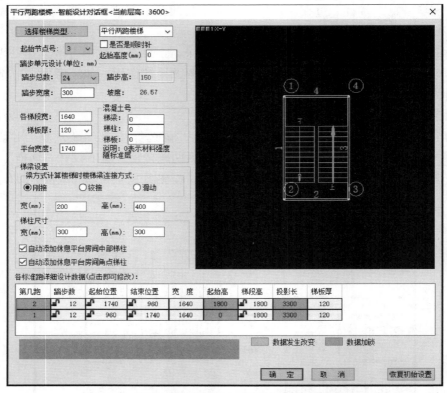

图 2.61 "平行两跑楼梯—智能设计对话框"对话框

2）楼梯删除

选择"楼梯删除"选项，程序会弹出"构件删除"对话框，如图 2.62 所示，选中"楼梯"选项，选择与梯跑平行的房间边界，这时该梯跑将高亮显示，单击即可将该梯跑删除。

图 2.62 "构件删除"对话框

2.3.4 荷载输入

荷载输入是建模程序 PMCAD 的重要组成部分，用于输入本标准层结构上的各类荷载，包括以下几个重要部分：楼面恒活荷载、各类非楼面构件荷载、人防荷载、吊车荷载。

选择"荷载"菜单，弹出其所属的各功能选项，如图 2.63 所示。

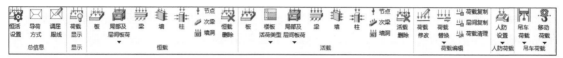

图2.63 "荷载"菜单

1. 楼面恒活荷载

布置楼面恒活荷载的前提条件是，必须用"构件"菜单中的"生成楼板"选项输入过一次各房间的楼板信息。

荷载输入

1）楼面恒活荷载设置

该功能用于统一布置该楼层的楼面恒活荷载。具体操作步骤：选择"总信息"|"恒活设置"，弹出"楼面荷载定义"对话框，如图 2.64 所示。

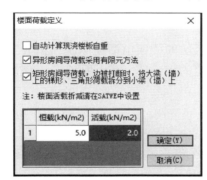

图2.64 "楼面荷载定义"对话框

"楼面荷载定义"对话框的主要内容如下。

① 自动计算现浇楼板自重。

② 异形房间导荷载采用有限元方法。

③ 矩形房间导荷打断设置。

④ 标准层楼面恒活荷载统一值。

⑤ 活荷载折减参数说明。

下面将对以上 5 点内容做简要说明。

（1）自动计算现浇楼板自重。

该控制项是全楼的，即非单独对当前标准层。选中该项后程序会根据楼层各房间楼板的厚度，折合成该房间的均布面荷载，并将其叠加到该房间的面恒载值中。若选中该项，则输入的楼面恒载值中不应该再包含楼板自重；反之，则必须包含楼板自重。

（2）异形房间导荷载采用有限元方法。

旧版软件在对异形（三角形、梯形、L形、T形、十字形、凹形、凸形等）房间进行房间荷载导算时，是按照每边的边长占整个房间周长的比值，按均布线荷载分配到每边的梁、墙上的。

新版软件在上述方法的基础上，新增加了一种导荷方法，即异形房间导荷载采用有限元方法。其计算原理是：程序会先按照有限元方法进行荷载导算，然后再将每个大边上得到的三角形、梯形线荷载拆分，并按位置分配到各个小梁、墙段上，荷载类型为不对称梯形，各边总值有所变化，但单个房间荷载总值不变。

注意事项

① 当单边长度小于 300mm 时，整个房间会自动按照旧版软件的边长法做荷载均布导算。

② 由于导荷工作是在退出 PMCAD 建模程序的过程中进行的，因此，想要查看上述结果应在退出建模程序后，再次进入建模程序。

（3）矩形房间导荷打断设置。

矩形房间导荷打断设置主要用来处理矩形房间边被打断时，是否将大梁（墙）上的梯形荷载、三角形荷载拆分到小梁（墙）上。

（4）标准层楼面恒活荷载统一值。

该功能用于设置当前标准层各板块的楼面恒活荷载统一值。只要板块中设定的荷载值与"楼面荷载定义"对话框中设定的统一值一致，那么，当该统一值改变时，相关板块就会随之改变。

注意事项

如在结构计算时考虑地下人防荷载，则此处必须输入活荷载；否则 SATWE、PMSAP 将不能进行人防地下室的计算。

（5）活荷载折减参数说明。

旧版软件在此处有设置"活荷载折减参数"的功能，现已取消。此类参数的设置已改在使用程序中各自处理，如 SATWE 的该项设置，可通过选择"参数定义"|"活荷信息"进行操作。

2）楼面恒活荷载修改

该功能用于根据已生成的房间信息进行板面恒活荷载的局部修改。楼面恒活荷载修改的操作对象有楼面板和层间板两种，与此相对应的操作选项如图2.65所示。

图2.65 楼面恒活荷载修改的操作选项

选择"恒载"|"板"，则该标准层所有房间的恒载值都将在图形上显示，同时弹出

"修改恒载"对话框。在对话框中，用户可以输入需要修改的恒载值，再在模型上选择需要修改的房间，即可实现对楼面荷载的修改。

楼面活载布置的修改方式与此操作相同。

3）导荷方式

"导荷方式"是指用于定义作用于楼板上的恒载和活载的传导方式。选择"楼面荷载"|"导荷方式"，程序首先会显示房间的布置方式，命令栏提示"用光标选择目标"。选择要修改导荷方式的房间，屏幕将会显示3种导荷方式，即对边传导、梯形三角形传导和周边布置。

（1）对边传导。

此方式将荷载向两对边传导，选取需布置的房间，然后指定房间受力边即完成指定。

（2）梯形三角形传导。

这是程序默认的传导方式，适用于现浇钢筋混凝土楼板且房间为矩形。

（3）周边布置。

此方式是将总荷载沿房间周长等分成均布荷载布置。对于非矩形房间可选用此种导荷方式，可以指定不受力边。

4）调屈服线

"调屈服线"主要是针对梯形、三角形导荷方式的房间，当需要对导荷方式中的屈服线角度进行特殊设定时使用。

选择"总信息"|"调屈服线"，命令栏提示"用光标选择目标"。当点选某一楼板后，程序会弹出"调屈服线"对话框，可以通过修改塑性角1、塑性角2中的角度值完成对房间导荷方式的修改。程序默认的塑性角角度为45°。

2. 各类非楼面构件荷载

布置完楼面恒活荷载之后，还需为各类构件布置恒活荷载，包括梁荷载、柱荷载、墙荷载、节点荷载、局部板荷载、次梁荷载、墙洞荷载、荷载删除、荷载编辑等。

1）梁荷载

梁荷载用于输入非楼面传来的作用在梁上的恒载或活载；由于梁恒载和活载的输入方法皆相同，因此以下只以恒载为例做一说明。

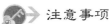 注意事项

输入了梁（墙）荷载后，如果再做修改节点信息（删除节点、清理网点、形成网点、绘节点等）的操作，由于和相关节点相连的杆件的荷载将做等效替换（合并或拆分），因此此时应核对一下相关的荷载信息。

单击"增加"按钮后，屏幕上会显示平面图的单线条状态的"梁::恒载布置"停靠面板（图2.66），并弹出选择梁荷载类型的"添加:梁荷载"对话框（图2.67）。

荷载布置有两种类别可选，分别是"添加"与"替换"。

（1）选择"添加"时，构件上原有的荷载不动，在其基础上增加新的荷载。

（2）选择"替换"时，当前工况下的荷载将被替换为新荷载。

"高亮类型"选项被选中时，本层布置当前选择荷载类型的荷载将以高亮方式显示，用户可以方便地看清该类型荷载在当前层的布置情况。

2）柱荷载

柱荷载用于输入作用在柱上的恒载和活载信息，恒载与活载的输入操作是相同的，所以，只以恒载为例进行操作说明。

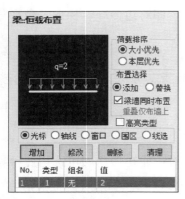

图2.66　"梁::恒载布置"停靠面板

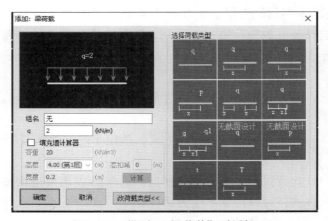

图2.67　"添加：梁荷载"对话框

柱荷载与梁荷载的操作不同之处：操作对象由网格线变为有柱的网格点，故不再阐述。

柱荷载的定义信息与梁（墙）不共用，故操作互不影响。由于作用在柱上的荷载有 X 向和 Y 向两种，如图2.68所示，故而，在布置时需要选择作用力的方向。

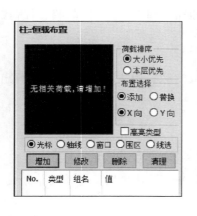

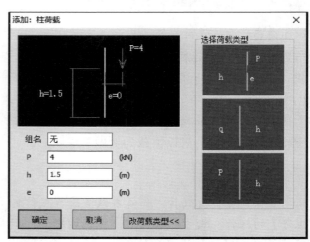

图2.68　柱荷载输入

3）墙荷载

墙荷载用于布置作用于墙顶的荷载信息。输入方法与梁荷载相同。

4）节点荷载

节点荷载用来直接输入作用在平面节点上的荷载，各方向弯矩的正向用右手螺旋法确定。节点荷载输入如图 2.69 所示。

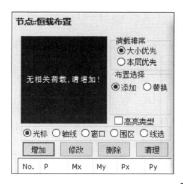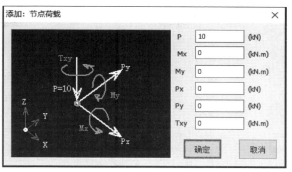

图2.69　节点荷载输入

5）局部板荷载

局部板荷载有 3 种类型，分别是集中点荷载、线荷载、局部面荷载，且可以布置在层间板上。以恒载为例，其"局部及层间板荷"下拉菜单如图 2.70 所示。

图2.70　"局部及层间板荷"下拉菜单

（1）板上线荷载。

选择"局部及层间板荷载"|"板上线荷载"，弹出"板局部线荷载::恒载布置"停靠面板，如图 2.71 所示。

图2.71　"板局部线荷载::恒载布置"停靠面板

值得注意的是：在定义板上线荷载时，程序给出了辅助计算工具，如图2.72所示。输入板上构件容重、构件的布置高度与宽度之后，程序可以自动计算出对应的线荷载值。

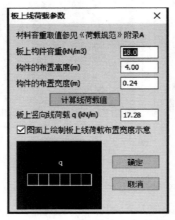

图2.72 "板上线荷载参数"停靠面板

另外，还可以选中"图面上绘制板上线荷载布置宽度示意"，程序在绘制线荷载时会按精确的宽度绘制边界，以便校对与板周边构件的关系。

（2）板上点荷载与局部面荷载。

因为这两种荷载的定义和布置方式相似，因此将其合并讲解。在布置板上点荷载、局部面荷载时，程序是以房间为单位进行布置的。程序会加亮房间基点，并给出房间局部坐标系的 X 轴方向，在"板上荷载布置参数"停靠面板［图2.73（a）］中输入"沿轴偏心""偏轴偏心""轴转角"参数后，图面上会动态显示荷载位置，单击即可完成荷载布置。图2.73（b）所示为局部面荷载布置实例。

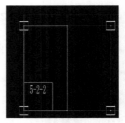

(a)"板上荷载布置参数"停靠面板　　　(b)局部面荷载布置实例

图2.73 "板上荷载布置参数"停靠面板及局部面荷载布置实例

6）次梁荷载

次梁荷载的布置与梁荷载的布置过程相同，二者共用同一套参数体系，故而次梁荷载的删除与修改会影响主梁的荷载布置。

7）墙洞荷载

墙洞荷载用于布置作用于墙开洞上方段的荷载，其布置方式与梁间荷载的布置方式相同，如图2.74所示。

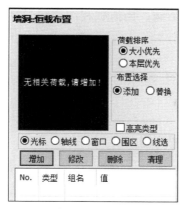

图2.74　"墙洞::恒载布置"停靠面板

墙洞荷载与梁荷载的不同点是：墙洞荷载的类型只有均布荷载。墙洞荷载的荷载定义与梁荷载不共用，故操作互不影响。

8）荷载删除

根据不同的工况，"荷载删除"功能包括"恒载删除"与"活载删除"两个选项，因二者的操作与步骤相同，仅就"恒载删除"对荷载删除功能进行讲解。

程序允许同时删除多种类型的荷载，图2.75所示为"恒荷载删除"停靠面板，可通过选中和取消选中过滤某类构件荷载，只有选中的构件荷载才会绘制。

9）荷载编辑

（1）荷载修改。

新版软件合并了"恒载修改"和"活载修改"功能，统一为一个"荷载修改"选项，可直接单击荷载（文字或线条）修改，并支持层间编辑。

（2）荷载替换。

"荷载替换"选项与"构件"菜单中的"截面替换"选项类似，新版软件增加了构件上荷载的成批替换功能。

"荷载替换"下拉菜单包含了"梁荷载替换""柱荷载替换""墙荷载替换""节点荷载替换""次梁荷载替换""墙洞荷载替换"几个命令。

（3）荷载复制。

"荷载复制"选项用于复制同类构件上已布置的荷载，可恒载和活载一起复制。"荷载拷贝参数"停靠面板如图2.76所示。

图2.75　"恒荷载删除"停靠面板

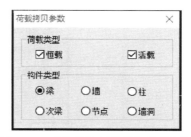

图2.76　"荷载拷贝参数"停靠面板

软件可以同时复制恒载和活载，当恒载和活载同时复制时，图面为避免杂乱，仅显示恒载，但不会影响活载的复制。

（4）层间复制。

"层间复制"选项可将当前标准层的荷载布置拷贝到其他标准层，省去了不同标准层荷载布置的烦琐操作。

单击"荷载编辑"|"层间复制"，弹出图 2.77 所示的对话框，选择需要复制的荷载类型即可完成不同标准层荷载的复制。

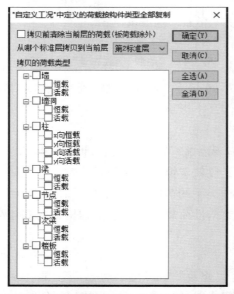

图2.77　"'自定义工况'中定义的荷载按构件类型全部复制"对话框

3. 人防荷载

当工程需要考虑人防荷载作用时，可以用此选项组设定。"人防设置"下拉菜单包括"人防设置"与"人防修改"两个命令。

（1）人防设置。

此选项用于为本标准层所有房间设置统一的人防等效荷载。"人防设置"对话框如图 2.78 所示。设置相应的人防设计等级，程序会自动填入相应的等效荷载值。

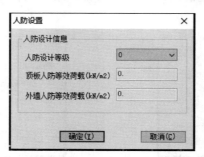

图2.78　"人防设置"对话框

（2）人防修改。

此选项用于修改局部房间的人防荷载值。

选择"人防设置"|"人防修改"，弹出图2.79所示的"修改人防"停靠面板。此时在对话框内设置好人防荷载值并布置到所需布置的房间即可。

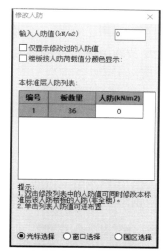

图2.79　"修改人防"停靠面板

4.吊车荷载

吊车荷载即工业建筑用的吊车起吊重物时对建筑物产生的竖向荷载和水平荷载。

"吊车荷载"选项组包括"吊车荷载"与"移动荷载"两个选项。

1）吊车荷载

首先，选择要布置吊车的标准层，"吊车荷载"下拉菜单包括"吊车布置""查询修改""荷载显示""吊车显示""选择删除""全部删除"几个选项。下面介绍其中的"吊车布置""吊车显示""全部删除"选项。

（1）吊车布置。

选择"吊车布置"选项，弹出"吊车资料输入"对话框。在此对话框内可以定义新的吊车荷载及吊车荷载的作用区域。

（2）吊车显示。

选择"吊车显示"选项，可以显示当前标准层布置的吊车荷载的作用区域数据，包括各区域布置的吊车起重量、吊车跨度等信息。

（3）全部删除。

选择"全部删除"选项，可以选择是删除当前标准层已经布置的吊车工作区域，还是删除整个结构所有标准层布置的吊车工作区域。全部删除后，数据不能恢复。

2）移动荷载

选择"移动荷载"选项，弹出下拉菜单，包括"荷载布置""荷载修改""荷载显示""吊车显示""荷载删除"几个命令。

移动荷载的布置过程与吊车荷载的布置类似，此处不再赘述。

2.3.5 设计参数

选择"楼层"菜单中的"设计参数"选项，弹出"楼层组装—设计参数："对话框，其中共有5个选项卡，分别如图2.80~图2.84所示，应根据工程实际情况做相应的修改。特别说明的是对话框中的各参数在PM生成的各种结构计算文件中均起控制作用。以下将对这5个选项卡的内容和功能做简要说明。

（1）总信息。

图2.80所示的就是"总信息"选项卡。

结构体系：选择结构体系是为了针对不同的结构类型选出不同的设计参数。程序中的结构体系包括框架结构、框架-剪力墙结构、框筒结构、筒中筒结构、剪力墙结构、砌体结构、底框结构、配筋砌体、板柱剪力墙、异形柱框架、异形柱框剪、部分框支剪力墙结构、单层钢结构厂房、多层钢结构厂房、钢框架结构。

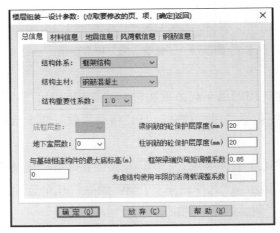

图2.80 "总信息"选项卡

结构主材：包括钢筋混凝土、钢和混凝土、有填充墙钢结构、无填充墙钢结构、砌体5个选项。

（2）材料信息。

图2.81所示为"材料信息"选项卡。

（3）地震信息。

图2.82所示为"地震信息"选项卡。

混凝土框架抗震等级：应考虑建筑高度、抗震设防烈度等因素，可根据《建筑抗震设计规范（2016年版）》（GB 50011—2010）第6.1.2条确定。

计算振型个数：根据《建筑抗震设计规范（2016年版）》（GB 50011—2010）第5.2.2条确定：一般可以取振型参与质量达到总质量90%所需的振型数，振型数至少应取3；

当考虑扭转耦联计算时，振型数不应小于 9；对于多塔结构，振型数应大于 12。但应注意：此处的振型数不能超过结构固有振型的总数。

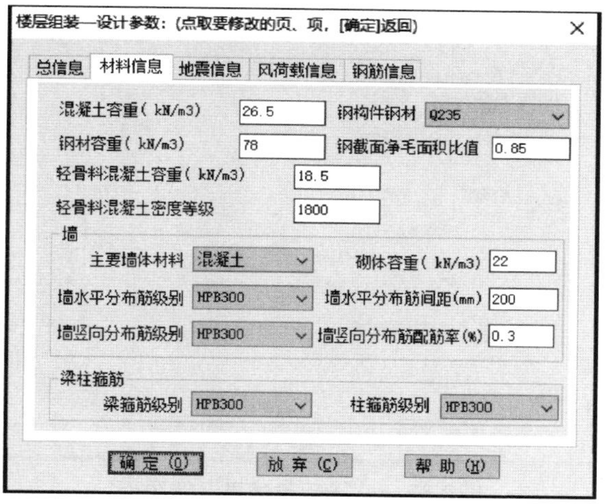

图2.81 "材料信息"选项卡

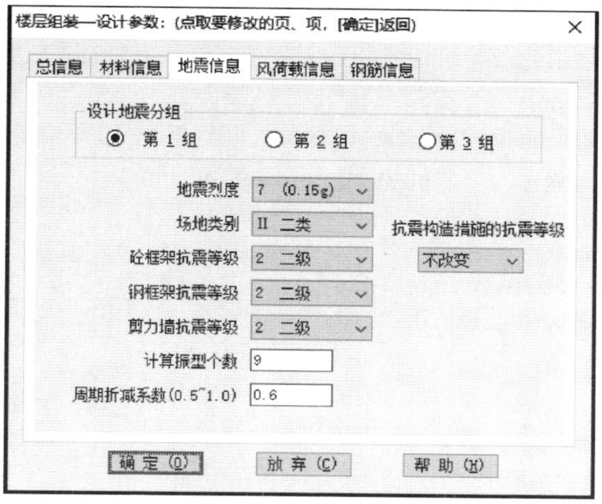

图2.82 "地震信息"选项卡

周期折减系数：目的是考虑框架结构和框架 – 剪力墙结构的填充墙刚度对计算周期的影响。对于框架结构，若填充墙较多，周期折减系数可取 0.6 ～ 0.7；若填充墙较少，周期折减系数可取 0.7 ～ 0.8。对于框架 – 剪力墙结构，周期折减系数可取 0.8 ～ 0.9；对于剪力墙结构，不折减。

（4）风荷载信息。

图 2.83 所示为 "风荷载信息" 选项卡。

修正后的基本风压：根据《建筑结构荷载规范》（GB 50009—2012）第 8.1.2 条确定。

地面粗糙度类别：可分为 A、B、C、D 4 类，根据《建筑结构荷载规范》（GB 50009—2012）第 8.2.1 条确定。

沿高度体型分段数：现代多、高层结构立面变化较大，不同区段内的体型系数可能不一样，程序限定体型系数最多可分 3 段取值。

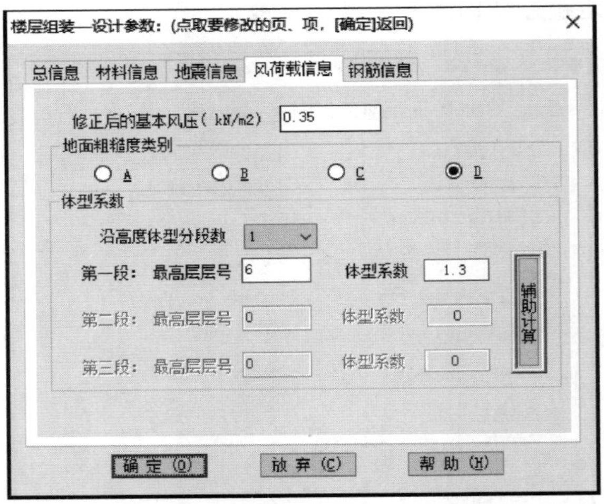

图2.83　"风荷载信息"选项卡

（5）钢筋信息。

图 2.84 所示为"钢筋信息"选项卡。

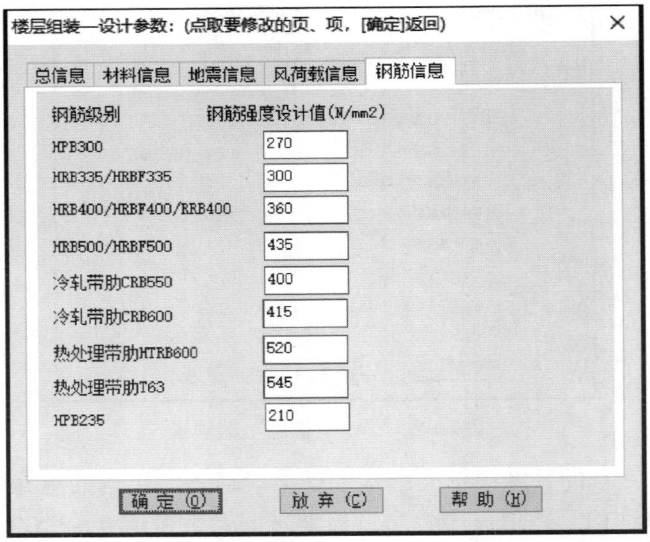

图2.84　"钢筋信息"选项卡

钢筋信息一般选默认值即可。

2.3.6　楼层组装

　　"楼层组装"的主要功能是为每个输入完成的标准层指定层高、层底标高后，将其布置到建筑整体的某一部位，从而搭建出完整的建筑模型。选择"楼层"菜单中的"楼层组装"选项，弹出"楼层组装"对话框，如图 2.85 所示。

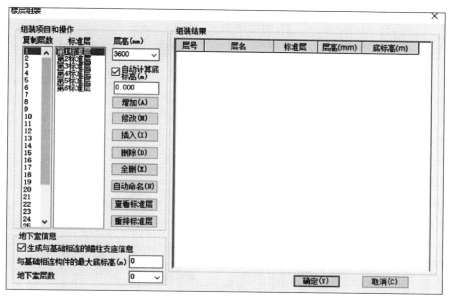

图2.85 "楼层组装"对话框

指定上述参数后单击"增加"按钮，则定义的楼层会出现在右侧的"组装结果"框中。另外，可通过操作框中的"修改""插入""删除"等按钮对定义的楼层进行编辑。

2.4 设计实例

2.4.1 工程概况

某行政办公楼，采用现浇钢筋混凝土框架结构，层数为6层，场地类别为Ⅱ类，首层层高4.2m，主要功能用房包括大厅、打印室、传达室、电话机房、接待室及小办公室等；2～6层楼层层高均为3.6m，除2层设有一个电话机房外，其他层每层设有多个小办公室。1～6层每层各设男女卫生间一个，总共有2部楼梯（其中一部用于消防疏散），室内外高差为0.45m，基础顶面至室外地面的高差为0.60m，开间为7.2m，共5跨，进深尺寸为：6m+2.4m+6m。

该行政办公楼外窗采用中空塑钢门窗，内门均为实木门；楼地面为彩色水磨石；墙面及顶棚采用抹灰刷乳胶漆；非承重隔墙采用水泥空心砖砌筑，规格为300mm×250mm×160mm。建筑的平面图、立面图及剖面图，如图2.86～图2.90所示，现结合该工程进行建模操作。

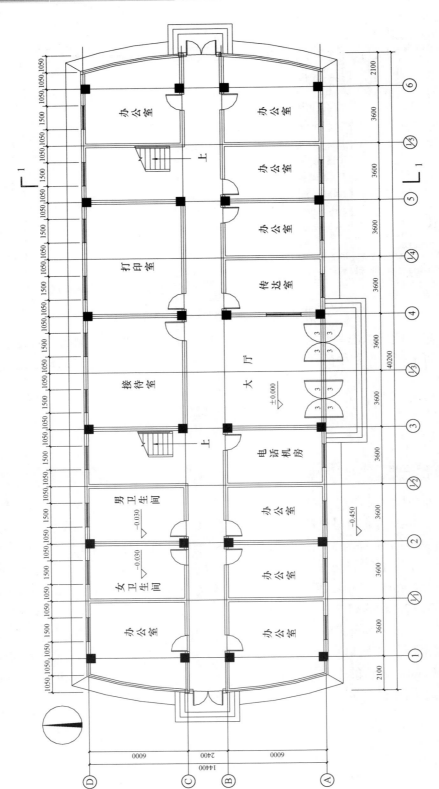

图2.86　首层平面图

注：门尺寸为1000mm×2400mm。

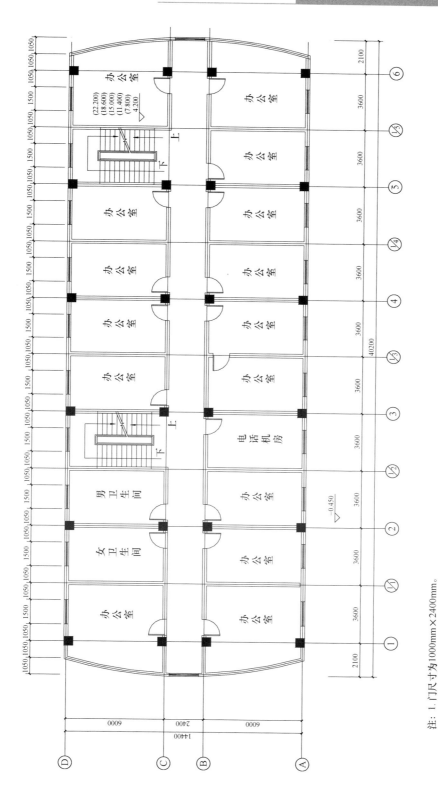

图2.87 2~6层平面图

注：1. 门尺寸为1000mm×2400mm。
 2. 电话机房仅限2层，其他层为办公室。

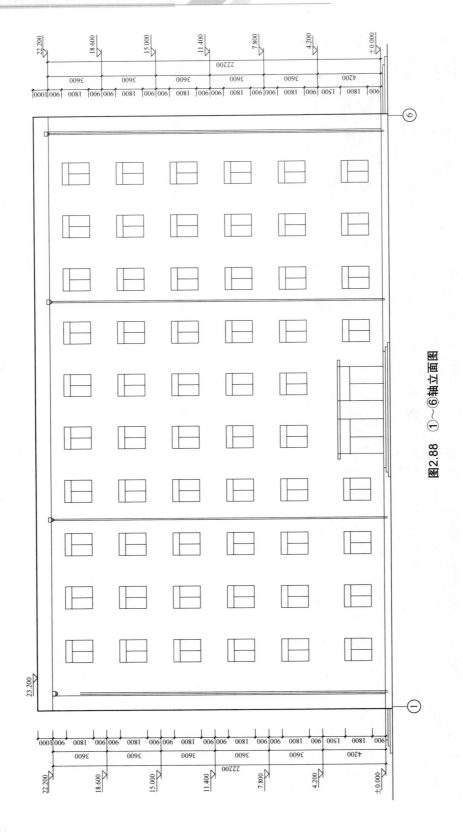

图2.88 ①～⑥轴立面图

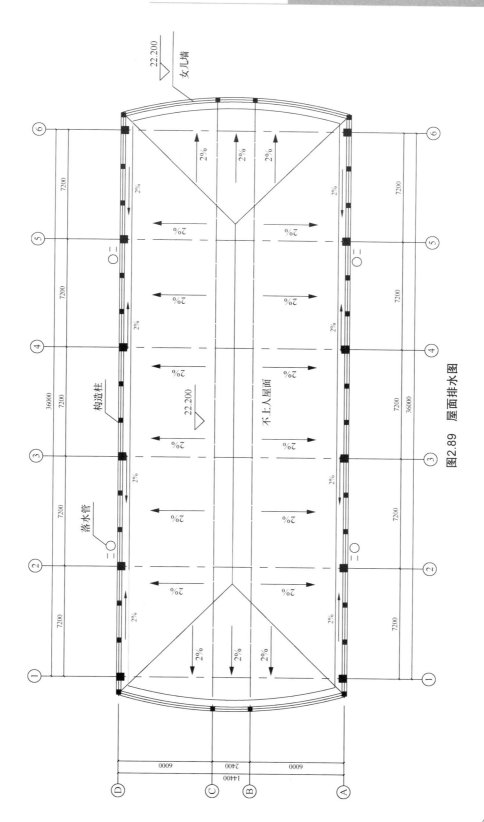

图2.89　屋面排水图

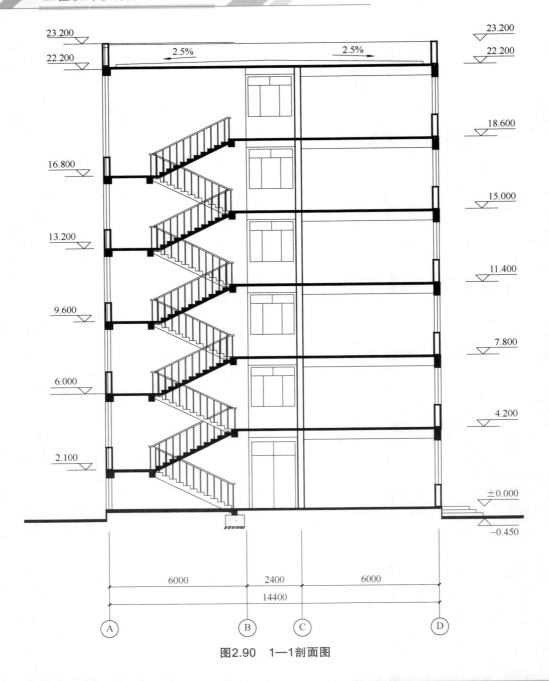

图2.90　1—1剖面图

2.4.2　荷载计算

梁、柱自重由程序自动计入，楼板自重由设计人员自行计算。

1. 恒载

（1）标准层（2～6层）楼面永久荷载计算。

输入的荷载按实际计算并取标准值，具体如下。

水磨石地面（20mm 厚水泥砂浆，10mm 厚水磨石面层）：	$0.65kN/m^2$
现浇钢筋混凝土楼板（120mm 厚）：	$25kN/m^3 \times 0.12m = 3.00kN/m^2$
板底抹灰：	$0.34kN/m^2$
合计：	$3.99kN/m^2$

（2）屋面永久荷载标准值。

APP 改性沥青油毡防水层：	$0.40kN/m^2$
20mm 厚 1∶3 水泥砂浆找平层：	$20kN/m^3 \times 0.02m = 0.40kN/m^2$
水泥珍珠岩保温层 60mm 厚：	

$$10kN/m^3 \times 0.06m = 0.60kN/m^2（容重 7 \sim 15kN/m^2）$$

1∶6 水泥焦渣找坡（平均厚度 90mm）：

$$13kN/m^3 \times 0.09m = 1.17kN/m^2（容重 12 \sim 14kN/m^2）$$

隔汽层，刷冷底子油一道，热沥青玛琋脂二道，质量忽略不计。

20mm 厚 1∶3 水泥砂浆找平层：	$20kN/m^3 \times 0.02m = 0.40kN/m^2$
现浇钢筋混凝土屋面板（120mm 厚）：	$25kN/m^3 \times 0.12m = 3.00kN/m^2$
板底抹灰：	$0.34kN/m^2$
合计：	$6.31kN/m^2$
（3）女儿墙自重（高 1.2m，120mm 厚）：	$25kN/m^3 \times 0.12m \times 1.2m = 3.6kN/m$

（4）填充墙自重。

现以第 1 荷载标准层为例，说明其计算原理。

沿梁长度方向的填充墙自重线荷载＝平均容重 × 墙宽 × 墙高 × 墙洞折减系数。对于外纵墙，由于开窗较大，因此折减最多，这里取外纵墙的墙洞折减系数为 0.60。同理，对于外横墙、内纵墙、内横墙的折减系数分别取 0.90、0.80、1.0（内横墙不开洞，不折减）。

水泥空心砖：	$300mm \times 250mm \times 160mm$（容重 $9.6kN/m^3$）
水泥砂浆容重：	$20.0kN/m^3$
平均容重约：	$12.0N/m^3$
外纵墙：	$12kN/m^3 \times 0.3m \times（3.6-0.65）m \times 0.6 = 6.37kN/m$
外横墙：	$12kN/m^3 \times 0.3m \times（3.6-0.55）m \times 0.9 = 9.88kN/m$
内横隔墙：	$12kN/m^3 \times 0.3m \times（3.6-0.55）m \times 1.0 = 11.16kN/m$
内纵隔墙：	$12kN/m^3 \times 0.3m \times（3.6-0.65）m \times 0.8 = 8.50kN/m$

本工程恒载统计如表 2-3 所示。

表 2-3　恒载取值

序号	类别	恒载
1	屋面恒载（不上人）	$6.31kN/m^2$
2	标准层楼面恒载	$3.99kN/m^2$

续表

序号	类别	恒载
3	楼梯自重	8.00kN/m²
4	第1荷载标准层外纵墙自重	6.48kN/m
5	第1荷载标准层外横墙自重	10.04kN/m
6	第1荷载标准层内横隔墙自重	11.16kN/m
7	第1荷载标准层内纵隔墙自重	8.64kN/m
8	第2荷载标准层外纵墙自重	6.59kN/m
9	第2荷载标准层外横墙自重	10.21kN/m
10	第2荷载标准层内横隔墙自重	11.34kN/m
11	第2荷载标准层内纵隔墙自重	8.78kN/m
12	女儿墙自重	3.60kN/m

2. 活载

本工程活载取值见表2-4。

表2-4　活载取值　　　　单位：kN/m²

序号	类别	活载
1	屋面活载（不上人）	0.5
2	办公楼活载	2.0
3	卫生间活载	2.5
4	走廊、门厅活载	2.5
5	楼梯活载	3.5
6	消防楼梯活载	3.5

3. 其他

可能用到的其他荷载取值见表2-5。

表2-5　其他荷载取值　　　　单位：kN/m²

序号	类别	活载
1	基本风压	0.35
2	基本雪压	0.25

2.4.3　结构标准层和荷载标准层的划分

1. 结构标准层

结构标准层是指具有相同几何、物理参数的连续层。本例中共设有3个结构标准层。

第 1 结构标准层：首层。

第 2 结构标准层：2 ～ 5 层，梁、柱截面发生变化。

第 3 结构标准层：6 层，梁截面进行调整，混凝土强度等级发生变化。

2. 荷载标准层

具有相同荷载布设的楼层可认为是一个荷载标准层，本例中共有 2 个荷载标准层。

第 1 荷载标准层：1 ～ 5 层，楼面荷载、梁上荷载。

第 2 荷载标准层：6 层，屋面荷载及女儿墙荷载。

2.4.4 截面尺寸初步估算

1. 框架柱截面确定

框架柱截面尺寸可通过轴压比进行初步估算，轴压比的限值可查《建筑抗震设计规范（2016 年版）》（GB 50011—2010）第 6.3.6 条，本工程抗震设防烈度为 8 度，框架抗震等级为二级，轴压比限制 $[\mu_c] = 0.75$，合理取值范围为 $\mu_c = 0.4 \sim 0.65$，这里取值为 0.6。

中柱承受的受荷面积：

$$7.2 \times (3+1.2) = 30.24 \ (m^2)$$

对于框架结构，各层由恒载和活载引起的单位面积重力为 12 ～ 14kN/m²，近似取 13kN/m²。混凝土选用 C35，f_c=16.7N/mm²，则有

$$A \geqslant \frac{N}{\mu_c f_c} = \frac{1.25 \times 30.24 \times 13 \times 10^3 \times 6}{0.6 \times 16.7} \approx 294251.50 (mm^2)$$

取柱截面为正方形，则可求出柱截面高度和宽度均为 550mm，再综合考虑其他因素，本设计各层柱截面尺寸取值见表 2-6。

2. 框架梁截面确定

根据工程实践经验，可选择框架梁截面高度 $h = \left(\frac{1}{14} \sim \frac{1}{8}\right)L$，$L$ 为梁跨度，则可求得梁截面尺寸。对应 3 个标准层，各构件截面尺寸统计见表 2-6。

表 2-6 各构件截面尺寸统计

标准层	构件类别	截面尺寸 /mm	强度等级
1	柱	550×550	C35
	梁	300×650（纵梁）、300×550（横梁、次梁）	
2	柱	500×500	C35
	梁	300×600（纵梁）、300×500（横梁、次梁）	
3	柱	500×500	C30
	梁	300×550（纵梁）、300×450（横梁、次梁）	

2.4.5 建筑模型建立与荷载输入

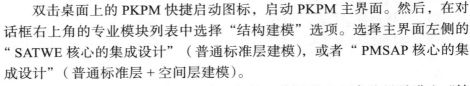

2.4节设计实例操作演示（上）

双击桌面上的 PKPM 快捷启动图标，启动 PKPM 主界面。然后，在对话框右上角的专业模块列表中选择"结构建模"选项。选择主界面左侧的"SATWE 核心的集成设计"（普通标准层建模），或者"PMSAP 核心的集成设计"（普通标准层＋空间层建模）。

单击"新建/打开"按钮，建立新的工作目录，双击此目录进入"结构建模"模块。此时，弹出对话框提示"请输入 pm 工程名"（图 2.91），键入新文件的文件名"办公楼设计"后，再单击"确定"按钮，即建立了新的 PM 文件。同时进入"结构建模"模块 PMCAD 主界面（图 2.92），并在此界面内完成结构的建模工作。

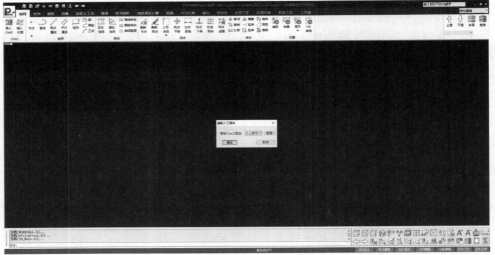

图2.91 新建工程

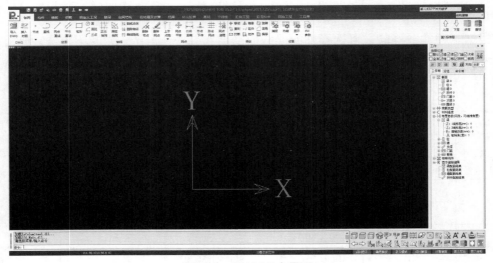

图2.92 PMCAD主界面

1. 轴线输入

（1）选择图2.92所示的"轴线"菜单中的"正交轴网"选项，弹出"直线轴网输入对话框"对话框，在此对话框中录入："下开间"为"7200×5"，"左进深"为"6000，2400，6000"，如图2.93所示；然后单击"确定"按钮，选定插入点（此处选取坐标原点），屏幕显示建立的轴网，如图2.94所示。

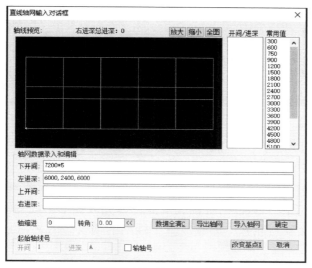

图2.93 "直线轴网输入对话框"对话框

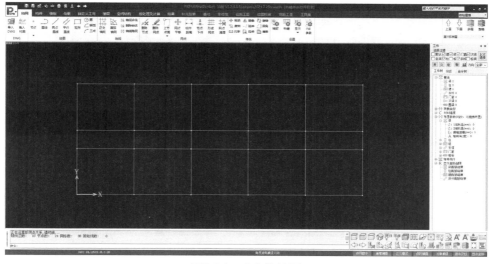

图2.94 建立的轴网

（2）选择图2.94所示的"两点直线"选项，命令行提示："指定第一点"：此时单击轴网左上角点确定为第一点，命令行提示："输入第二点"，此时在命令行输入"1050"，同时光标指向拟画直轴线的方向，即可输入上部局部直轴线。按此方法可完成整个轴网直线的输入，如图2.95所示，其中中间直轴线输入长度为2100mm（为了方便画出中间两侧横向轴线，首先需要输入中间直轴线长度为 2100mm，用来做圆弧轴线的辅助线）。

图2.95　输入轴网直线

（3）选择图 2.94 所示的"三点"选项，首先命令行提示"输入圆弧起始点"，此时单击左上角点直轴线端点作为圆弧起点；然后命令行第二次提示"输入圆弧中间点或终止点"，此时单击左下角点直轴线另一端点为圆弧终点；接着命令行第三次提示"输入圆弧中间点"，此时单击中间辅助直轴线端点，即完成弧形轴线的输入；最后对整个轴网进行局部轴线的增补与删减，即完成整个轴网的输入。图 2.96 所示为整体轴网图形窗口。

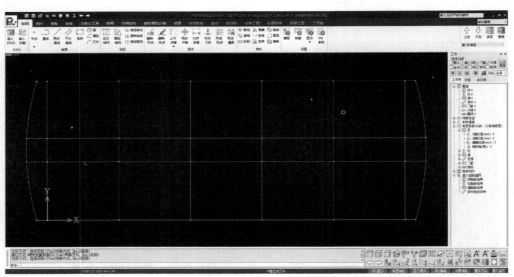

图2.96　整体轴网图形窗口

注意事项

在屏幕上方的"设置"菜单中单击"捕捉"按钮，而后选择"显示设置"菜单，在"圆弧精度"栏内可以方便地设置圆弧的分段数。在实际工程中，圆弧一般由若干折线段组成，分段数越多，精度越高，显示效果越好。

（4）选择图2.96所示的"轴线命名"选项，可按顺序定义横向和纵向轴线名称。然后单击"轴线显示"按钮，屏幕会显示轴线及编号。图2.97所示为轴线显示窗口。

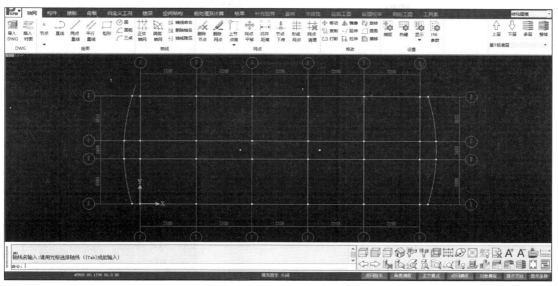

图2.97 轴线显示窗口

2. 网格生成与轴网微调

在图2.97所示"轴网"菜单中，选择"网点"|"形成网点"选项，在此状态下返回轴线输入窗口，可对整个轴网进行检查与调整。

注意事项

对轴线命名时，如果轴线号连续，则可以采用成批输入方式，只需按Tab键即可改变输入方式。成批输入方式适用于快速输入一批按数字顺序或字母顺序排列的平行轴线。

3. 第1标准层定义

（1）柱布置。

选择图2.98所示的"构件"|"柱"选项，弹出"柱布置"停靠面板，如图2.99所示。单击图2.99中的"增加"按钮，弹出"截面参数"对话框，如图2.100所示，在对话框中输入相应的截面参数和材料类别后，单击"确认"按钮，则在"柱布置"停靠面板中出现序号为1的柱截面，如图2.99所示。

图2.98 "构件"菜单

　　柱截面尺寸定义完成之后，即可进行柱布置。单击图 2.99 所示的"柱布置"停靠面板中的序号 1，选中柱截面，弹出图 2.101 中所示的"柱布置"停靠面板。在图 2.101中，"沿轴偏心""偏轴偏心"分别定义柱截面形心横向偏离和纵向偏离节点的距离。在"偏轴偏心"的空格内填写"125"，同时在①轴与Ⓐ轴相交处单击一次，即可完成柱布置，如图 2.101 所示。采用同样的方法可完成剩余柱的布置。

图2.99　"柱布置"停靠面板

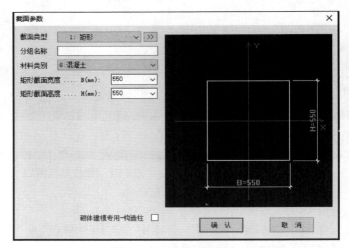

图2.100　"截面参数"对话框

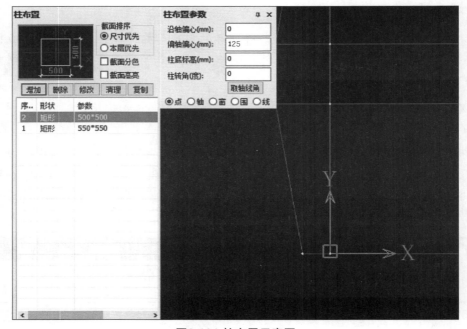

图2.101 柱布置示意图

选择图 2.98 所示的"构件"|"显示"|"显示截面",弹出"显示截面"下拉菜单,如图 2.102 所示。单击"柱"按钮可以方便地查看图中柱的布置,显示结果如图 2.103 所示。

图2.102　"显示截面"下拉菜单

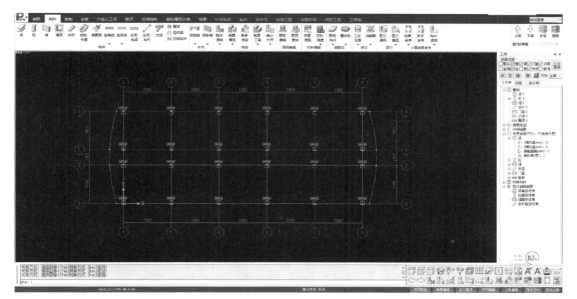

图2.103　柱截面显示窗口

（2）主梁布置。

主梁布置的操作与柱布置的操作相似。选择图 2.98 所示的"构件"|"梁",弹出"梁布置"对话框,然后单击"增加"按钮,在弹出的对话框中输入"截面宽度 B"为"300"、"截面高度 H"为"650"、"材料类别"为"6",单击"确定"按钮即可完成梁 1 的定义,此时在"梁布置"对话框中出现序号为 1 的主梁截面。采用相同的方法可定义截面尺寸为 300mm × 550mm 的梁。

选择相应的截面后,即可进行主梁布置,主梁布置在网格线上,位于柱之间,如图 2.104 所示。

（3）次梁布置。

次梁与主梁采用同一套截面定义的数据，如果对主梁的截面进行定义、修改，次梁也会随之修改。次梁布置时选取与它首尾两端相交的主梁或墙构件，连续次梁的首尾两端可以跨越若干跨一次布置，而不需要在次梁下布置网格线。次梁的顶面标高和与它相连的主梁或墙构件的顶面标高相同。

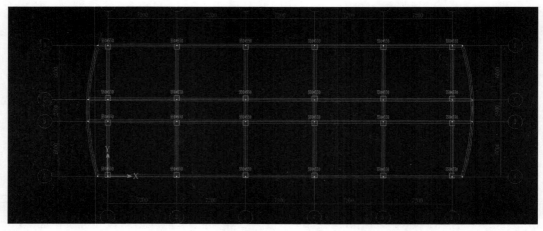

图2.104　主梁布置

实际工程中，一般均用主梁输入的方式来输入次梁。程序会根据梁两端的搭接情况（如两端搭接在柱、剪力墙上为主梁，两端搭接在梁上为次梁）等来自动判断梁是主梁还是次梁。

本实例中，首层楼板中部设有一道次梁，截面尺寸为300mm×550mm。打开图形捕捉，选择"轴网"|"绘图"|"两点直线"，在布置次梁的位置设置轴线，再选择图2.98所示的"构件"|"构件"|"梁"，弹出"梁布置"对话框，选中相应的梁截面并选择"轴线输入"方式完成该梁的布置工作。采用相同的方法可以完成其余梁的布置。已布置好的梁平面显示如图2.105所示。

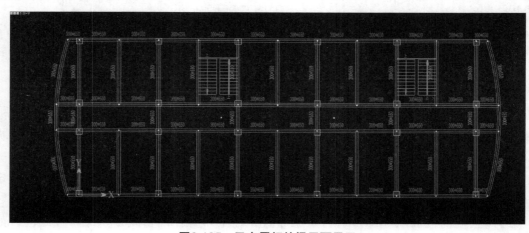

图2.105　已布置好的梁平面显示

注意事项

本实例中次梁的布置有两种方式，既可按照本章2.3.3节所述的方式布置次梁，也可按照主梁输入的方式布置次梁。由于本实例结构并不复杂，因此此处按照主梁输入的方式来输入次梁，但该方式存在以下缺点。

①梁相交处会形成大量无柱连接节点，节点又会把一跨梁分成若干段的小梁，因此整个平面的梁根数和节点数会增加很多。

②由于房间的划分是按照梁进行的，此时整个平面的房间将会被进一步分割，因此整个平面的房间碎小、数量众多。

③由于按照主梁输入会增加许多无柱节点，因此，当工程规模较大而节点、杆件或房间数量可能超出程序允许范围时，按次梁输入可有效地大幅度减少节点、杆件和房间的数量。

本实例中，在卫生间和楼梯间部位的次梁仍采用按主梁输入（须增加轴线），以便于楼板的分隔。

（4）本层信息。

选择图2.98所示的"构件"|"材料强度"|"本层信息"，弹出"标准层信息"对话框，根据实例修改对话框中相应的参数，如图2.106所示。

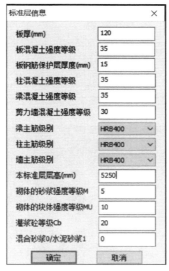

图2.106　　"标准层信息"对话框

（5）楼板生成。

选择图2.107所示的"楼板"|"楼板"|"生成楼板"，弹出提示框"当前层没有生成楼板，是否自动生成?"，选择"是"，程序会自动按"本层信息"中定义的板厚完成对楼板的定义。如果个别房间楼板厚度有所不同，则可选择"修改板厚"选项，程序会弹出"修改板厚"对话框，如图2.108所示，键入修改的板厚，选中"光标选择"，选择需要修改的板，可完成对个别板的修改。本实例中仅对楼梯间楼板进行修改，键入板厚

值为"0"，最后楼板厚度整体显示结果如图 2.109 所示。

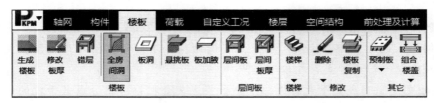

图2.107　"楼板"菜单

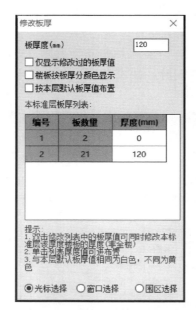

图2.108　"修改板厚"对话框

图2.109　楼板厚度整体显示结果

（6）荷载输入。

① 楼面荷载。

选择图 2.110 所示的"荷载"|"总信息"|"恒活设置"，弹出"楼面荷载定义"对话框，如图 2.111 所示。由于恒载计算取值表中荷载值已经包含了楼板的自重，所以本实例中没有选中"自动计算现浇楼板自重"。

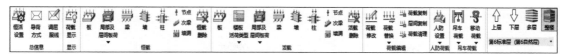

图2.110　"荷载"菜单

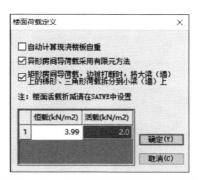

图2.111　"楼面荷载定义"对话框

将楼梯间的恒载改为"8.0"，走廊、门厅、卫生间的活载改为"2.50"，楼梯间的活载改为"3.50"。修改后楼板的恒载、活载布置图如图 2.112 所示。

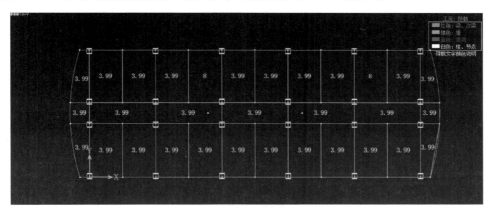

(a) 楼板的恒载布置图

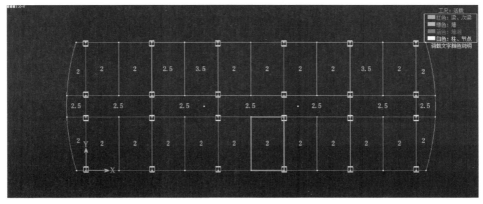

(b) 楼板的活载布置图

图2.112　楼板的恒载、活载布置图

② 梁荷载。

选择图 2.110 所示的"恒载"|"梁"可完成梁上隔墙荷载的输入，按表 2-3 输入梁上荷载值，荷载类型均为全跨均布荷载，单击"添加"按钮，弹出图 2.113 所示的"添加：梁荷载"对话框。在图 2.113 中的"q"参数处，输入相应的荷载值，即可显示所添加的所有荷载值，如图 2.114 所示。直到输入所有的梁荷载值，即可完成梁荷载的定义。依次选择对应荷载的梁，完成"梁荷载"整体布置，如图 2.115 所示。

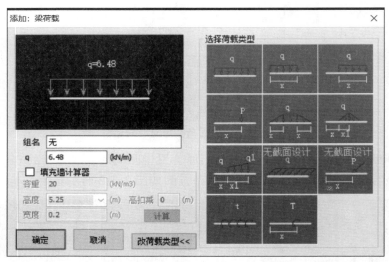

图2.113　"添加：梁荷载"对话框

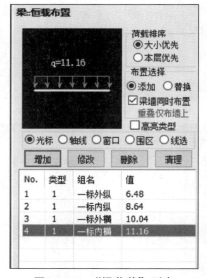

图2.114　"梁荷载"列表

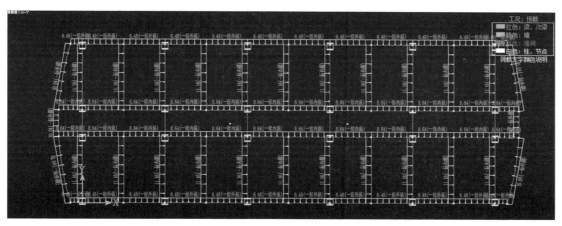

图2.115　梁荷载整体布置

4. 第 2 标准层定义

（1）添加标准层。

完成一个标准层的平面布置后，可利用"楼层"菜单输入新标准层，新标准层应在旧标准层基础上输入，以保证上下节点网格的对应。因此，应将旧标准层的全部或部分复制为新标准层，并在此基础上进行修改。

选择"楼层"|"标准层"|"增加"，弹出"选择/添加标准层"对话框，如图 2.116 所示，在"新增标准层方式"中有 3 个单选框，选中"全部复制"，然后单击"确定"按钮，出现标准层 2。

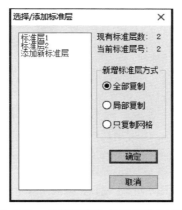

图2.116　"选择/添加标准层"对话框

2.4节设计实例操作演示（下）

（2）本层信息修改。

在图 2.97 所示菜单栏最右侧的楼层切换菜单中选择"第 2 标准层"，然后选择图 2.98 所示的"构件"|"材料强度"|"本层信息"，弹出"标准层信息"对话框，将本标准层层高改为 3600mm，其余不变，如图 2.117 所示。

（3）本层修改。

本层修改主要是对已布置好的构件进行删除或者替换的操作。

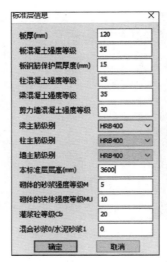

图2.117　"标准层信息"对话框

替换就是把平面上某一类型截面的构件用另一类型截面进行替换。本例对本层构件采用替换操作，将柱截面由550mm×550mm变更为500mm×500mm，将梁截面由650mm×550mm调整为600mm×500mm。

选择图2.98所示的"构件"|"显示"|"显示截面"|"柱显示"和"主梁显示"，屏幕将显示柱、主梁的截面尺寸，如图2.118所示。

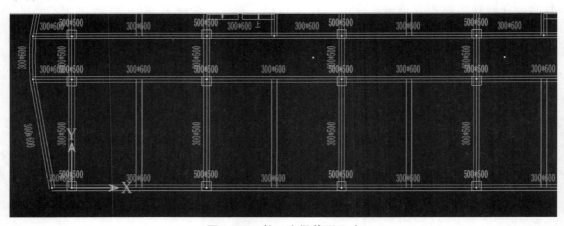

图2.118　柱、主梁截面尺寸

选择图2.98所示的"构件"|"构件"|"柱"，在弹出的"柱布置"对话框中单击"增加"按钮，定义柱截面为500mm×500mm，单击"确认"按钮结束定义。

选择图2.98所示的"构件"|"修改"|"截面替换"|"柱"，弹出"构件截面替换"对话框，如图2.119所示，在对话框左侧选择被替换的截面，在右侧选择替换的截面，单击"替换"按钮，即完成本层柱截面的替换工作。

由于柱截面进行了尺寸调整，因此柱的位置相应也要加以调整。现采用"柱梁对齐"的方法调整柱的位置，使上下层柱沿单侧对齐。选择图2.98所示的"构件"|"修

改"|"偏心对齐"|"柱与梁齐",命令行提示"边对齐|中对齐|退出",输入"Y"选择"边对齐",用光标截取需要调整位置的柱截面,命令行提示"请用光标点取参考梁",选取参考梁线后,选择方向,柱梁即自动对齐。

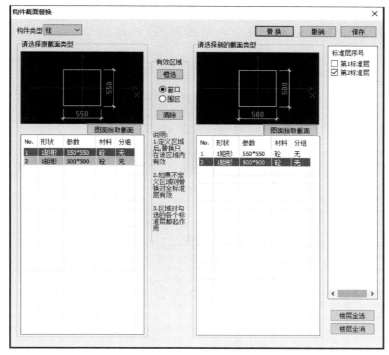

图2.119　"构件截面替换"对话框

选择图 2.98 所示的"构件"|"构件"|"梁",单击"增加"按钮,在弹出的"梁布置"对话框中单击"增加"按钮,重新输入主梁截面尺寸,单击"确定"按钮,完成梁截面定义。

图 2.120 所示为第 2 标准层构件截面尺寸显示(替换梁、柱后)。

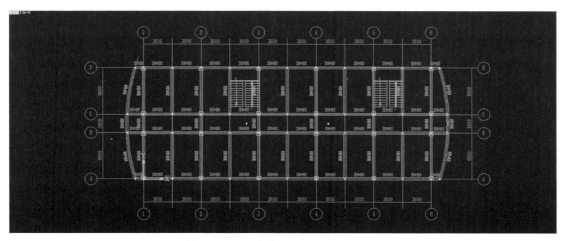

图2.120　第2标准层构件截面尺寸显示(替换梁、柱后)

5. 第 3 标准层定义

第 3 标准层定义中主要的工作为梁上线荷载的调整。这里仍然采用前文"添加新标准层"的方法复制得到第 3 标准层，在此不再赘述。以下对梁上线荷载的调整加以说明。

同第 2 标准层梁上线荷载的建立，根据表 2-3 增加第 2 荷载标准层的恒载定义。"梁 :: 恒载布置"对话框框如图 2.121 所示。

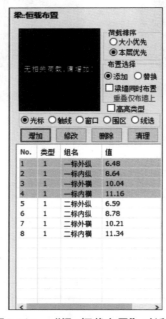

图2.121 "梁::恒载布置"对话框

选择图 2.110 所示的"荷载编辑"|"荷载替换"|"梁荷载替换"，将第 1 荷载标准层内外纵横梁上的线荷载和第 2 荷载标准层内外纵横梁上的线荷载一一替换，如"一标外纵"替换为"二标外纵"，如图 2.122 所示。同理，将第 1 荷载标准层内横次梁上的线荷载和第 2 荷载标准层内横次梁上的线荷载一一替换。将第 1 荷载标准层上的荷载均替换为第 2 荷载标准层的荷载后，第 3 标准层梁上的荷载则修改完成，如图 2.123 所示。

6. 第 4 标准层定义

第 4 标准层为第 6 自然层，第 4 标准层定义主要的工作包括梁截面的修改和屋面荷载的调整。这里仍然采用前文"添加新标准层"的方法复制得到第 4 标准层，而梁、柱截面的修改方法可参照第 2 标准层的步骤完成，这里不再赘述，仅对不同之处进行介绍。

（1）板厚修改。

楼梯间部位原板厚为 0，本层将该部位板厚设为 120mm。

（2）本层信息。

本标准层对混凝土强度等级进行调整，如图 2.124 所示。

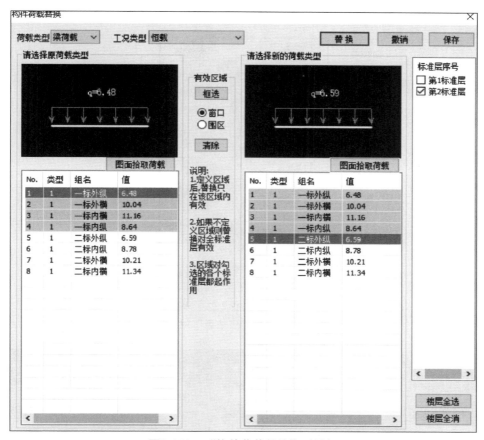

图2.122　"构件荷载替换"对话框

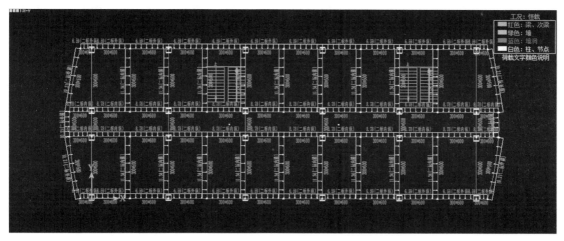

图2.123　第3标准层梁上的荷载显示

（3）荷载调整。

① 屋面荷载调整。

选择图 2.110 所示的"恒载"|"板"，设置恒载为 6.31kN/m²，选中板并完成全部板

上恒载的替换，同理可完成活载替换。修改后的屋面板荷载如图 2.125 所示。

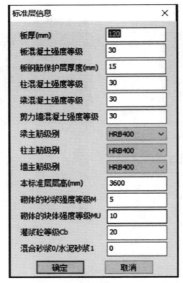

标准层信息	
板厚(mm)	120
板混凝土强度等级	30
板钢筋保护层厚度(mm)	15
柱混凝土强度等级	30
梁混凝土强度等级	30
剪力墙混凝土强度等级	30
梁主筋级别	HRB400
柱主筋级别	HRB400
墙主筋级别	HRB400
本标准层层高(mm)	3600
砌体的砂浆强度等级M	5
砌体的块体强度等级MU	10
灌浆砼等级Cb	20
混合砂浆0/水泥砂浆1	0

图2.124　"标准层信息"对话框

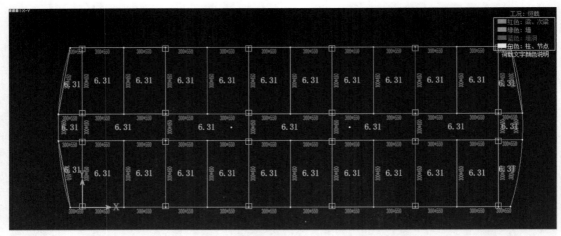

图2.125　修改后的屋面板荷载

注意事项

不能通过选择"荷载"|"总信息"|"恒活设置"修改楼面恒载、活载数值，否则将会导致单独定义过恒载、活载的板上的荷载不能成功替换。

② 梁荷载的增删。

选择图 2.110 所示的"恒载"|"恒载删除"，在弹出的"恒荷载删除"对话框中选中"全选"，此时将选中梁上所有的梁荷载，并将其全部删除。

选择图 2.110 所示的"恒载"|"梁"，弹出"梁∷恒载布置"停靠面板，如图 2.126 所示，单击"增加"按钮，弹出"添加：梁荷载"对话框，输入女儿墙荷载为 3.6kN/m²，

单击"确定"按钮，完成女儿墙荷载定义。

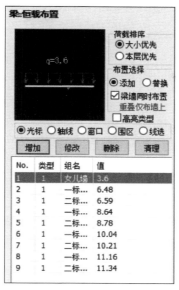

图2.126 "梁::恒载布置"停靠面板

选择图 2.110 所示的"恒载"|"梁"，选中之前定义的女儿墙荷载，沿周边梁布置均布荷载，如图 2.127 所示。

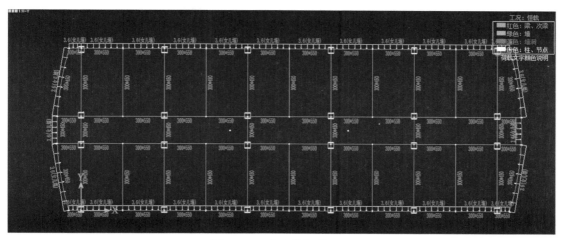

图2.127 女儿墙恒载显示

7. 设计参数输入

选择"楼层"|"组装"|"设计参数"，弹出"楼层组装—设计参数"对话框，在该对话框中的"总信息"选项卡中输入相关参数，如图 2.128 所示。对"地震信息"选项卡中的参数，由于本实例中结构平面和立面布置均匀、规则，可采用不考虑偶联的计算方法，"计算振型个数"取为 9；其他参数修改如图 2.129 所示。"风荷载信息"选项卡的参数如图 2.130 所示。"钢筋信息"选项卡的参数取默认值即可。

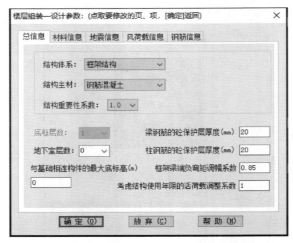

图2.128　"总信息"选项卡

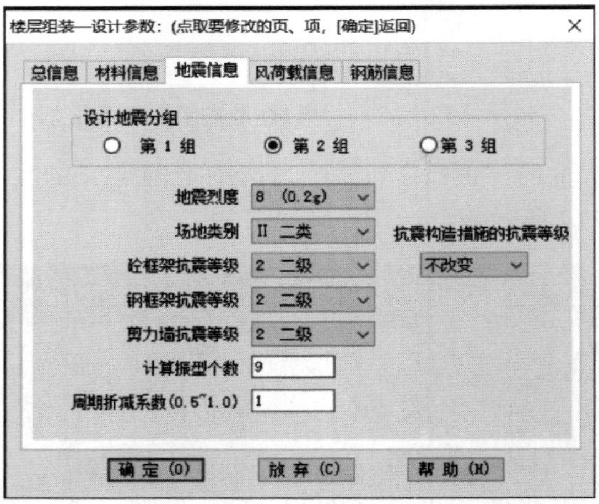

图2.129　"地震信息"选项卡

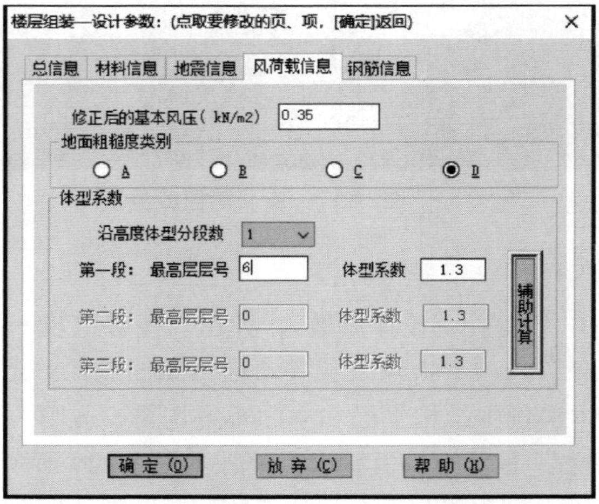

图2.130　"风荷载信息"选项卡

8. 楼层组装

选择"楼层"|"组装"|"楼层组装",弹出"楼层组装"对话框,如图 2.131 所示。在该对话框中,出现的"标准层"即为已输入的各结构标准层,选中其中某一标准层及相应的结构层高和复制层数,单击"增加"按钮,则所选信息会出现在对话框右侧,然后单击"确定"按钮,完成楼层组装。

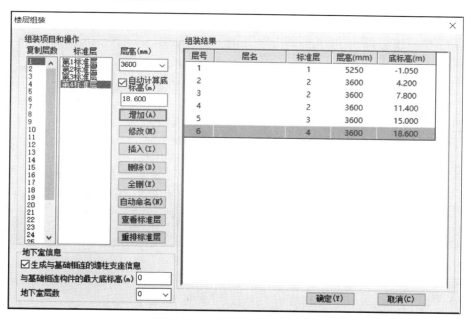

图2.131 "楼层组装"对话框

单击图 2.11 菜单栏右侧所示的"整楼"按钮,可以显示整楼模型的 3D 图形,如图 2.132 所示。

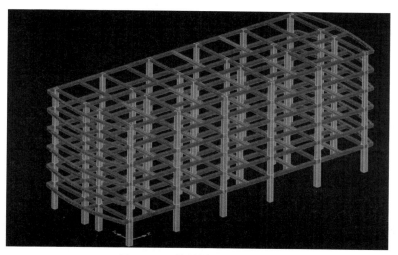

图2.132 整楼模型的3D图形

9. 楼梯布置

选择图 2.107 所示的"楼板"|"楼梯"|"楼梯布置"，弹出"请选择楼梯布置类型"对话框，选择需布置楼梯的四边形房间，程序将弹出"平行两跑楼梯—智能设计对话框"对话框，对话框右上角显示楼梯的预览图，程序将根据房间宽度自动计算梯板宽度初值，单击"确定"按钮即可完成楼梯定义与布置。最后的楼梯输入模型显示如图 2.133 所示。

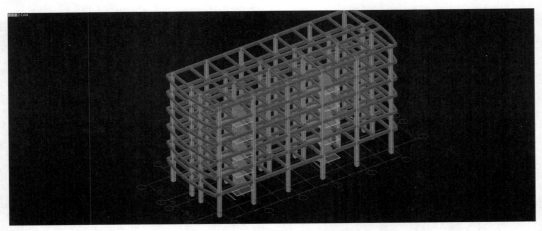

图2.133　楼梯输入模型显示

10. 退出

通过上述操作完成建筑模型与荷载输入之后，单击"保存"按钮，选择退出即可完成整个模型输入的全部工作。

思考与练习题

1. PMCAD 的基本功能有哪些？
2. 试述结构建模的一般步骤。
3. 如何建立某项工程的工作子目录？
4. 解释网格、网格线、节点、房间。
5. 什么是沿轴偏心、偏轴偏心？程序如何规定其正负？
6. 若建模时发生节点过密情况，该如何处理？
7. 构件定义包括哪些内容？
8. 进行构件布置时，次梁能否当主梁输入？
9. 如何进行楼梯洞口的布置？有哪几种方法？
10. 什么是结构标准层、荷载标准层？它们与自然层有何不同？
11. 楼层组装时，第 1 层的层高是否就取建筑层高？

12. 在输入荷载时，楼面恒载包含哪些内容？

13. 在"总信息"选项卡中，与基础相连的最大楼层号是指什么？

14. 计算振型个数如何选取？

15. 楼梯如何建模？

16. 如何检查荷载图？

17. 结构布置修改后，如何保留已经输入的外加荷载？

第3章

钢筋混凝土框架、排架及连续梁结构计算与施工图绘制软件PK

知识结构图

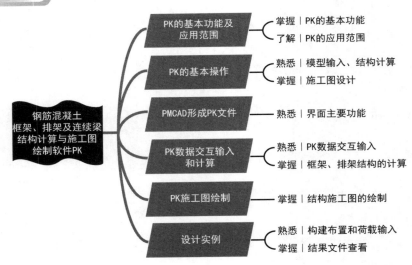

钢筋混凝土框架、排架及连续梁结构计算与施工图绘制软件PK

- PK的基本功能及应用范围 —— 掌握 | PK的基本功能
  - 了解 | PK的应用范围
- PK的基本操作 —— 熟悉 | 模型输入、结构计算
  - 掌握 | 施工图设计
- PMCAD形成PK文件 —— 熟悉 | 界面主要功能
- PK数据交互输入和计算 —— 熟悉 | PK数据交互输入
  - 掌握 | 框架、排架结构的计算
- PK施工图绘制 —— 掌握 | 结构施工图的绘制
- 设计实例 —— 熟悉 | 构建布置和荷载输入
  - 掌握 | 结果文件查看

PK 是钢筋混凝土框架、排架及连续梁结构计算与施工图绘制软件，它既可以接力 PMCAD 建立的结构模型进行分析计算，也可以方便地使用其自身的交互建模功能单独建立结构模型并进行分析计算。PK 主要应用于平面杆系二维结构计算和接力二维计算的框架、排架、框排架、连续梁的施工图设计。本章首先将对 PK 的基本操作进行全面介绍，而后通过一个实例给出 PK 分析的全过程。

3.1 PK 的基本功能及应用范围

3.1.1 PK 的基本功能

① 可对平面框架、排架、框排架结构进行包括地震作用、吊车荷载作用等在内的内力分析和效应组合，并对梁和柱进行截面配筋、位移计算及柱下独立基础设计。

② PK 计算所需的数据文件可以直接通过 PMCAD 生成。由于 PMCAD 可生成任一轴线框架或任一连续梁结构的结构计算数据文件，因此可节省人工准备框架计算数据的大量工作。另外，PMCAD 生成的数据文件后面还包含部分绘图数据，主要有柱对轴线的偏心、柱轴线号、框架梁上的次梁布置信息和连续梁的支座状况信息。因此直接通过 PMCAD 生成 PK 所需的数据文件具有较高效率的数据自动传递功能，能使操作大为简化。

③ 既可对连续梁、桁架、门架、框架结构进行结构分析和效应组合，又可对连续梁进行截面配筋计算。

④ 砌体结构辅助设计软件 QITI 中可生成底框上部砖房结构中底框的计算数据文件，该文件中包含底框上部各层砖房传来的恒荷载、活荷载和整个结构抗震分析后传递分配到该底框的水平地震力和垂直地震力，再由 PK 接力完成该底框的结构计算和绘图。

⑤ PK 可与本系统的多、高层建筑结构三维分析与设计软件 TAT，多、高层建筑结构空间有限元分析与设计软件 SATWE 及复杂多、高层建筑结构分析与设计软件 PMSAP 接口运行完成梁和柱的绘图。此时，计算配筋取自 TAT、SATWE 或 PMSAP，而不是 PK 本身所带的平面杆系计算分析结果。

3.1.2 PK 的应用范围

PK 适用于平面杆系的框架、复式框架、排架、框排架、壁式框架、内框架、拱形结构、桁架、连续梁等。结构中的杆件可为混凝土构件或其他材料构件，或二者混合的构件，杆件连接可以为刚接也可以为铰接。

PK 的应用范围见表 3-1。

表 3-1 PK 的应用范围

序号	内容	应用范围	序号	内容	应用范围
1	总节点数	≤ 350	5	地震计算时合并的质点数	≤ 50
2	柱子数	≤ 330	6	跨数	≤ 20
3	梁数	≤ 300	7	层数	≤ 20
4	支座约束数	≤ 100			

3.2 PK 的基本操作

双击桌面上的 PKPM 图标，即可启动 PKPM 主菜单，在 PKPM 主界面上选择"PK 二维设计"模块，弹出 PK 主界面，如图 3.1 所示。在"PK 二维设计"模块工作前需要设定工作目录。

图3.1　PK主界面

从结构计算到完成施工图设计，PK 的具体操作可概括为 3 个主要部分：模型输入、结构计算和施工图设计。

（1）模型输入。

对于模型的输入，程序提供了两种方式形成 PK 的计算模型文件。

① 如果是从"PMCAD 形成 PK 文件"生成的框架、连续梁或底框的数据文件，或以前用手工填写的结构计算数据文件，则可在 PK 启动后输入工作目录内保存的工程名称或单击"查找"按钮选择已有的工程文件。进入程序后用户可用交互的方式进行修改并计算。

② 如果是从零开始建立一个框架、排架或连续梁结构模型，则应当输入并新建一个工程并进入。用户可用鼠标或键盘，采用和 PMCAD 平面轴线定位相同的方式，在屏幕上绘制框架立面图。框架立面图可由各种长短、方向的直线组成。框架立面图绘制好后，再在立面网格上布置柱、梁构件和恒荷载、活荷载、风荷载。

（2）结构计算。

在用户完成模型输入（或优化计算）以后，选择屏幕顶部的"结构计算"菜单，选择"结构计算"选项，程序即对用户所建模型进行内力分析、杆件强度计算、稳定验算及结构变形验算、基础设计等。若要生成计算书及进行后面的施工图设计，必须经过结构计算这一步。

（3）施工图设计。

根据结构计算的结果，可以方便地进行施工图的设计工作。在 PK 程序中，提供了多种方式来进行施工图设计，具体如下。

① 框架绘图：可实现框架梁和柱整体施工图绘制。

② 排架柱绘图：可实现排架柱施工图绘制。

③ 连续梁绘图：可实现连续梁施工图绘制。

④ 梁施工图、柱施工图：适用于框架梁和柱分开绘制的情况。

⑤ 梁表施工图、柱表施工图：适用于按梁表和柱表绘制的情况。

⑥ 框架模板图：可实现框架模板图的绘制。

3.3　PMCAD 形成 PK 文件

对于较规则的框架结构，其框架和连续梁的配筋计算及施工图绘制可用 PK 来完成，而 PK 计算所需的数据文件可直接通过 PMCAD 生成。它可以生成平面上任一榀框架的数据文件和任一层上单跨次梁或连续次梁按连续梁格式计算的数据文件。连续梁数据可一次生成能画在一张图上的多组数据，还可生成底框上部砖房结构的底框数据文件，并且在文件后部还有绘图的若干绘图参数。

选择图 3.1 所示的 PK 主界面中" PK 二维设计"下拉菜单中的" PMCAD 形成 PK 文件"，再选择需要生成 PK 文件的工作目录并双击，程序会弹出"形成 PK 文件"主界面，如图 3.2 所示。此界面中主要包括"形成框架""砖混底框""输入风荷载""形成连续梁""形成抗风柱"几个选项。下面主要介绍前四个选项。

图3.2　"形成PK文件"主界面

（1）形成框架。

选择"形成框架"选项，屏幕绘图区会显示 PMCAD 建模生成的结构布置图，如图 3.3 所示。

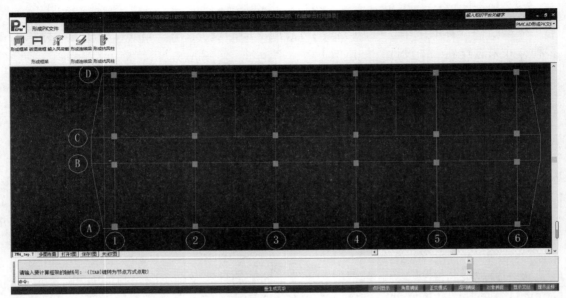

图3.3 结构布置图

根据命令提示选择轴线号或者按 Tab 键转为采用节点方式获取。按照操作获取轴线之后，命令提示"已生成文件"，即可退出本模块，然后在二维设计程序中选择"打开旧版数据文件"做后续处理，此时一榀框架即生成完毕且形成相应的 PK 文件。

通过 PMCAD 形成 PK 数据文件后，可在 PK 主菜单中对各参数进行补充修改，而后可方便地进行计算分析。

（2）砖混底框。

要生成底框上部砖房结构中的底框数据，必须先选择砌体结构辅助设计软件主菜单中的"砌体信息及计算"。在底框中若有剪力墙，可选择将荷载不传给剪力墙而加载到框架梁上，参加框架计算。若选择砌体结构辅助设计软件主菜单中的"砌体结构建模与荷载输入"，将抗震等级取为不抗震，则此时生成的 PK 数据中就不再包括地震力作用信息，而仅包括上层砖房对底框的垂直力作用。

（3）输入风荷载。

选择"输入风荷载"选项，弹出"输入风荷载信息"对话框，如图 3.4 所示。按照设计要求输入相应的参数，单击"确定"按钮。按 Enter 键确认所输入的参数，命令提示"GetWind"则表示风荷载信息输入成功。

（4）形成连续梁。

选择"形成连续梁"选项，弹出"生成连续梁"对话框，在对话框中输入连续梁所在的层号，再根据命令提示选择需要计算的次梁或者主梁。按 Enter 键弹出为连续梁命名的对话框，输入此连续梁的名称，并确认支座的位置无误，则该连续梁的绘制结束。

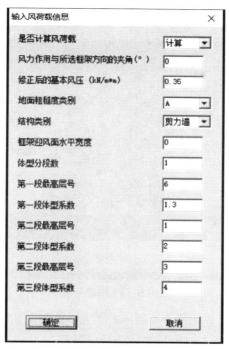

图3.4 "输入风荷载信息"对话框

按照上述流程可继续绘制下一组连续梁，直至该框架的连续梁绘制完毕。

生成的连续梁数据文件一般应针对各层平面上布置的次梁或非框架平面内的主梁，它在连续梁绘制时的纵筋锚固长度应按非抗震梁选取，否则就必须由SATWE或PMSAP计算。

对于底框上部砖房结构顶部的连续梁，在选取时会提示是否考虑上部砖混荷载（此时必须先执行"砌体信息及计算""砖混抗震计算""定义底框层数为该层所在的层号"等一系列操作后上部荷载才能生效）。如果考虑上部砖混荷载，则程序将自动单独做一次加载，把上部砖混荷载加到连续梁上，但此时将不再考虑上部墙梁的折减作用。

注意事项

在程序生成的PK数据中，不再包括梁、柱的自重，且在恒荷载中都扣除了自重部分，杆件的自重一律由PK程序计算，但楼板的自重应在PMCAD的"荷载"菜单中加到楼面荷载中。

3.4 PK数据交互输入和计算

选择PK主界面中的"PK二维设计"模块，并双击所建立的工作目录，弹出图3.5所示的PK启动界面。根据界面提示输入工程名称以新建或者打开工程文件。

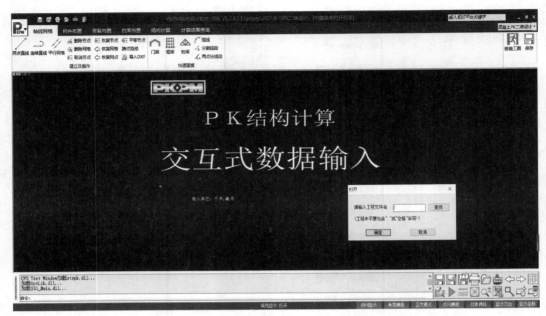

图3.5　PK启动界面

打开或者新建工程，会弹出图 3.6 所示的"PK 数据交互输入"窗口。如果该工程是以前输入的旧文件，则单击"查找"按钮选择已保存的工程文件即可打开；如果该工程为新建工程，则应通过窗口上侧的菜单完成 PK 的计算分析工作，各菜单项含义如下。

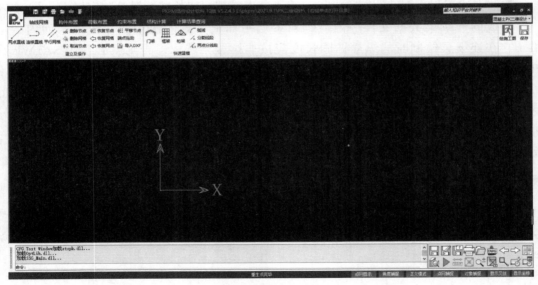

图3.6　"PK数据交互输入"窗口

1. 轴线网格

利用"轴线网格"菜单可以采用与 PMCAD 交互输入相同的方式绘制出框架或排架的立面网格线，此处网格线应是柱的轴线或梁的顶面。

"轴线网格"菜单分为"建立及操作"与"快速建模"两个选项组。若所建立的平面框架或排架不规则，则可以通过导入图纸或者采用轴线绘制的方式绘制框架或排架的立面网格线。"快速建模"选项组分为门式刚架（简称"门架"）、框架、桁架3个主要的类别，其对应的对话框分别如图3.7～图3.9所示。

图3.7　"门式刚架快速建模"对话框

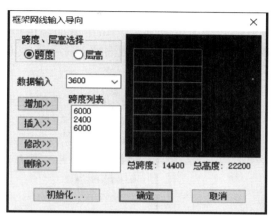

图3.8　"框架网线输入导向"对话框

图3.9　"桁架网线输入导向"对话框

2. 构件布置

"构件布置"菜单分为"柱布置""混凝土柱设置""梁布置""混凝土梁设置""单拉杆""设置计算长度"6个选项组，如图3.10所示。下面主要介绍"构件布置"菜单中的"柱布置""混凝土梁设置"和"设置计算长度"选项组。

图3.10　"构件布置"菜单

（1）柱布置。

柱布置的操作步骤与 PMCAD 建模的过程基本相同，下面主要介绍"柱布置"选项组中的"截面定义""柱布置"和"偏心对齐"选项。

① 截面定义。

选择图 3.10 所示菜单中的"柱布置"｜"截面定义"，弹出"PK-STS 截面定义"对话框，如图 3.11 所示。单击"增加"按钮，弹出"截面类型选择"对话框，PK 提供了多种截面类型，如矩形截面柱、工字形截面柱、圆形截面柱等。

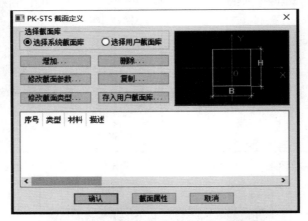

图3.11　"PK-STS截面定义"对话框

② 柱布置。

选择图 3.10 所示菜单中的"柱布置"｜"柱布置"，弹出"PK-STS 截面定义及布置"对话框，如图 3.12 所示。输入相应的偏心值（以左偏为正），而后选择网格轴线，即可完成柱的布置工作。在同一网格线或轴线上，布置新的柱截面将会自动替换原来的柱截面。

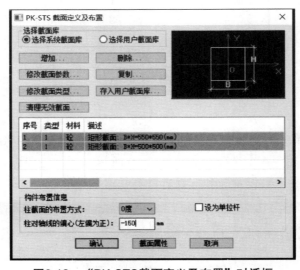

图3.12　"PK-STS截面定义及布置"对话框

③ 偏心对齐。

多层框架柱存在偏心时，用"偏心对齐"选项可简化偏心的输入，即只需输入底层柱的准确偏心，上面各层柱的偏心可通过左对齐、中对齐和右对齐 3 种方式自动由程序求出。左（右）对齐是指上面各层柱左（右）边线与底层柱左（右）边对齐，中对齐是指上下层柱中线对齐。

（2）混凝土梁设置。

下面主要介绍"混凝土梁设置"选项组中的"挑耳定义"和"增加次梁"选项。

① 挑耳定义。

通过"挑耳定义"选项可以定义所需梁截面的形状。选择图 3.10 所示菜单中的"混凝土梁设置"|"挑耳定义"，弹出"截面形状定义和布置"对话框，如图 3.13 所示。程序提供了 15 种梁的截面形式，可通过单击"新增截面"按钮来完成梁截面的选定。几种常见的标准截面类型如图 3.14 所示，每种截面对应的尺寸可通过图 3.13 右侧的参数列表来完成输入。

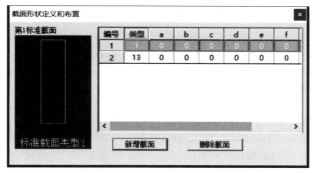

图3.13 "截面形状定义和布置"对话框

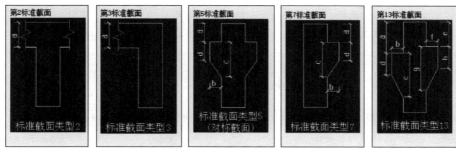

图3.14 几种常见的标准截面类型

② 增加次梁。

通过"增加次梁"选项可直接布置梁上次梁。选择图 3.10 所示菜单中的"混凝土梁设置"|"增加次梁"，进入次梁布置界面。按程序提示选择完需要增加次梁的主梁后，屏幕将弹出图 3.15 所示的"次梁数据"对话框，利用该对话框输入次梁数据，程序可利用输入的次梁上的集中力设计值，自动计算次梁处的附加箍筋和吊筋。若计算箍筋加密已满足要求，则不再设吊筋。

（3）设置计算长度。

具体的计算长度系数可参考《混凝土结构设计规范（2015 年版）》（GB 50010—2010）第 6.2.20 条的规定选取。对于采用现浇楼盖的框架结构，底层柱计算长度为1.0H，其余各层柱为 1.25H；对于采用装配整体式楼盖的框架结构，底层柱计算长度为1.25H，其余各层柱为 1.5H。对底层柱，H 为从基础顶面到一层楼盖顶面的高度；而对其余各层柱，H 为上下两层楼盖顶面之间的高度。另外，也可对计算长度进行人为指定，选择图 3.10 所示菜单中的"设置计算长度"｜"计算长度"，弹出图 3.16 所示的"设置构件计算长度"对话框，在该对话框中可以进行构件平面外和平面内计算长度的指定。

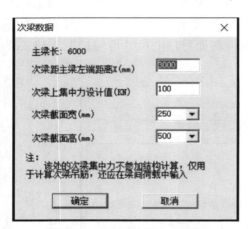

图3.15　"次梁数据"对话框

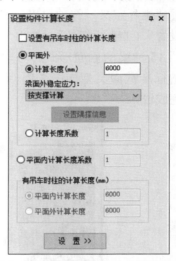

图3.16　"设置构件计算长度"对话框

3. 荷载布置

通过"荷载布置"菜单可进行节点、柱间、梁间恒载的输入和删除操作。"荷载布置"菜单如图 3.17 所示。

图3.17　"荷载布置"菜单

荷载布置的具体操作与 PMCAD 的荷载添加操作类似。根据图 3.17 所示，此菜单分为"恒荷载""活荷载""风荷载""吊车荷载""抽柱吊车荷载"5 个选项组。

（1）恒荷载。

选择图 3.17 所示菜单中的"恒荷载"｜"荷载布置"，弹出"恒荷载布置"下拉菜单，其包括"节点荷载""梁间荷载""柱间荷载"3 个命令。

"节点荷载"命令可输入作用在节点上的弯矩、竖向力、水平力 3 个数值，然后选择需要加载节点荷载的具体节点。每个节点上只能加载一组节点荷载，后加的一组节点荷载会取代前一组节点荷载。选择图3.17所示菜单中的"恒荷载"｜"荷载布置"｜"梁间荷载"，弹出"梁间荷载输入（恒荷载）"对话框，如图3.18所示。选择图3.17所示菜单中的"恒荷载"｜"荷载布置"｜"柱间荷载"，弹出"柱间荷载输入（恒荷载）"对话框，如图3.19所示。从图3.18和图3.19中能够看出，程序提供了多种加载方式以方便设计选择。

（2）活荷载。

活荷载布置方法与恒荷载相同，此处不再赘述。

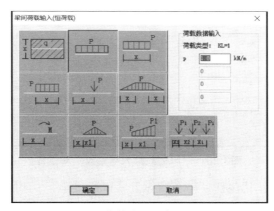

图3.18　"梁间荷载输入（恒荷载）"对话框

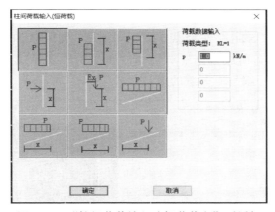

图3.19　"柱间荷载输入（恒荷载）"对话框

（3）风荷载。

选择图3.17所示菜单中的"风荷载"｜"选择工况"，选择风荷载的类型与风荷载工况（左右风），再选择"风荷载"｜"自动布置"，弹出"风荷载输入与修改"对话框，如图3.20所示。在该对话框中输入相应的风荷载参数后，单击"确定"按钮即可完成风荷载布置。

（4）吊车荷载。

在排架结构中还有一种特殊荷载即吊车荷载。利用"吊车荷载"选项组可完成吊车

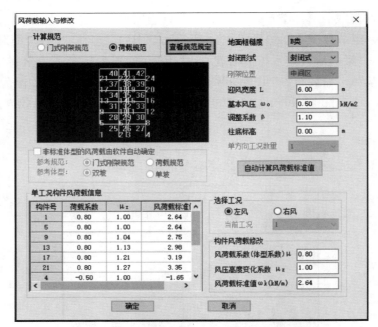

图3.20　"风荷载输入与修改"对话框

荷载的输入和修改操作，其包括"吊车数据""布置吊车""删除吊车"3 个选项。下面主要介绍"吊车数据"和"布置吊车"选项。

① 吊车数据。

"吊车数据"选项用来定义一组吊车荷载。选择图 3.17 所示菜单中的"吊车荷载" | "吊车数据"，弹出"PK-STS 吊车荷载定义"对话框，如图 3.21 所示。然后，单击"增加…"按钮，弹出"吊车荷载数据"对话框，如图 3.22 所示。修改图 3.22 所示对话框中的各参数，即可完成一组吊车荷载的定义。

图3.21　"PK-STS吊车荷载定义"对话框

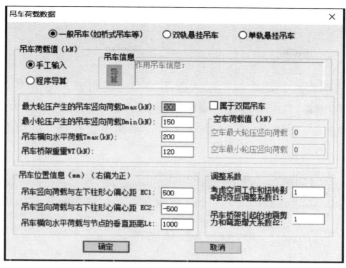

图3.22 "吊车荷载数据"对话框

② 布置吊车。

选择图 3.17 所示菜单中的"吊车荷载"|"布置吊车",弹出图 3.21 所示的对话框,选择已经定义的吊车荷载,并根据命令提示选择框架左右两边的节点,即可完成吊车荷载的布置。

（5）抽柱吊车荷载。

"抽柱吊车荷载"选项组用来输入吊车荷载作用多跨吊车荷载数据。选择图 3.17 所示菜单中的"抽柱吊车荷载"|"吊车数据（抽柱）",弹出"抽柱吊车荷载"对话框（图 3.23）,然后单击"增加（多点吊车荷载）<<"按钮,弹出"抽柱吊车荷载输入"对话框,如图 3.24 所示。

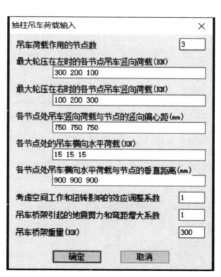

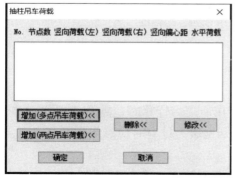

图3.23 "抽柱吊车荷载"对话框　　　图3.24 "抽柱吊车荷载输入"对话框

注意：吊车梁和轨道产生的自重为恒荷载，应作为节点荷载中的竖向力和竖向力产生的偏心弯矩输入。

4. 约束布置

当荷载输入完毕之后，还应视情形选择添加相应的约束，使框架或排架的约束情况与实际的边界条件相同。"约束布置"菜单如图 3.25 所示。该菜单分为"约束布置""支座修改""补充数据""底框数据"4 个选项组，下面主要介绍"约束布置"和"补充数据"选项组。

图3.25 "约束布置"菜单

（1）约束布置。

选择图 3.25 所示菜单中的"约束布置"｜"定义约束"，弹出图 3.26 所示的"构件端部约束释放"对话框，可以实现在约束布置区域中定义杆件两端的约束情况，即两端刚接、左固右铰、右固左铰、两端铰接。当与节点相连的杆件在选择端均为铰接时，应把所有与该节点相连的杆件在连接端都设置为铰接，可通过选择图 3.25 所示菜单中的"约束布置"｜"节点铰"来实现。

图3.26 "构件端部约束释放"对话框

（2）补充数据。

"补充数据"选项组中的主要选项为"附加重量"和"布置基础"。

① 附加重量。

正常使用阶段没有直接作用在结构上，而在地震力计算时，需要考虑这一部分地震力作用，应把这一部分重量当作附加重量输入到地震力计算时质点集中的节点上。

② 布置基础。

若用户需要计算基础，则可以在该项中输入基础数据，并布置基础。基础布置完成后，执行结构计算时程序会自动进行基础设计，并对基础小短柱进行配筋设计。

5. 结构计算

"结构计算"菜单（图3.27）是在完成模型输入以后，用于计算框架或排架的内力、位移、振型、挠度等的功能菜单，它分为"参数输入""构件修改""计算简图""结构计算"4个选项组。用户在进行"结构计算"操作之前，通常需要检查和修改"参数输入""构件修改"等选项组的设置，并在"计算简图"选项组中预览"结构简图"与"荷载简图"，检查无误后便可以选择"结构计算"选项组。下面主要介绍"参数输入""计算简图""结构计算"选项组。

图3.27 "结构计算"菜单

（1）参数输入。

选择图3.27所示菜单中的"参数输入"选项，弹出"PK参数输入与修改"对话框，该对话框有"结构类型参数""总信息参数""地震计算参数""荷载分项及组合系数""活荷载不利布置""防火设计""其他信息"7个选项卡，如图3.28～图3.34所示。

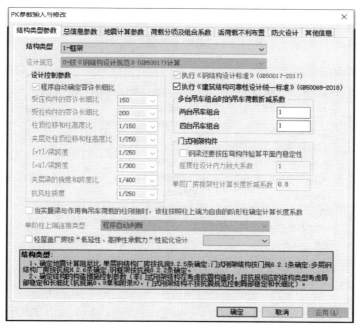

图3.28 "结构类型参数"选项卡

（2）计算简图。

"计算简图"选项组可对已建立的几何模型和荷载模型做检查，当出现不合理的数据时，程序会暂停，屏幕上会显示错误的内容，指示错误数据的位置（在哪一部分、哪一行）和该数据值。该选项组包括"结构简图""荷载简图""改字比例""字符放大""字符缩小""实体显示"6个选项。

判断数据无误后，选择"荷载简图"选项，程序将依次输出框架立面荷载、恒荷载、活荷载、左风荷载、右风荷载、吊车荷载简图。

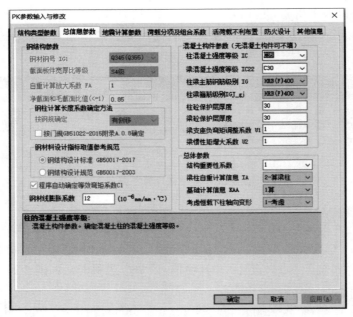

图3.29　"总信息参数"选项卡

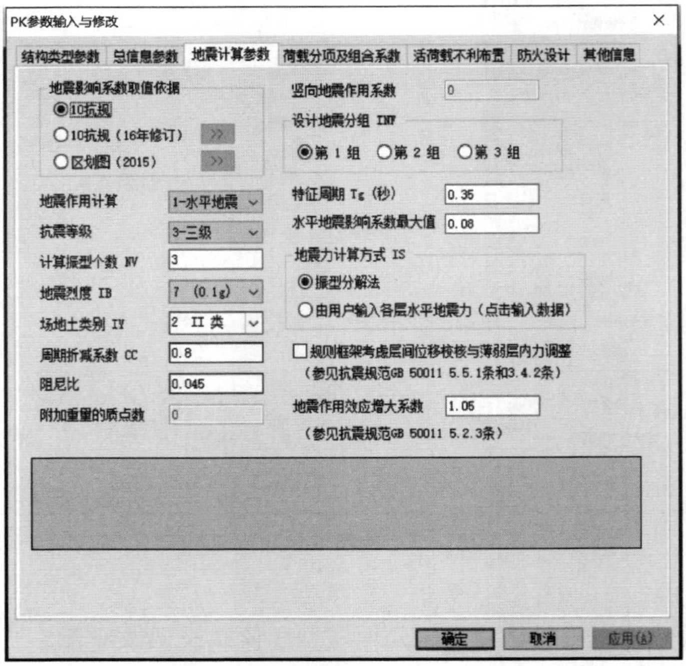

图3.30　"地震计算参数"选项卡

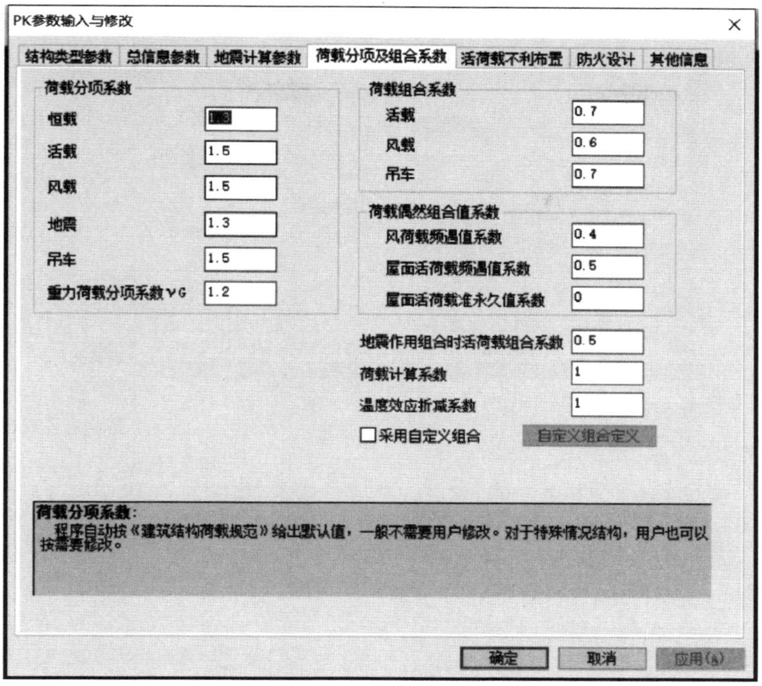

图3.31 “荷载分项及组合系数”选项卡

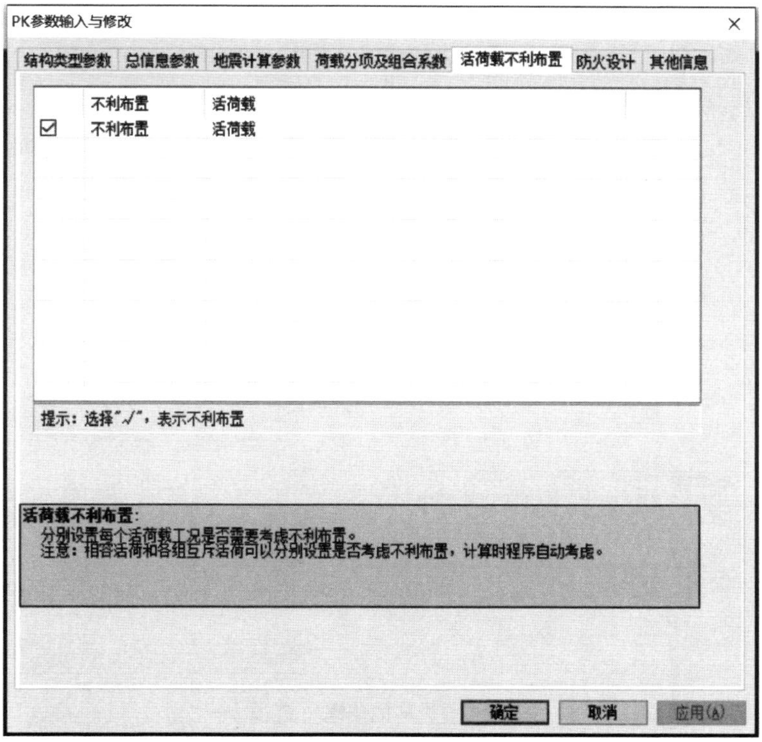

图3.32 “活荷载不利布置”选项卡

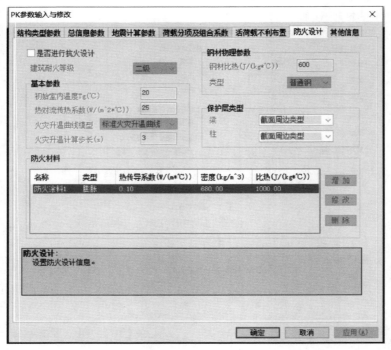

图3.33 "防火设计"选项卡

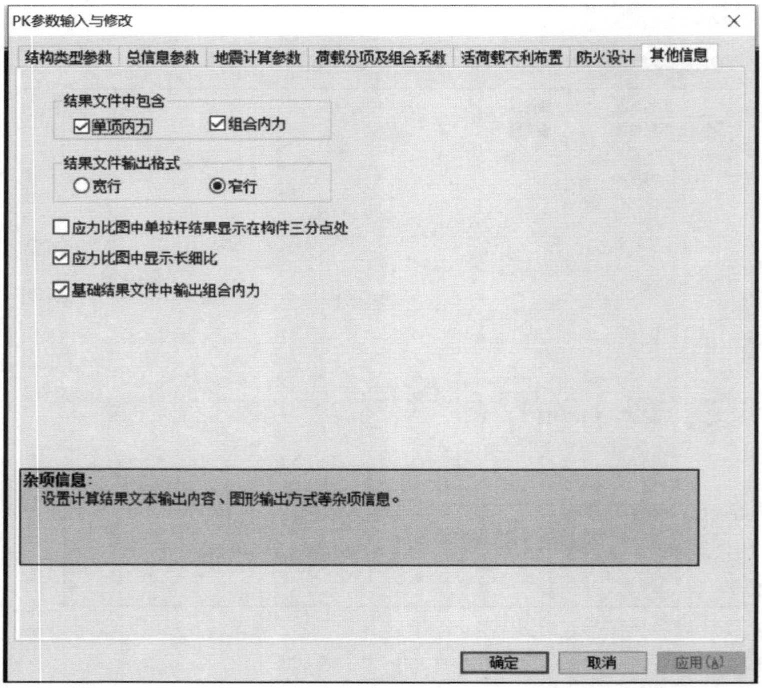

图3.34 "其他信息"选项卡

（3）结构计算。

在用户完成模型输入（或优化计算）以后，选择"结构计算"菜单，选择"结构计算"选项，程序即对用户所建模型进行内力分析、杆件强度计算、稳定验算及结构变形验算、基础设计等。若要生成计算书及进行后面的施工图设计，必须经过结构计算这一步。

6. 计算结果查询

选择"结构计算"选项后，程序便会自动进行结构计算，计算完成后程序会自动跳转到"计算结果查询"菜单，如图 3.35 所示。

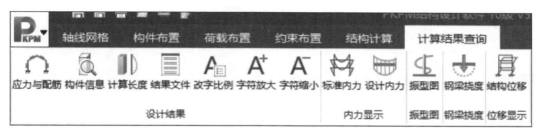

图3.35　"计算结果查询"菜单

选择图 3.35 所示菜单中的"设计结果"选项组内的功能选项，可以查询应力与配筋、构件信息、计算长度等信息，并生成计算书文件。

3.5　PK 施工图绘制

PK 施工图绘制的具体操作与第 7 章类似，可参照执行。

3.6　设计实例

以第 2 章 2.4 节的现浇钢筋混凝土框架结构行政办公楼为例，通过"交互输入"方式来形成 PK 文件，单榀框架选取②轴，楼层荷载取值、构件截面分别见第 2 章表 2.3 ～表 2.6。具体操作步骤如下。

1. 启动界面，并创建工作目录

在 PK 主界面中选择"PK 二维设计"模块，双击新建的工作目录，进入 PK 启动界面，命名交互式文件名称为"PK1"，选择确定后进入交互界面。

PK 二维设计

2. 网格生成

选择"轴线网格"|"快速建模"|"框架"，建立一个 3 跨 6 层的二维框架，具体跨度为 6m+2.4m+6m；首层层高为 5.25m，其余楼层层高均为 3.6m。网格生成的屏幕显示

如图 3.36 所示。

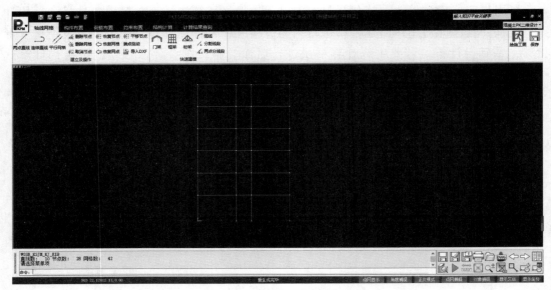

图3.36　网格生成的屏幕显示

3. 柱布置

生成网格后可进行柱布置。首先定义柱截面，如图 3.37 所示；定义柱截面后，即可进行柱布置。注意柱的偏心处理，下柱偏心 125mm，上柱偏心 100mm；用户也可通过"偏心对齐"进行调整。

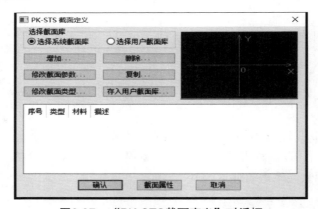

图3.37　"PK-STS截面定义"对话框

荷载输入

4. 梁布置

完成柱布置后，定义梁截面并完成梁的布置工作，具体操作同柱布置。柱和梁布置完成后屏幕显示如图 3.38 所示。

5. 恒荷载输入

完成构件的定义后，即可进行荷载输入。对于竖向均布荷载，选用第一种荷载输入方式（KL=0）完成输入，如图 3.39 所示；而对于梁间隔墙荷载，则采用第二种荷载输入方式（KL=1）完成输入，如图 3.40 所示，具体荷载数值按第 2 章 2.4 节定义的荷载输入。恒荷载输入最终结果如图 3.41 所示。

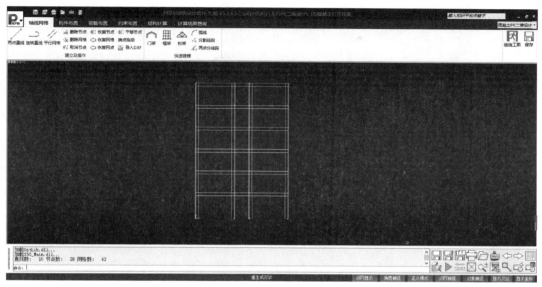

图3.38 柱和梁布置完成后屏幕显示

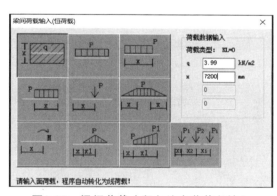

图3.39 梁间荷载（竖向均布荷载）输入

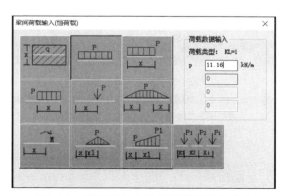

图3.40 梁间荷载（梁间隔墙荷载）输入

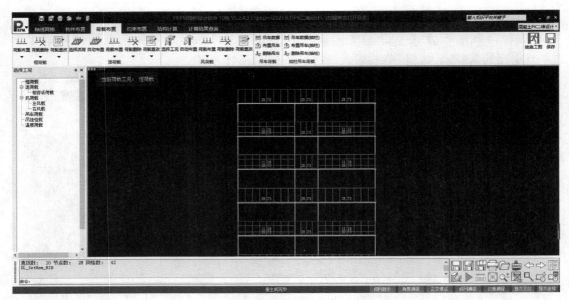

图3.41　恒荷载输入最终结果

6. 活荷载输入

活荷载输入采用与恒荷载输入相同的方法输入楼面活荷载，其最终结果如图 3.42 所示。

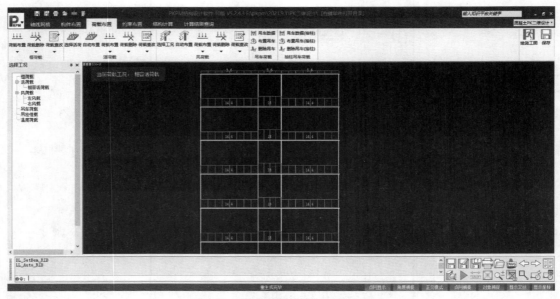

图3.42　楼面活荷载输入最终结果

7. 左（右）风荷载输入

选择"荷载布置" ｜ "风荷载" ｜ "选择工况"，选择"左风"工况，单击"确定"按钮，再选择"荷载布置" ｜ "风荷载" ｜ "自动布置"，弹出图 3.43 所示的"风荷载输入与修改"对话框，选择适当的参数输入后，单击"确定"按钮，即可完成竖向风荷载的输入，其最终结果如图3.44所示。本实例为一钢筋混凝土框架结构，涉及节点风荷载的输入问题。若为坡屋面，则应考虑将屋面风荷载转换为屋檐处节点荷载输入。

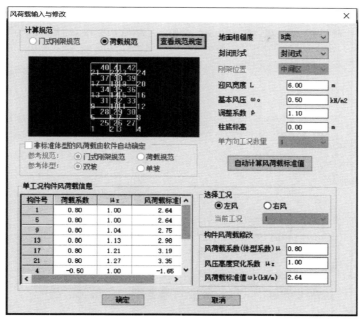

图3.43 "风荷载输入与修改"对话框

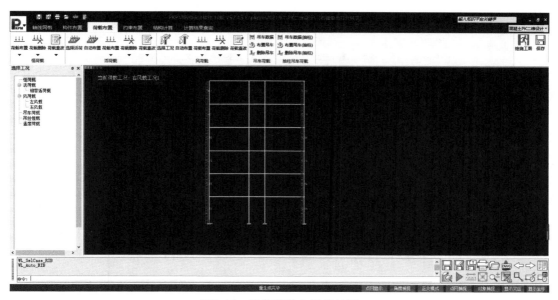

图3.44 风荷载输入最终结果

8. 参数输入

完成前面1~7项工作后，选择"结构计算"｜"参数输入"｜"参数输入"选项，弹出"PK参数输入与修改"对话框，该对话框有"结构类型参数""总信息参数""地震计算参数""荷载分项及组合系数""活荷载不利布置""防火设计""其他信息"7个选项卡，分别对这7个选项卡进行计算参数的设置，如图3.45~图3.51所示。

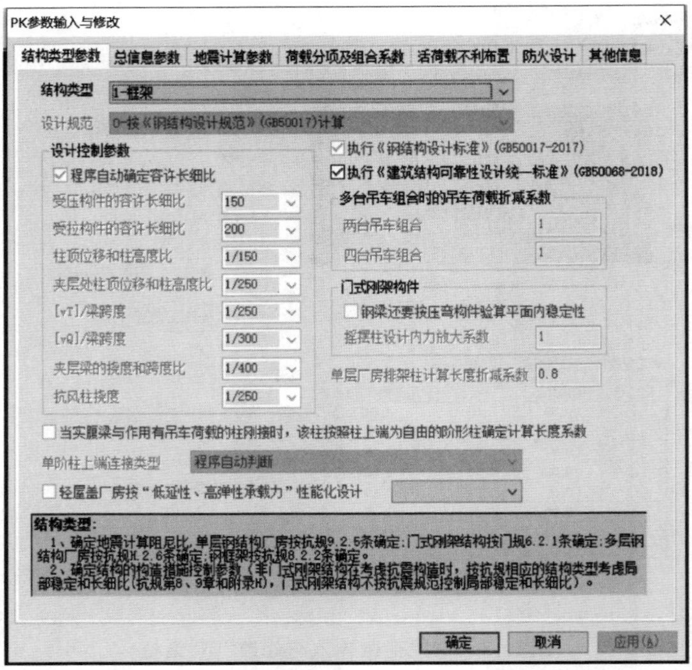

图3.45　"结构类型参数"选项卡计算参数设置

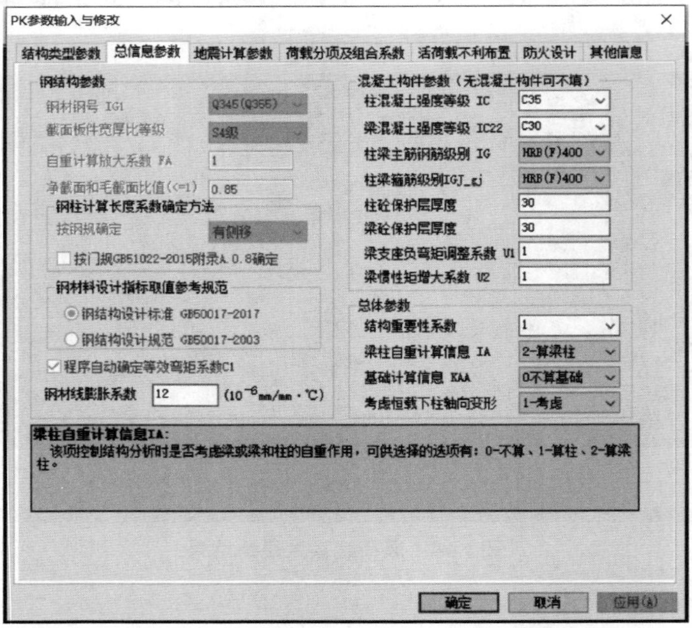

图3.46　"总信息参数"选项卡计算参数设置

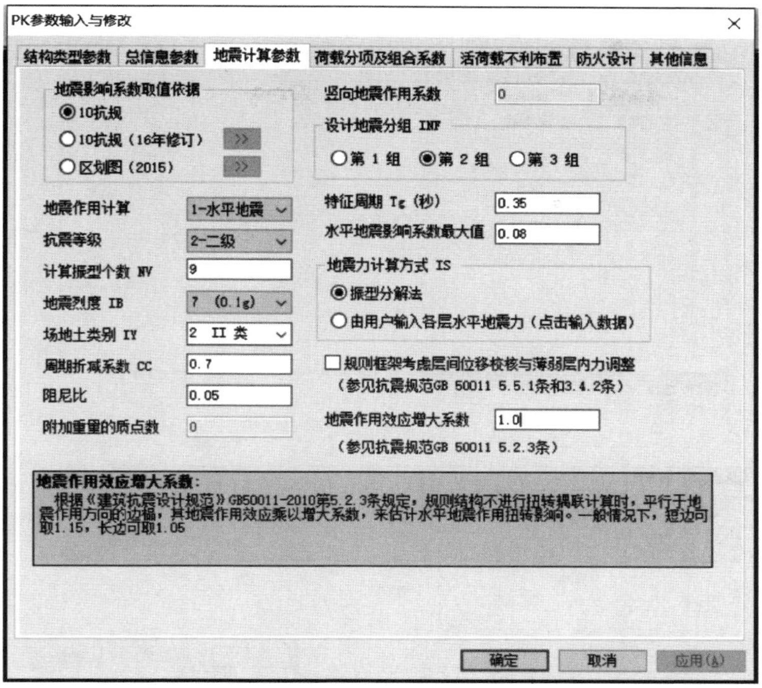

图3.47 “地震计算参数”选项卡计算参数设置

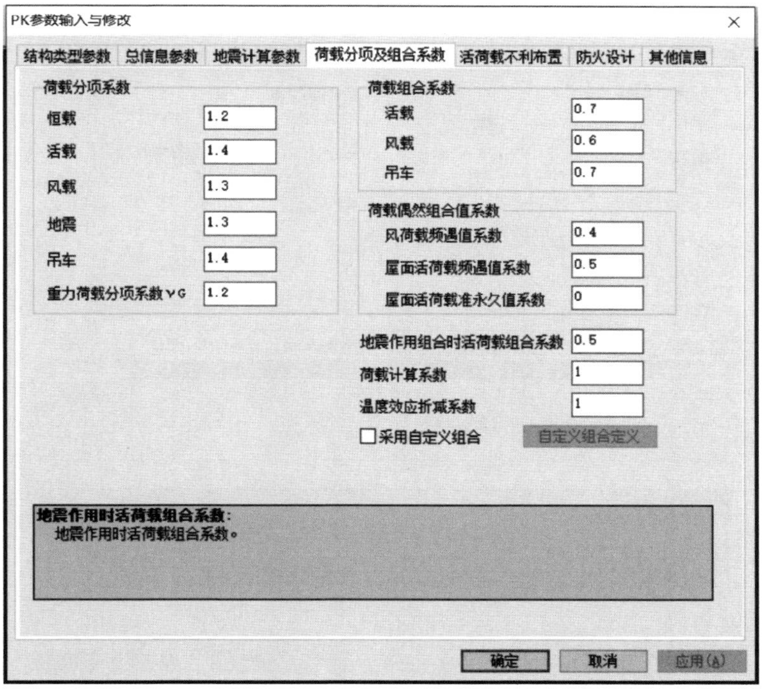

图3.48 “荷载分项及组合系数”选项卡计算参数设置

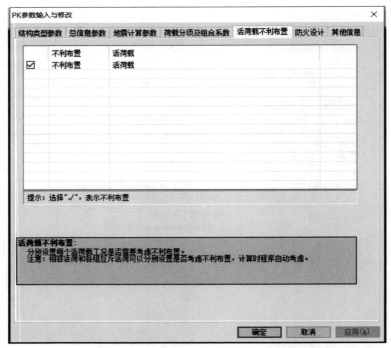

图3.49　"活荷载不利布置"选项卡计算参数设置

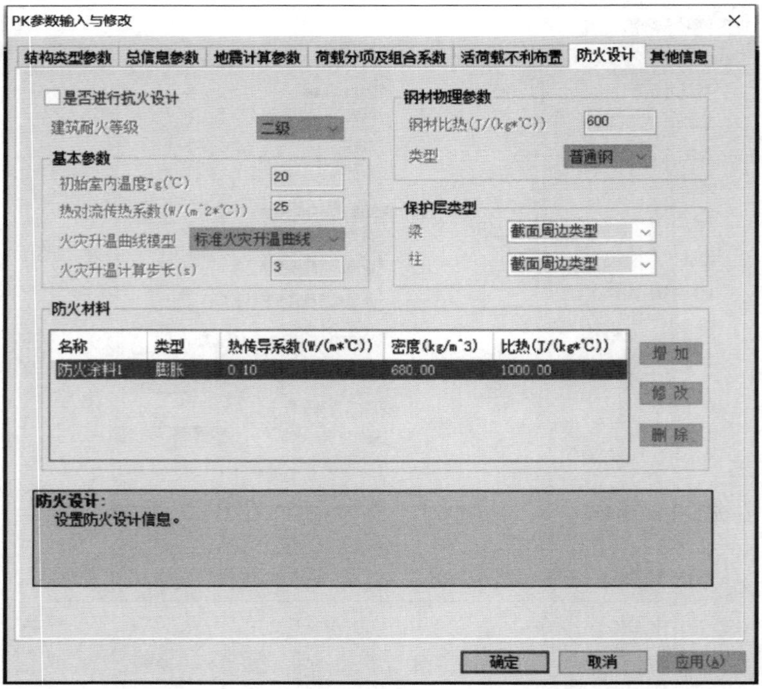

图3.50　"防火设计"选项卡计算参数设置

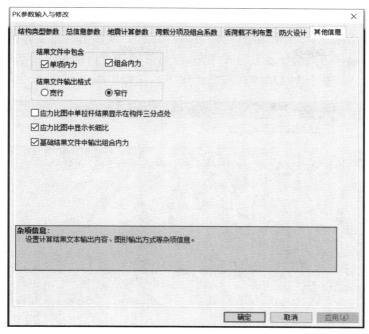

图3.51 "其他信息"选项卡计算参数设置

由于本实例不同楼层混凝土强度等级不同，所以本实例需对构件混凝土强度等级进行调整。在"结构计算"菜单中的"构件修改"选项组下按照命令提示，分别对框架梁、柱混凝土强度等级进行修改即可。

9. 补充数据

选择"约束布置"|"补充数据"|"布置基础"，弹出"输入基础计算参数"对话框，如图 3.52 所示。修改该对话框中的数据，完成柱下基础的设置工作。

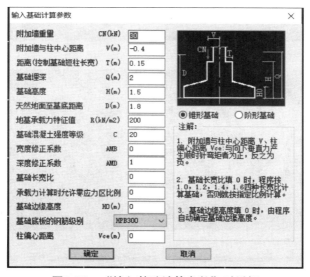

图3.52 "输入基础计算参数"对话框

10. 计算简图

选择"结构计算"｜"计算简图"｜"结构简图"，屏幕上可显示各构件的截面信息、杆件编号和节点编号等内容，如图3.53所示；另外，还可以通过"荷载简图"下拉菜单来查看恒荷载、活荷载、左（右）风荷载作用下的计算简图。

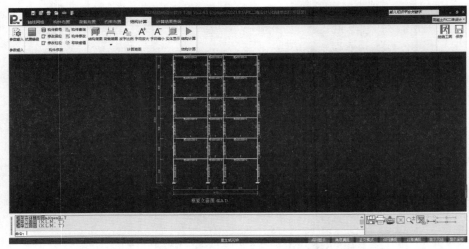

图3.53　计算简图屏幕显示

结果查看

11. 结构计算及计算结果查询

执行完上述操作后，即完成了整榀框架模型的输入工作，接下来可进行结构计算。选择"结构计算"｜"结构计算"｜"结构计算"，程序便开始进行结构计算。

计算完成后，程序会自动跳转至"计算结果查询"菜单，在此菜单下，可以查看结构在各种荷载工况下的内力、配筋及计算结果文件，如图3.54～图3.56所示。

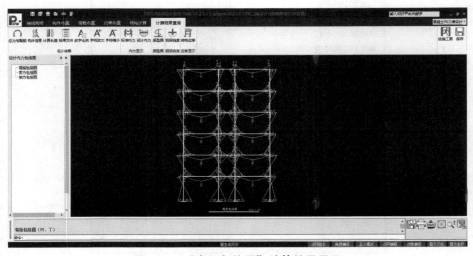

图3.54　"弯矩包络图"计算结果显示

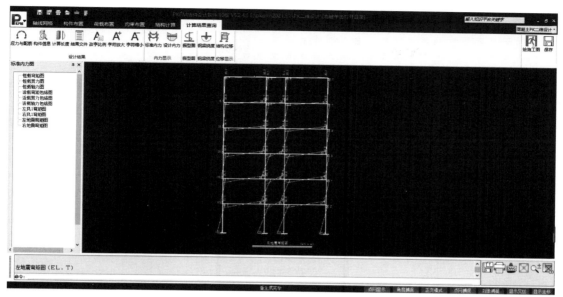

图3.55 "左地震弯矩图"计算结果显示

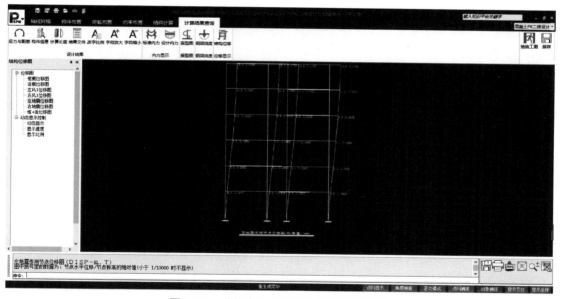

图3.56 "左地震位移图"计算结果显示

选择"计算结果查询"|"设计结果"|"结果文件",弹出"计算书设置"对话框,如图3.57所示,可以查看并输出计算书。

至此,即完成该实例的立面框架的计算工作,该实例的框架施工图绘制可参照第7章进行,此处不再赘述。

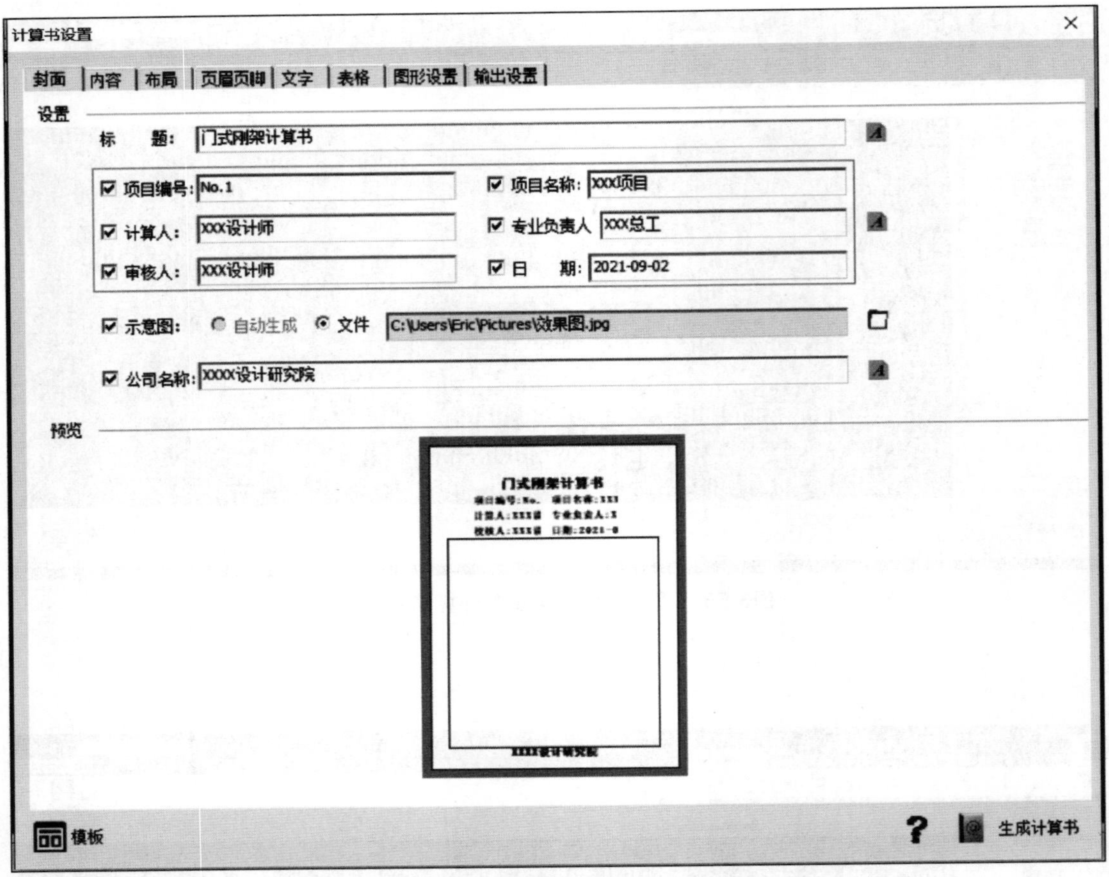

图3.57　"计算书设置"对话框

思考与练习题

1. PK 的主要功能是什么?

2. PK 的应用范围是什么?

3. 试述 PK 与 SATWE、PMSAP 接口时的具体操作步骤。

第4章
多、高层建筑结构空间有限元分析与设计软件SATWE

知识结构图

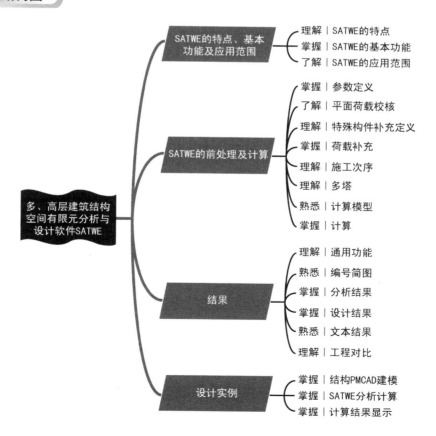

SATWE的特点、基本功能及应用范围
- 理解｜SATWE的特点
- 掌握｜SATWE的基本功能
- 了解｜SATWE的应用范围

SATWE的前处理及计算
- 掌握｜参数定义
- 了解｜平面荷载校核
- 理解｜特殊构件补充定义
- 掌握｜荷载补充
- 理解｜施工次序
- 理解｜多塔
- 熟悉｜计算模型
- 掌握｜计算

多、高层建筑结构空间有限元分析与设计软件SATWE

结果
- 理解｜通用功能
- 熟悉｜编号简图
- 掌握｜分析结果
- 掌握｜设计结果
- 熟悉｜文本结果
- 理解｜工程对比

设计实例
- 掌握｜结构PMCAD建模
- 掌握｜SATWE分析计算
- 掌握｜计算结果显示

SATWE 是专门为多、高层建筑结构分析与设计而开发的空间组合结构有限元分析与设计软件。其核心是解决剪力墙和楼板的模型化问题，尽可能地减小其模型化误差，提高分析精度，使分析结果能够更好地反映出多、高层建筑结构的真实受力状态。

4.1 SATWE 的特点、基本功能及应用范围

4.1.1 SATWE 的特点

SATWE 采用空间杆 – 墙元模型，即采用空间杆单元模拟梁、柱及支撑等杆件，用在壳元基础上凝聚而成的墙元模拟剪力墙。墙元专门用于模拟多、高层建筑结构中的剪力墙，对于尺寸较大或带洞口的剪力墙，由程序自动进行细分，然后用静力凝聚原理将由墙元细分而增加的内部自由度消去，从而保证墙元的精度和有限的出口自由度。墙元对于剪力墙洞口（仅考虑矩形洞口）的大小及空间位置无限制，具有较好的适应性。墙元不仅具有平面内刚度，而且具有平面外刚度，可以较好地模拟实际工程中剪力墙的受力状态。

对于楼板，SATWE 采用了 4 种简化假定：①假定楼板整体平面内无限刚性；②假定楼板分块平面内无限刚性；③假定楼板分块平面内无限刚性，并带有弹性连接板带；④假定楼板为弹性楼板，平面外刚度均假定为零。上述几种简化假定可选用"刚性楼板""弹性楼板 6""弹性楼板 3"和"弹性膜"。在应用时，应根据工程实际情况和分析精度要求，选用其中的一种或几种类型。

SATWE 前接 PMCAD 程序，完成建筑物建模。SATWE 前处理模块可读取 PMCAD 生成的建筑物的几何及荷载数据，补充输入 SATWE 的特有信息，诸如特殊构件（弹性楼板、转换梁、框支柱）、温度荷载、吊车荷载、特殊风荷载、多塔，以及局部修改原有材料强度、抗震等级或其他相关参数，完成剪力墙墙元和弹性楼板单元的自动划分等。

SATWE 以 PK、JCCAD、BOX 等为后续程序。由 SATWE 完成内力分析和配筋计算后，可接力墙、梁、柱施工图模块绘制墙、梁、柱施工图，并可为 JCCAD 和 BOX 提供基础刚度及柱、墙底的组合内力作为各类基础的设计荷载，同时自身具有强大的图形处理功能。

4.1.2 SATWE 的基本功能

SATWE 适用于各种复杂体型的多、高层钢筋混凝土框架、框架 – 剪力墙、剪力墙、筒体等结构，以及钢 – 混凝土混合结构和多、高层钢结构。其主要功能如下。

（1）可自动读取 PMCAD 的建模数据、荷载数据，并自动转换成 SATWE 所需的几何数据和荷载数据格式。

（2）程序中的空间杆单元除可以模拟常规的梁、柱外，通过特殊构件定义，还可以有效地模拟铰接梁、支撑等。特殊构件记录在 PMCAD 建立的模型中，这样可以随着

PMCAD 建模变化而变化，实现 SATWE 与 PMCAD 的互动。

（3）支持计算更多梁、柱、支撑的截面类型，对于自定义任意多边形异形截面和自定义任意多边形、钢结构、型钢的组合截面，需要用户用交互的操作方式定义。其他类型截面的定义都是用参数输入，程序提供针对不同类型截面的参数输入对话框，输入非常简便。

（4）剪力墙的洞口仅考虑矩形洞口，无须为结构模型简化而加计算洞；剪力墙的材料可以是钢筋混凝土、砌体或轻骨料混凝土。

（5）考虑了多塔、错层、转换层及楼板局部开大洞口等结构的特点，可以高效、准确地分析这些特殊结构。

（6）也适用于多层结构、工业厂房及体育场馆等各种复杂结构，并能实现在三维结构分析中考虑活荷载不利布置功能、底框结构计算和吊车荷载计算。

（7）自动考虑了梁、柱的偏心和刚域影响。

（8）具有剪力墙墙元和弹性楼板单元自动划分功能。

（9）具有较完善的数据检查和图形检查功能，以及较强的容错能力。

（10）具有模拟施工加载过程的功能，并可以考虑梁上的活荷载不利布置作用。

（11）可任意指定水平力作用方向，程序能自动按转角进行坐标变换及风荷载导算；还可根据用户需要进行特殊风荷载计算。

（12）在单向地震力作用时，可考虑偶然偏心的影响；可进行双向水平地震作用下的扭转地震作用效应计算；可进行多方向输入的地震作用效应计算；可按振型分解反应谱法进行竖向地震作用计算；对于体型复杂的高层结构，可采用振型分解反应谱法进行耦联抗震分析和动力弹性时程分析。

（13）对于高层结构，程序可以考虑 $P-\Delta$ 效应。

（14）对于底框抗震墙结构，可接力 QITI 整体模型计算进行底框部分的空间分析和配筋设计；对于配筋砌体结构和复杂砌体结构，可进行空间有限元分析和抗震验算（用于 QITI 程序）。

（15）可进行吊车荷载的空间分析和配筋设计。

（16）可考虑上部结构与地下室联合工作，上部结构与地下室可同时进行分析与设计。

（17）具有地下室人防设计功能，在进行上部结构分析与设计的同时可完成地下室的人防设计。

（18）计算完以后，可接力施工图设计软件绘制梁、柱、剪力墙施工图，还可接力 STS 绘制钢结构施工图。

（19）可为 JCCAD、BOX 提供柱、墙底的组合内力作为各类基础的设计荷载，从而使各类基础设计中的数据准备工作大大简化。

4.1.3　SATWE 的应用范围

SATWE 的应用范围见表 4-1。

表4-1　SATWE的应用范围

序号	内容	应用范围	序号	内容	应用范围
1	结构层数	≤ 200	5	每层墙数	≤ 4000
2	每层刚性楼板数	≤ 99	6	每层支撑数	≤ 2000
3	每层梁数	≤ 12000	7	每层塔数	≤ 20
4	每层柱数	≤ 5000	8	结构总自由度	不限

4.2　SATWE的前处理及计算

"前处理及计算"是SATWE中程序接力PMCAD计算与分析的重要部分，其主要功能是补充结构分析的必要数据并进行计算分析，其菜单如图4.1所示。

图4.1　"前处理及计算"菜单

4.2.1　参数定义

一个新建工程文件在PMCAD建模过程中已经输入了部分参数，这些数据可作为PKPM系列软件的公用数据，但要进行结构分析这些数据仍不完备。SATWE在PMCAD参数的基础上，提供了一套更为丰富的参数，以适应结构分析和设计的需要。

参数定义

选择"前处理及计算"｜"参数定义"｜"参数定义"，弹出"分析与设计参数补充定义"对话框。该对话框包括19个选项卡，分别为"总信息""多模型及包络""风荷载信息""地震信息""隔震信息""活荷载信息""二阶效应""刚度调整""内力调整""基本信息""钢构件设计""钢筋信息""混凝土""工况信息""组合信息""地下室信息""性能设计""高级参数""云计算"。

在第一次启动SATWE主菜单时，程序已自动将所有参数赋值。其中，对于PMCAD设计参数中已有的参数，程序将读取PMCAD信息作为初值，其他参数则取多数工程中的常用值作为初值，并将其写到工程目录下名为"SAT_DEF_NEW.PM"的文件中。此后每次执行"参数定义"命令时，SATWE都将自动读取"SAT_DEF_NEW.PM"中的信息，并在退出菜单时保存用户修改的内容。对于PMCAD和SATWE共有的参数，程序是自动联动的，任一处做修改，相关联的内容会同时自动修改。下面对各选项卡进行详细的说明。

1. 总信息

"总信息"选项卡如图4.2所示。该选项卡中包含的是结构分析所必需的最基本的参数和选项，具体介绍如下。

（1）水平力与整体坐标夹角。

水平力与整体坐标夹角的默认值为"0"。经计算后，当结构分析所得地震作用最大方向大于15°时，宜将此地震作用最大方向输入重新计算，其计算值应与0°计算所得值进行比较，取最不利情况。

（2）混凝土容重、钢材容重。

混凝土容重、钢材容重用于求梁、柱、墙和板的自重，一般情况下混凝土容重为25kN/m³，钢材容重为78kN/m³，即程序的默认值。当考虑梁、柱、墙和板上的抹灰、装修层等荷载时，可以采用加大容重的方法近似考虑，以避免烦琐的荷载导算。若采用轻骨料混凝土等，也可在此修改容重值。该参数在PMCAD和SATWE中同时存在，其数值是联动的。

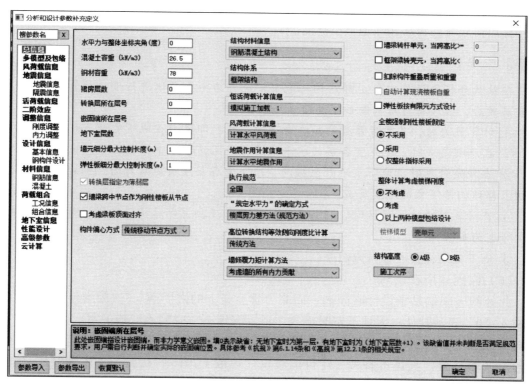

图4.2 "总信息"选项卡

（3）裙房层数。

裙房层数指 ±0.000以上主体结构周边的裙房层数。当无裙房时，输入"0"。

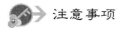 注意事项

裙房是相对于塔楼而言的，它是塔楼结构（多塔结构或单塔结构）的组成部分。塔

楼、裙房和地下室一起构成复杂的高层建筑结构。裙房层数应包括地下室层数（包括人防地下室层数）。例如，建筑物在 ±0.000 以下有 2 层地下室，在 ±0.000 以上有 3 层裙房，则在总信息的参数"裙房层数"项内应输入"5"。

（4）转换层所在层号。

按自然层号输入，对于含地下室的结构应为包含地下室在内的层数。

注意事项

当建筑物有地下室时，转换层所在层号也应从地下室算起。例如，建筑物有 2 层地下室，转换层位于地面以上第 2 层，则在总信息的参数"转换层所在层号"项内应输入"4"。

（5）地下室层数。

地下室层数是指与上部结构同时进行内力分析的地下室部分的层数。地下室层数影响风荷载和地震作用计算、内力调整、底部加强区的判断等众多内容，是一项重要参数。该参数用于导算风荷载和设置地下室信息。由于地下室无风荷载作用，因此，程序在计算风荷载时会自动扣除地下室高度。

注意事项

在结构分析与设计中，上部结构与地下室应作为一个整体进行设计计算。当填入地下室层数后，程序将对结构做如下处理。

① 计算风力时，其高度系数要扣除地下室层数，即风力在地下室处为 0。

② 在总刚集成时，地下室各层的水平位移被嵌固，即地下室各层不产生平动。

③ 在抗震计算时，地下室不产生振动，地下室各层没有地震外力，但地下室各层仍承担上部结构传下来的地震反应。

④ 在计算剪力墙加强区时，将扣除地下室的高度和上部结构的加强区部位，且地下室部分也为加强部位。

⑤ 地下室同样要进行内力调整。

（6）嵌固端所在层号。

此处的嵌固端是指设计嵌固端，而非力学意义上的嵌固端。"嵌固端所在层号"项内输入"0"表示默认；无地下室时输入"1"，有地下室时输入"地下室层数 +1"。"嵌固端所在层号"的默认值"0"并未判断是否满足规范要求，用户需自行判断并确定实际的嵌固端位置，具体可参考《建筑抗震设计规范（2016 年版）》（GB 50011—2010）（以下简称《抗规》）第 6.1.14 条和《高层建筑混凝土结构技术规程》（JGJ 3—2010）（以下简称《高规》）第 12.2.1 条的相关规定。

（7）墙元细分最大控制长度、弹性板细分最大控制长度。

墙元细分最大控制长度是墙元细分时需要的一个重要参数。对于尺寸较大的剪力墙，在做墙元细分形成一系列小壳元时，为确保分析精度，要求小壳元的边长不得大于给定的限值 D_{max}。程序限定 $1.0m \leq D_{max} \leq 5.0m$，隐含值为 $D_{max}=2.0m$。D_{max} 对分析精度略有影响，但不敏感。对于一般工程，可取 D_{max}=2.0m；对于框支剪力墙结构，D_{max} 可取略小些，如 D_{max}=1.5m 或 1.0m。

由于弹性板细分最大控制长度非本书重点，在此不做具体介绍。

（8）转换层指定为薄弱层。

SATWE 中这个参数默认置灰，需要人工修改转换层号。选中此选项与在"内力调整"选项卡的"指定薄弱层号"项中直接输入转换层号的效果是一样的。

（9）墙梁跨中节点作为刚性楼板从节点。

选中此选项时，剪力墙洞口上方墙梁的上部跨中节点将作为刚性楼板的从节点，与旧版软件处理方式相同；不选中此选项时，剪力墙洞口上方墙梁的上部跨中节点将作为弹性节点参与计算。是否选中此选项，其本质是确定连梁跨中节点与楼板之间的变形协调，这将直接影响结构整体的分析和设计结果，尤其是墙梁的内力分析和设计结果。

（10）考虑梁板顶面对齐。

由于计算时 SATWE（V3.1）之前的版本会强制将梁和板上移，使梁的形心线和板的中面位于层顶，这与实际情况有出入。为了消除这种偏差，SATWE 增加了"考虑梁板顶面对齐"的选项，考虑梁板顶面对齐时，程序会将梁、弹性膜、弹性板沿法向向下偏移，使其顶面置于原来的位置，但建议谨慎选用该选项。

（11）构件偏心方式。

传统移动节点方式：如果模型中的墙存在偏心，则程序会将节点移动到墙的实际位置，以此来消除墙的偏心，即墙总是与节点贴合在一起的，而其他构件的位置可以与节点不一致，它们通过刚域变换的方式进行连接。该方式使墙的形状与真实情形有了较大出入，甚至产生了很多斜墙或不共面墙。

为了消除偏心构件的实际位置与构件节点位置不一致带来的影响，SATWE 增加了新的考虑墙偏心的方式：刚域变换方式。刚域变换方式是将所有节点的位置保持不动，通过刚域变换的方式来考虑墙与节点位置的不一致。

（12）结构材料信息。

"结构材料信息"的下拉菜单中共有 4 个选项："钢筋混凝土结构""钢与混凝土混合结构""钢结构""砌体结构"。一般可按实际结构类型选取，底框上部砖房结构归入砌体结构。

（13）结构体系。

结构体系按结构布置的实际状况确定，程序提供了 24 个选项。确定结构类型即确定与其对应的有关设计参数。

（14）恒活荷载计算信息。

这是竖向荷载计算控制参数，它共有 6 个选项："不计算恒活荷载""构件级施工次序""一次性加载""模拟施工加载 1""模拟施工加载 2""模拟施工加载 3"。对于实际工程，总是需要考虑恒活荷载的，因此不允许选择"不计算恒活荷载"项。另外，程序中 LDLT 求解器是不支持"模拟施工加载 3"的。

注意事项

采用"模拟施工加载 3"时，必须正确指定"施工次序"，否则会直接影响计算结果的准确性。

（15）风荷载计算信息。

"风荷载计算信息"的下拉菜单共有 4 个选项："不计算风荷载""计算水平风荷载""计算特殊风荷载""计算水平和特殊风荷载"。由此可见，程序提供的风荷载类型有两类，一类是水平风荷载，另一类是特殊风荷载。程序提供了这两类风荷载的 4 种组合。

其中水平风荷载是依据《建筑结构荷载规范》（GB 50009—2012）（以下简称《荷载规范》）中风荷载的公式自动计算的水平风荷载，作用在整体坐标系的 X 和 Y 方向上。特殊风荷载是用户在"荷载补充"|"特殊荷载"中自定义的荷载。

一般来说，大部分工程采用 SATWE 默认的"计算水平风荷载"即可，如需考虑更细致的风荷载，则可通过"特殊风荷载"来实现。

（16）地震作用计算信息。

"地震作用计算信息"的下拉菜单中共有 5 个选项："不计算地震作用""计算水平地震作用""计算水平和底部轴力法竖向地震""计算水平和反应谱方法竖向地震""计算水平和等效静力法竖向地震"。

 注意事项

"计算水平和底部轴力法竖向地震"按照《抗规》第 5.3.1 条规定的简化方法计算竖向地震。"计算水平和反应谱方法竖向地震"按照竖向振型分解反应谱法计算竖向地震。

（17）执行规范

软件中对"执行规范"提供了 4 个选项："全国""上海""广东高规（2013 版）""广东高规（2021 版）"。

（18）"规定水平力"的确定方式。

"'规定水平力'的确定方式"的下拉菜单中共有 2 个选项："楼层剪力差方法（规范方法）""节点地震作用 CQC 组合方法"。

其中"楼层剪力差方法（规范方法）"水平力的确定方式依据《抗规》第 3.4.3-2 条和《高规》第 3.4.5 条的规定，采用楼层地震剪力差的绝对值作为楼层的规定水平力。一般情况下建议选择此方式。

"节点地震作用 CQC 组合方法"是程序提供的另一种方式，其结果仅供参考。

（19）高位转换结构等效侧向刚度比计算。

"高位转换结构等效侧向刚度比计算"的下拉菜单中共有 2 个选项："传统方法""采用《高规》附录 E.0.3 方法"。

当选择"传统方法"时，程序将采用与旧版软件相同的串联层刚度模型计算。而选择"采用《高规》附录 E.0.3 方法"时，程序会自动按照《高规》附录 E.0.3 的要求，分别建立转换层上、下部结构的有限元分析模型，并在层顶施加单位力，计算上、下部结构的顶点位移，进而获得上、下部结构的刚度和刚度比。

（20）墙倾覆力矩计算方法。

在一般的框架 – 剪力墙结构设计中，剪力墙的面外刚度及其抗侧力能力是被忽略的，因为在正常的结构中，剪力墙的面外抗侧力贡献相对于其面内抗侧力贡献微乎其微；但对单向少墙结构而言，剪力墙的面外抗侧力则成为一种不能忽略的抗侧力成分，它在性质上类似于框架柱，宜看作一种独立的抗侧力构件。

"墙倾覆力矩计算方法"的下拉菜单中共有 3 个选项："考虑墙的所有内力贡献""只考虑腹板和有效翼缘，其余部分计算框架""只考虑面内贡献，面外贡献计入框架"。

当需要判断结构是否为单向少墙结构时，建议选择"只考虑面内贡献，面外贡献计入框架"。当用户无须进行是否为单向少墙结构的判断时，可以选择"只考虑腹板和有效翼缘，其余部分计算框架"。

（21）墙梁转杆单元，当跨高比≥。

当墙梁的跨高比过大时，如果仍用壳元来计算墙梁的内力，其计算结果的精度会较差。

通过选中"墙梁转杆单元，当跨高比≥"，并在该选项后面填入相应的跨高比数值，程序会自动将跨高比大于或等于该值的墙梁转换成框架梁，并按照框架梁计算刚度、内力并进行设计，使结果更加准确合理。若该选项取值为 0，则程序对所有的墙梁不做转换处理。

（22）框架梁转壳元，当跨高比＜。

该选项根据跨高比将框架梁转换为壳元（墙梁），同时增加了转换壳元的特殊构件定义，将以框架方式定义的转换梁转换为壳元的形式。用户可通过指定该参数将跨高比小于该限值的矩形截面框架梁用壳元计算其刚度。若该选项取值为 0，则程序对所有的框架梁不做转换处理。

转换的具体方式等效为手工建立一片墙，下面开通洞（即只剩墙梁部分）。这样SATWE 在计算时此转换后的墙梁和旁边的墙（墙柱）连接，每侧有上、下两个节点连接。采用这种方式转换的墙梁计算的内力和开通墙方式计算的内力相似。

（23）扣除构件重叠质量和重量。

选中此选项时，梁、墙将扣除与柱重叠部分的质量和重量。由于质量和重量同时扣除，恒荷载总值会有所减小（传到基础的恒荷载总值也随之减小），结构周期也会略有缩短，地震剪力和位移会相应减小。

从设计安全性角度而言，适当的安全储备是有益的，因此建议用户仅在确有经济性需要，并对设计结果的安全裕度确有把握时才谨慎选用该选项。

（24）弹性板按有限元方式设计。

该方式是一种梁和板共同工作的计算模型，可使梁上荷载由梁和板共同承担，从而减少梁的受力和配筋，特别是针对较厚的楼板，应将其设置为"弹性板 3"或者"弹性板 6"计算。这样既能节约材料，又能实现强柱弱梁改善结构的抗震性能。

注意事项

选中"弹性板按有限元方式设计"选项时，设置弹性膜的楼板不进行设计。

（25）全楼强制刚性楼板假定。

"全楼强制刚性楼板假定"不区分刚性板、弹性板，或独立的弹性节点，只要位于该层楼面标高处的所有节点，在计算时都将强制从属同一刚性板。由于该选项可能改变结构的真实模型，因此其计算范围有限，一般仅在计算位移比、周期比、刚度比等指标时建议选择。

该参数共有3个选项："不采用""采用""仅整体指标采用"。

当选择"仅整体指标采用"时，即整体指标计算采用强制刚性楼板假定模型计算，其他指标采用非强制刚性楼板假定模型计算。程序会自动对强制刚性楼板假定和非强制刚性楼板假定两种模型分别进行计算，并对计算结果进行整合，用户可以在文本结果中同时查看两种模型计算的位移比、周期比及刚度比这3项整体指标，其余设计结果则全部取自非强制刚性楼板假定模型。

（26）整体计算考虑楼梯刚度。

不同于旧版软件用梁模型替代楼梯，新版软件在结构建模中创建的楼梯，用户可在SATWE中选择是否在整体计算时考虑楼梯的作用。若选中"考虑"，程序会自动将梯梁、梯柱、梯板加入计算当中，且楼梯自重会自动进行考虑（楼梯处的恒荷载应设为0）。程序提供了壳单元和梁单元两种楼梯计算模型，并默认采用壳单元。

该参数共有3个选项："不考虑""考虑""以上两种模型包络设计"。

（27）结构高度。

目前，该参数只针对执行广东省地方标准《高层建筑混凝土结构技术规程》（DBJ15—92—2013）[①]（以下简称《广东高规》）的项目起作用，A级和B级用于对结构扭转不规则程度的判断和输出，详见《广东高规》第3.4.4条规定。

（28）施工次序。

当用户将"恒活荷载计算信息"选择为"模拟施工加载3"时，SATWE可以执行构件级的模拟施工。用户可通过单独指定某些构件的施工次序来满足复杂结构的计算需求。当选中该选项后，在"施工次序"中用户自定义的构件级施工次序才能生效。

2. 多模型及包络

"多模型及包络"选项卡如图4.3所示。该选项卡主用于设置地下室结构、多塔结构、框架结构等的包络设计，其中的参数和选项介绍如下。

（1）带地下室与不带地下室模型自动进行包络设计。

对于带地下室模型，选中此选项可以快速实现整体模型与不带地下室模型的上部结构的包络设计。当模型考虑温度荷载或特殊风荷载，或存在跨越地下室上、下部位的斜

① 该规范目前已被《高层建筑混凝土结构技术规程》（DBJ/T 15—92—2021）代替，但2010版软件中仍采用的是该规程。

杆时，该功能暂不适用。自动形成不带地下室的上部结构模型时，用户可通过选择"前处理及计算"｜"多塔"｜"层塔属性"来修改地下室楼层高度不起作用。

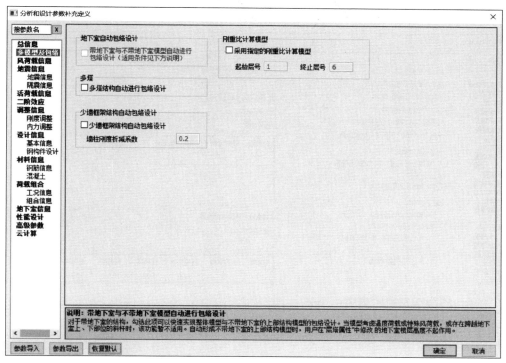

图4.3　"多模型及包络"选项卡

（2）多塔结构自动进行包络设计。

该选项主要用来控制多塔结构是否自动进行包络设计。选中该选项，程序将允许进行多塔包络设计；不选中该选项，则即使定义了多塔子模型，程序仍然不会进行多塔包络设计。

（3）少墙框架结构自动包络设计。

该选项是针对少墙框架结构增加的自动包络设计功能。选中该选项，程序将自动完成原始模型与框架结构模型的包络设计。

其中的"墙柱刚度折减系数"仅对少墙框架结构包络设计有效，通过该参数对墙柱的刚度进行折减可以得到框架结构子模型。

（4）采用指定的刚重比计算模型。

程序在全楼模型的基础上，增加计算一个子模型。该子模型的起始层号和终止层号由用户指定，即从全楼模型中剥离出一个刚重比计算模型。该选项仅适用于弯曲型和弯剪型的单塔结构（存在地下室、大底盘，顶部附属结构重量可忽略的单塔结构）的刚重比指标计算。

起始层号：刚重比计算模型的最底层是当前模型的第几层。该层号从楼层组装的最底层起算（包括地下室）。

终止层号：刚重比计算模型的最高层是当前模型的第几层。

3. 风荷载信息

SATWE 依据《荷载规范》式（8.1.1-1）计算风荷载。"风荷载信息"选项卡如图 4.4 所示。该选项卡中的参数和选项介绍如下。

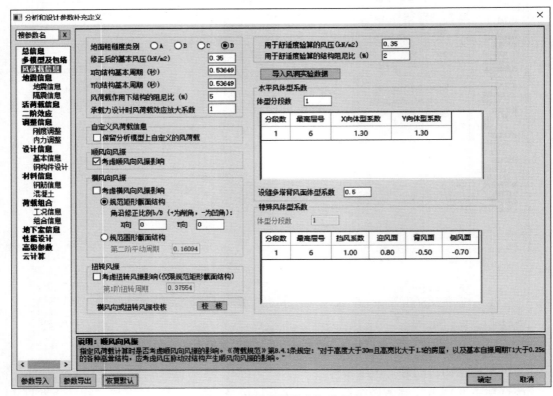

图4.4 "风荷载信息"选项卡

（1）地面粗糙度类别。

软件根据《荷载规范》将地面粗糙度类别分为 A、B、C、D 共 4 类。该项参数用于计算风压高度变化系数等。

（2）修正后的基本风压。

修正后的基本风压用于计算《荷载规范》式（8.1.1-1）的风压值 ω_0，一般按照《荷载规范》给出的 50 年一遇的风压采用，对于部分风荷载敏感建筑，应考虑地点和环境的影响进行修正，如沿海地区和强风地带等。

（3）X 向结构基本周期、Y 向结构基本周期。

该两项参数用于脉动风荷载的共振分量因子 R 的计算，新版 SATWE 可以分别指定 X 向和 Y 向的基本周期，用于 X 向和 Y 向风荷载的计算。该两项参数的具体算法详见《荷载规范》式（8.4.4-1）。

（4）风荷载作用下结构的阻尼比。

与上两项参数相同，该项参数也用于计算脉动风荷载的共振分量因子 R。新建工程第一次进入 SATWE 时，会根据"结构材料信息"自动对"风荷载作用下结构的阻尼比"赋初值：混凝土结构及砌体结构为 0.05，有填充墙钢结构为 0.02，无填充墙钢结构为 0.01。

（5）承载力设计时风荷载效应放大系数。

该项参数为适应《高规》第 4.2.2 条的规定，对风荷载比较敏感的高层建筑，承载力设计时应按基本风压的 1.1 倍采用。

SATWE 新增了"承载力设计时风荷载效应放大系数"，用户只需按照正常使用极限状态确定风压值，程序在进行风荷载承载力设计时，将自动对风荷载效应进行放大，相当于对承载力设计时的风压值进行了提高，这样一次计算就可同时得到全部结果。

（6）自定义风荷载信息。

用户在执行"生成数据"命令后可在"模型修改"的"风荷载"菜单中对程序自动计算的水平风荷载进行修改。选中此选项，再次执行"生成数据"命令，风荷载将会包络；否则，自定义风荷载将会被替换。

（7）顺风向风振。

《荷载规范》第 8.4.1 条规定：对于高度大于 30m 且高宽比大于 1.5 的房屋，以及基本自振周期 T_1 大于 0.25s 的各种高耸结构，应考虑风压脉动对结构产生顺风向风振的影响。当计算中需考虑顺风向风振时，应选中该选项，程序将自动按照规范要求进行计算。

（8）横风向风振。

《荷载规范》第 8.5.1 条规定：对于横风向风振作用效应明显的高层建筑以及细长圆形截面构筑物，宜考虑横风向风振的影响。

（9）扭转风振。

《荷载规范》第 8.5.4 条规定：对于扭转风振作用效应明显的高层建筑及高耸接结构，宜考虑扭转风振的影响。

（10）横向风或扭转风振校核。

该选项用于在考虑了"横风向风振"时计算横风向风振所用。为便于验算，程序提供"矩形截面结构横风向风振校核"结果供用户参考，应仔细阅读相关内容，如图 4.5 所示。

（11）用于舒适度验算的风压、用于舒适度验算的结构阻尼比。

SATWE 根据《高层民用建筑钢结构技术规程》（JGJ 99—2015）（以下简称《高钢规》）第 3.5.5 条，取《荷载规范》规定的 10 年一遇的风荷载标准值作用下，对结构顶点的顺风向和横风向振动最大加速度进行验算，验算结果在"WMASS.OUT"文件中输出。

按照《高规》要求，验算风振舒适度时结构阻尼比宜取 0.01 ～ 0.02，程序默认取 0.02。

（12）导入风洞实验数据。

如果想对各层各塔的风荷载做更精确的指定，可单击"导入风洞实验数据"按钮，在弹出的"风洞实验数据"对话框（图 4.6）中进行填写。

（13）水平风体型系数、体型分段数。

当结构立面变化较大时，不同区段内的体型系数可能不一样，程序限定体型系数最多可分 3 段取值，分段时只需考虑上部结构，不用将地下室单独分段。程序允许用户分 X 向、Y 向分别指定体型系数。

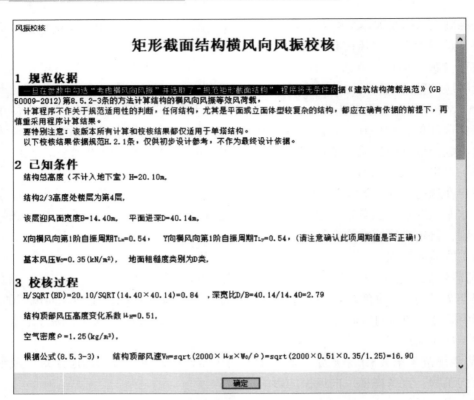

图4.5　矩形截面结构横风向风振校核

图4.6　"风洞实验数据"对话框

（14）设缝多塔背风面体型系数。

对于设缝的多塔结构，缝隙两边的墙体不受或很少受风荷载影响，程序在计算风荷载时将通过此参数对背风面风荷载进行修正。按实际情况输入设缝多塔背风面的体型系数，其默认值为 0.5；该值若取 0，则表示背风面不考虑风荷载影响。

（15）特殊风体型系数。

"特殊风荷载"的计算公式与"水平风荷载"相同，它们的区别在于程序会自动区分迎风面、背风面和侧风面，分别计算其风荷载，是更为精细的计算方式。应在此处分别填写各区段迎风面、背风面和侧风面的体型系数。

4. 地震信息

"地震信息"选项卡如图 4.7 所示。该选项卡用于修改有关地震作用的信息，其中的参数和选项介绍如下。

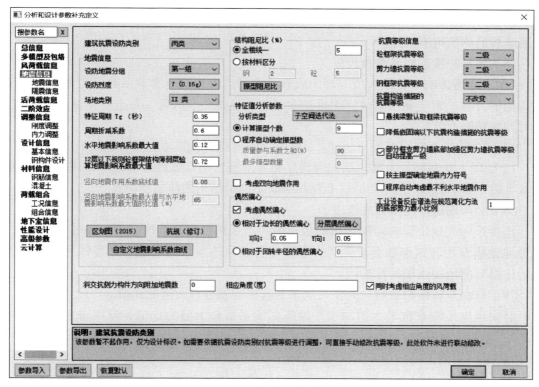

图4.7 "地震信息"选项卡

（1）建筑抗震设防类别。

该选项在计算中暂不起作用，仅为设计标识。

（2）设防地震分组、设防烈度。

"设防地震分组"选项用于用户输入工程所在地的设防地震分组。当采用《中国地震动参数区划图》（GB 18306—2015）确定特征周期时，设防地震分组可根据 T_g 查《抗规》第 5.1.4 条表 5.1.4-2 确定当前相对应的设防地震分组。设防烈度也可根据"地震信息"选项卡中的"区划图（2015）"来确定。

"设防烈度"选项用于用户输入工程所在地的设防烈度。当采用《中国地震动参数区划图》（GB 18306—2015）确定地震动参数时，可根据设计基本地震加速度值查《抗规》第 3.2.2 条表 3.2.2 确定当前相对应的设防烈度。

（3）场地类别。

依据《抗规》，场地类别可分为 I_0、I_1、II、III、IV 5 个类别。

（4）特征周期 T_g。

当采用《中国地震动参数区划图》（GB 18306—2015）确定 T_g 和 α_{max} 时，可直接在此处填写，也可采用下文介绍的"区划图（2015）"工具辅助计算并自动填入。

（5）周期折减系数。

周期折减的目的是充分考虑框架结构和框架 – 剪力墙结构的填充墙刚度对计算周期的影响。对于框架结构，填充墙较多时周期折减系数可取 0.6 ～ 0.7，填充墙较少时周期折减系数可取 0.7 ～ 0.8；对于框架 – 剪力墙结构，周期折减系数可取 0.7 ～ 0.8；纯剪力墙结构的周期可不折减。

（6）水平地震影响系数最大值。

"水平地震影响系数最大值"即旧版软件中的"多遇地震影响系数最大值"，用于地震作用的计算。对于新版软件，无论是多遇地震还是中、大震，在进行弹性或不屈服计算时均应填写此值。

（7）12 层以下规则混凝土（砼 [①]）框架结构薄弱层验算地震影响系数最大值。

12 层以下规则混凝土框架结构薄弱层验算地震影响系数最大值，即罕遇地震影响系数最大值。该参数仅用于 12 层以下规则混凝土框架结构的薄弱层验算。

（8）竖向地震作用系数底线值。

该参数用来确定竖向地震作用的最小值。当采用振型分解反应谱法和等效静力法计算竖向地震作用时该参数会被激活，程序会自动取该参数确定竖向地震作用的底线值，然后计算竖向地震作用的标准值。

（9）竖向地震影响系数最大值与水平地震影响系数最大值的比值。

竖向地震影响系数最大值与水平地震影响系数最大值的比值，程序将根据《抗规》第 5.3.1 条自动填写。

（10）区划图（2015）。

为了减少用户的工作量和工作难度，软件新增了根据《中国地震动参数区划图》（GB 18306—2015）进行检索和地震参数计算的工具，可将地震计算所需的 T_g 和 α_{max} 等参数自动计算出来并填入程序界面，如图 4.8 所示。

（11）抗规（修订）。

与"区划图（2015）"工具类似，该工具同样不影响程序的计算功能，只是需要用户按照《抗规》的规定指定正确的参数。"建筑抗震设计规范（GB 50011—2010 局部修

---

① "砼"为"混凝土"的简写字，PKPM 软件中个别界面中存在用"砼"代替"混凝土"的现象，本书为规范统一，凡软件界面显示为"砼"时，正文中统一规范为"混凝土"。

订）检索及参数计算工具"界面如图 4.9 所示。

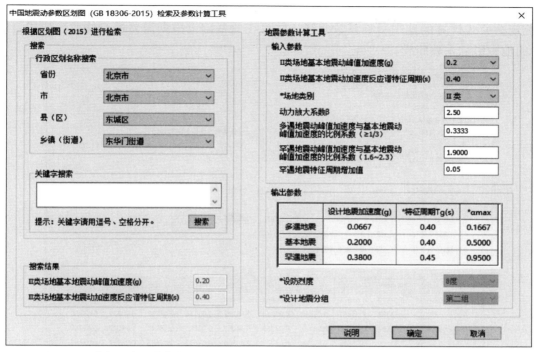

图4.8   "中国地震动参数区划图（GB 18306—2015）检索及参数计算工具"界面

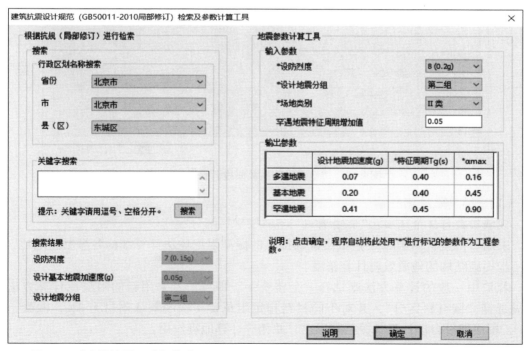

图4.9   "建筑抗震设计规范（GB 50011—2010局部修订）检索及参数计算工具"界面

（12）自定义地震影响系数曲线。

单击"自定义地震影响系数曲线"按钮，在弹出的对话框（图4.10）中可查看按《抗规》公式计算的地震影响系数曲线，并可在此基础上根据需要进行修改，形成自定义的地震影响系数曲线。

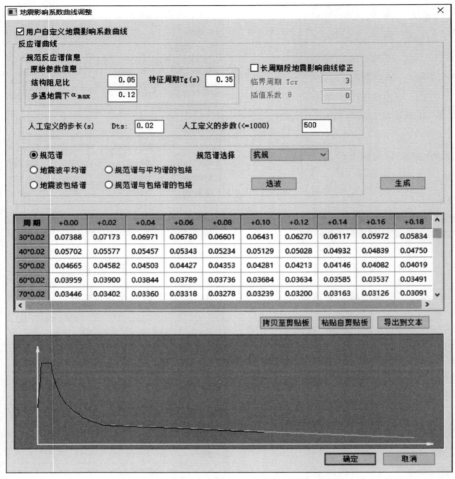

图4.10　"地震影响系数曲线调整"对话框

（13）结构阻尼比。

该项参数有2个选项："全楼统一"与"按材料区分"。

采用《抗规》第10.2.8条条文说明提供的振型阻尼比法计算结构各振型阻尼比，可进一步提高结构的地震效应计算精度。

若采用一般的计算方法则选择"全楼统一"即可，若采用新的阻尼比计算方法则只需选择"按材料区分"，并对不同材料指定阻尼比（程序默认钢材为2%，混凝土为5%)，程序即可自动计算各振型阻尼比，并相应计算地震作用。

（14）振型阻尼比。

为了体现消能减震结构或者采用减震装置加固时两个方向阻尼特性的不同，新版软件增加了按振型分别指定阻尼比的功能。用户须首先查看主要振型的振动方向，再在图4.11所示对话框的表格中指定某些振型的阻尼比，对于未指定的振型，程序采用地震信息参数中的统一阻尼比。

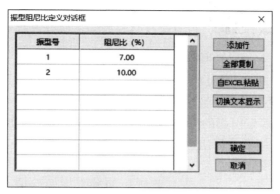

图4.11　"振型阻尼比定义对话框"对话框

（15）特征值分析参数。

为了优化计算量和减轻对计算的性能要求，程序中引入了在PMSAP中应用多年的多重Ritz向量法。多重Ritz向量法采用PMSAP的核心代码，保证了程序的高效性、正确性和稳定性。多重Ritz向量法的实现可查阅黄吉锋的《求解广义特征值问题的多重Ritz向量法》一文。

（16）计算振型个数。

当仅计算水平地震作用或者用规范方法计算竖向地震作用时，振型数应至少取3。为了使每阶振型都尽可能地得到两个平动振型和一个扭转振型，振型数最好为3的倍数。

振型数的多少与结构层数及结构形式有关，当结构层数较多或结构层刚度突变较大时，振型数也应相应增加，如顶部有小塔楼、转换层等结构形式。

当选择采用振型分解反应谱法计算竖向地震作用时，为了满足竖向振动的有效质量系数，一般应适当增加振型数。

（17）程序自动确定振型数。

程序采用移频方法自动确定振型数，且计算效率与用户指定振型数的计算效率相当。

"质量参与系数之和"与"最多振型数量"作为特征值计算是否结束的限制条件，即特征值计算中只要达到其中一个限制条件则结束计算。如果"最多振型数量"填写为"0"，则程序会根据结构规模及特征值计算的可用内存自动确定一个振型数上限值。

注意事项

① 当选择"子空间迭代法"进行特征值分析时可使用此功能。

② 对于"质量参与系数之和"与"最多振型数量"，程序隐含了一个限制条件，即最多振型数不得超过动力自由度数。

（18）考虑双向地震作用。

对于质量和刚度分布明显不对称的结构，应计入双向地震作用下的扭转影响，一般在进行内力计算和配筋时选用此项。

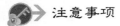 注意事项

当选择考虑双向地震作用时，内力组合应按照如下组合进行计算。

$$S_{XY}=\sqrt{S_X^2+(0.85S_Y)^2} \qquad S_{YX}=\sqrt{(0.85S_X)^2+S_Y^2}$$

式中，S_X 与 S_Y 分别为 X 向和 Y 向单向地震作用时的效应。

（19）考虑偶然偏心。

偶然偏心：由偶然因素引起的结构质量分布变化，会导致结构固有振动特性的变化，因而结构在相同地震作用下的反应也将发生变化。考虑偶然偏心，也就是考虑由偶然偏心引起的可能最不利地震作用。

当选中"考虑偶然偏心"后，程序将提供两种考虑偶然偏心的方式：一种是相对于边长的偶然偏心，该选项允许用户修改 X 向和 Y 向的相对偶然偏心值，其默认值为 0.05 ；另一种是相对于回转半径的偶然偏心，其默认值为 0.1732。用户可根据结构平面形式选择不同的方式来考虑偶然偏心。

（20）混凝土（砼）框架抗震等级、剪力墙抗震等级、钢框架抗震等级。

程序提供 0、1、2、3、4、5 共 6 种值。其中 0、1、2、3、4 分别代表抗震等级为特一级、一级、二级、三级或四级，5 代表不考虑抗震构造要求。

此处指定的抗震等级是全楼适用的。通过此处指定的抗震等级，SATWE 将自动对全楼所有构件的抗震等级赋初值。依据《抗规》《高规》等相关条文，某些部位或构件的抗震等级可能还需要在此基础上进行单独调整，SATWE 将自动对这部分构件的抗震等级进行调整。对于少数未能涵盖的特殊情况，用户可通过"前处理及计算"菜单中的"特殊构件补充定义"选项组进行单构件的补充指定，以满足工程需求。

对于混凝土框架和钢框架，程序会按照材料进行区分：纯钢截面的构件，取钢框架的抗震等级；混凝土或钢与混凝土混合截面的构件，取混凝土框架的抗震等级。

（21）抗震构造措施的抗震等级。

在某些情况下，结构的抗震构造措施的抗震等级可能与抗震措施的抗震等级不同。用户应根据工程的设防类别查找相应的规范，以确定抗震构造措施等级。当抗震构造措施的抗震等级与抗震措施的抗震等级不一致时，在配筋文件中会输出此项信息。

（22）悬挑梁默认取框梁抗震等级。

如果不选中该选项，程序将默认按次梁选取悬挑梁抗震等级；如果选中该选项，悬挑梁的抗震等级默认同主框架梁的抗震等级。程序默认不选中该选项。

（23）降低嵌固端以下抗震构造措施的抗震等级。

根据《抗规》第 6.1.3-3 条的规定：当地下室顶板作为上部结构的嵌固部位时，地下一层的抗震等级应与上部结构相同，地下一层以下抗震构造措施的抗震等级可逐层降低一级，但不应低于四级。当选中该选项之后，程序将自动按照《抗规》规定执行，用户无须在"设计模型补充定义"中单独指定相应楼层构件的抗震构造措施的抗震等级。

（24）部分框支剪力墙底部加强区剪力墙抗震等级自动提高一级。

根据《高规》表 3.9.3、表 3.9.4，部分框支剪力墙结构底部加强区和非底部加强区的剪力墙抗震等级可能不同。

对于部分框支剪力墙结构，如果用户在"地震信息"选项卡的"剪力墙抗震等级"中填入部分框支剪力墙结构中一般部位剪力墙的抗震等级，并在此选中了"部分框支剪力墙底部加强区剪力墙抗震等级自动提高一级"，程序将自动对底部加强区的剪力墙抗震等级提高一级。

（25）按主振型确定地震内力符号。

按照《抗规》式（5.2.3-5）确定地震作用效应时，公式本身并不含符号，因此地震作用效应的符号需要单独指定。SATWE 的传统规则为：在确定某一内力分量时，取各振型下该分量绝对值最大的符号作为 CQC 计算以后的内力符号；而当选用该参数时，程序根据主振型下地震效应的符号确定考虑扭转耦联后的效应符号，其优点是确保地震效应符号的一致性，但由于牵扯到主振型的选取，因此在多塔结构中的应用有待进一步研究。

（26）程序自动考虑最不利水平地震作用。

在旧版软件中，当用户需要考虑最不利水平地震作用时，必须先进行一次计算，并在 WZQ.OUT 文件中查看最不利地震角度，然后回填到附加地震相应角度进行第二次计算。而当用户选中自动考虑最不利水平地震作用后，程序将自动完成最不利水平地震作用方向的地震效应计算，即能一次完成计算，而无须手动回填。

（27）工业设备反应谱法与规范简化方法的底部剪力最小比例。

该项参数用来确定反应谱放大计算工业设备地震作用的最小值。此比例值是程序自动将设备的底部剪力放大至规范简化方法的底部剪力的比例倍数。

（28）斜交抗侧力构件方向附加地震数、相应角度。

《抗规》第 5.1.1 条规定：有斜交抗侧力构件的结构，当相交角度大于 15° 时，应分别计算各抗侧力构件方向的水平地震作用。

用户可在此处指定附加地震方向。"斜交抗侧力构件方向附加地震数"可在 0 ~ 5 之间取值。

"相应角度"是指与整体坐标系 X 轴正方向的夹角，单位为度，逆时针方向为正。在"相应角度"输入框内填入各角度值，各角度值之间以逗号或空格隔开。

每个角度代表一组地震，如"斜交抗侧力构件方向附加地震数"填入"1"，"相应角度"填入"30"时，SATWE 将新增 E_{Xn} 与 E_{Yn} 两个方向的地震，它们分别沿 30° 和 120° 两个方向。当不需要考虑附加地震时，将"斜交抗侧力构件方向附加地震数"填"0"即可。

（29）同时考虑相应角度的风荷载。

该选项主要有两种用途：一种是改进过去对于多角度地震与风的组合方式，可使地震与风总是保持同向组合；另一种更常用的用途是满足对于复杂工程的风荷载计算需要，可根据结构体型进行多角度计算，或根据风洞实验结果一次输入多角度风荷载。

程序自动计算时，其计算方法和流程与普通水平风荷载类似。进行风洞实验数据的输入时，需首先指定附加角度的数量和相应角度，然后选择"导入风洞实验数据"选项切换到相应角度页进行输入。程序提供整体坐标系和局部坐标系两种输入方式，其余操作与旧版软件类似。

承载力设计时风荷载效应放大系数对多方向风也起作用。当用户选中横风向风振和扭转风振时，仅 X 向风和 Y 向风计算横风向风振和扭转风振，附加方向不计算。此外，当选中"程序自动考虑最不利水平地震作用"时，目前程序暂不支持"同时考虑相应角度的风荷载"，因此只能与 0° 和 90° 风荷载进行组合。

5. 隔震信息

"隔震信息"选项卡如图 4.12 所示。该选项卡中的参数和选项介绍如下。

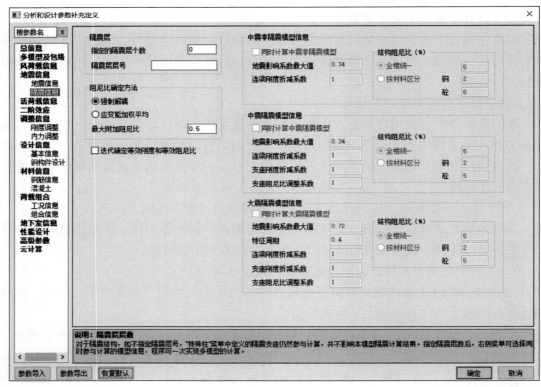

图4.12　"隔震信息"选项卡

（1）指定的隔震层个数、隔震层层号。

对于隔震结构，如不指定隔震层层号，"前处理及计算"|"特殊构件补充定义"|"特殊柱"中定义的隔震支座仍然参与计算，并不影响隔震计算结果，因此该参数主要起标识作用。指定隔震层个数后，右侧会显示中震非隔震模型信息菜单、中震隔震模型信息菜单、大震隔震模型信息菜单，可选择同时参与计算的模型信息，程序可一次实现多模型的计算。

（2）阻尼比确定方法。

当采用振型分解反应谱法时，程序提供了两种方法确定振型阻尼比，即强制解耦法和应变能加权平均法。采用强制解耦法时，高阶振型的阻尼比可能偏大，因此程序提供了"最大附加阻尼比"参数，用户可通过该参数控制附加的最大阻尼比。

（3）迭代确定等效刚度和等效阻尼比。

选中此选项，程序将自动通过迭代计算确定每个隔震支座的等效刚度和等效阻尼比。在这之前，程序需要用户定义每个隔震支座的水平初始刚度、屈服力和屈服后刚度。

（4）隔震结构的多模型计算。

按照隔震结构设计相关规范、规程的规定，隔震结构的不同部位，在设计中往往需要取用不同的地震作用水准进行设计、验算。程序提供的"多模型"（包括中震非隔震模型、中震隔震模型、大震隔震模型）计算模式，增加了隔震结构的多模型计算功能。

6. 活荷载信息

"活荷载信息"选项卡如图 4.13 所示。该选项卡中的参数和选项介绍如下。

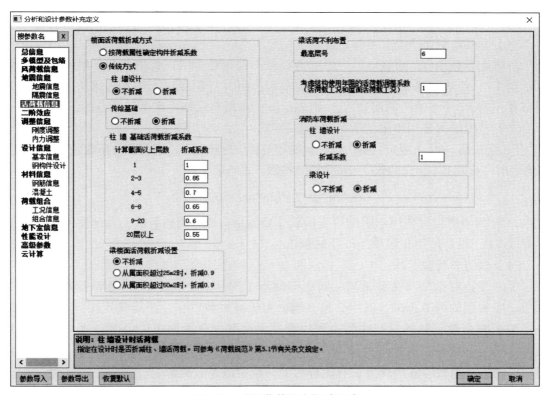

图4.13　"活荷载信息"选项卡

（1）楼面活荷载折减方式。

楼面活荷载折减方式有"按荷载属性确定构件折减系数"与"传统方式"两个选项。

使用"按荷载属性确定构件折减系数"时，需根据实际情况，在 PMCAD 结构建模中"荷载布置"菜单的"楼板活荷载类型"选项中定义房间属性，对于未定义属性的房间，程序默认按住宅处理。

（2）柱、墙、基础设计时活荷载是否折减。

根据《荷载规范》第5.1.2条的规定，设计柱、墙及基础时，可对楼面活荷载进行折减。

为了避免活荷载在 PMCAD 和 SATWE 中出现重复折减的情况，建议用户当使用 SATWE 进行结构计算时，不要在 PMCAD 中进行活荷载折减，而是统一在 SATWE 中设置柱、墙及基础的活荷载折减系数。

此处的"传给基础"是否折减仅用于 SATWE 设计结果的文本及图形输出，在接力 JCCAD 时，SATWE 传递的内力为没有折减的标准内力，由用户在 JCCAD 中另行指定折减信息。

（3）柱、墙、基础活荷载折减系数。

此选项分为 6 个档位给出了"计算截面以上层数"和相应的"折减系数"，这些参数是根据《荷载规范》给出的隐含值，用户可以修改。

（4）梁楼面活荷载折减设置。

用户可以根据实际情况选择不折减或者相应的折减方式。

（5）梁活荷载（活荷）不利布置最高层号。

若将此参数填 0，则表示不考虑梁活荷载不利布置作用；若填入大于零的数 N_L，则表示对 $1 \sim N_L$ 各层考虑梁活荷载的不利布置，而 N_{L+1} 层及以上则不考虑梁活荷载的不利布置；若 N_L 等于结构的层数 N_{st}，则表示对全楼所有层都考虑梁活荷载的不利布置。

（6）考虑结构使用年限的活荷载调整系数。

《高规》第5.6.1条规定：持久设计状况和短暂设计状况下，当荷载与荷载效应按线性关系考虑时，荷载基本组合的效应设计值应该按照下式确定。

$$S_d = \gamma_G S_{Gk} + \gamma_L \psi_Q \gamma_Q S_{Qk} + \psi_w \gamma_w S_{wk}$$

式中，γ_L 为考虑设计使用年限的可变荷载（楼面活荷载）调整系数，设计使用年限为 50 年时取 1.0，设计使用年限为 100 年时取 1.1。

（7）消防车荷载折减。

程序支持对消防车荷载折减，对于消防车工况，SATWE 可与楼面活荷载类似，考虑柱、墙和梁的内力折减。其中，柱、墙内力折减系数可在"活荷载信息"选项卡指定全楼的折减系数，梁的折减系数由程序根据《荷载规范》第5.1.2-1第3条自动确定默认值。用户可选择"前处理及计算"|"荷载补充"|"活荷折减"，对柱、墙、基础指定单构件的折减系数，其操作方法和流程与活荷载折减系数类似。

7. 二阶效应

"二阶效应"选项卡如图 4.14 所示。该选项卡中的参数和选项介绍如下。

（1）钢构件设计方法。

该参数共有 3 个选项："一阶弹性设计方法""二阶弹性设计方法"与"弹性直接分析设计方法"。

① 一阶弹性设计方法、二阶弹性设计方法。

《高钢规》第 7.3.2-1 条规定：结构内力分析可采用一阶线弹性分析或二阶线弹性分析。当二阶效应系数大于 0.1 时，宜采用二阶线弹性分析。二阶效应系数不应大于 0.2。

当采用二阶弹性设计方法时，须同时选中"柱长度系数置 1.0"和"考虑结构整体缺陷"选项，且"结构二阶效应计算方法"应该选择"直接几何刚度法"或"内力放大法"。

② 弹性直接分析设计方法。

根据《钢结构设计标准》（GB 50017—2017）（以下简称《钢标》）第 5 章规定，直接分析可以分为考虑材料进入塑性的弹塑性直接分析和不考虑材料进入塑性的弹性直接分析。弹性直接分析除不考虑材料的非线性因素外，需要考虑几何非线性、结构整体缺陷、结构构件缺陷。

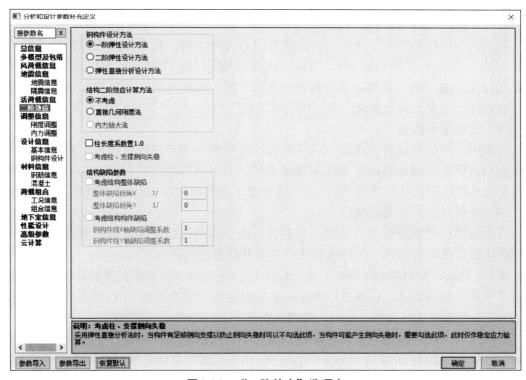

图4.14　"二阶效应"选项卡

当选择"弹性直接分析设计方法"选项时，"结构二阶效应计算方法"可以选择"直接几何刚度法"或"内力放大法"，程序默认为"直接几何刚度法"，默认"柱长度系数置 1.0"，默认考虑结构缺陷参数。

选择"弹性直接分析设计法"后，程序默认一定要考虑结构整体初始缺陷，程序会自动增加整体缺陷荷载工况 1 和整体缺陷荷载工况 2。

当选择"弹性直接分析设计法"时，程序在分析部分会增加两个整体缺陷荷载工况的计算。

注意事项

如果结构中存在冷弯薄壁型钢构件或者格构柱构件，即使选择了"弹性直接分析设计方法"，对于这两类构件也不会对设计内力进行考虑构件缺陷和 $P-\Delta$ 效应的放大，并且不会按照《钢标》第 5 章的公式验算，而仍然按照考虑受压稳定系数的公式验算承载力。

（2）结构二阶效应计算方法。

结构二阶效应计算方法共有 3 个选项："不考虑""直接几何刚度法""内力放大法"。

其中"直接几何刚度法"即旧版软件中的"考虑 $P-\Delta$ 效应"，"内力放大法"可参考《高钢规》第 7.3.2-2 条及《高规》第 5.4.3 条规定，程序对框架和非框架结构分别采用相应公式计算内力放大系数。

当"钢构件设计方法"选中"一阶弹性设计方法"时，程序允许在"结构二阶效应计算方法"中选择"不考虑"和"直接几何刚度法"；当"钢构件设计方法"选中"二阶弹性设计方法"或"弹性直接分析设计方法"时，程序允许在"结构二阶效应计算方法"中选择"直接几何刚度法"和"内力放大法"。

（3）柱长度系数置 1.0。

当采用一阶弹性设计方法时，应考虑柱长度系数。用户在进行研究或对比时也可选中此选项，但不能随意将此结果作为设计依据。当采用二阶弹性设计方法时，程序将强制选中此选项，即将柱长度系数置 1.0，可参考《高钢规》第 7.3.2-2 条规定。

（4）考虑柱、支撑侧向失稳。

当采用弹性直接分析设计法时，在验算阶段不需要进行考虑计算长度系数的柱、支撑的受压稳定承载力验算，但构造要求的验算和控制仍需进行。

其中，钢梁、钢柱除按《钢标》式（5.5.7-1）进行无侧向失稳的强度验算外，如果没有限制平面外失稳的措施，仍需进行考虑可能侧向失稳的应力验算［式（5.5.7-2）］。钢梁、钢柱是否有限制平面外失稳的措施，由用户确定。

如果模型中存在混凝土构件，截面内力可不进行修正，构件设计仍然执行《混凝土结构设计规范（2015 年版）》（GB 50010—2010）（以下简称《混凝土规范》）中混凝土构件设计的要求。

（5）结构缺陷参数。

采用二阶弹性设计方法时，应考虑结构缺陷，可参考《高钢规》第 7.3.2 条式（7.3.2-2）。程序开放"整体缺陷倾角"参数，其默认值为"1/250"，用户可进行修改。

8. 刚度调整

"刚度调整"选项卡如图 4.15 所示。该选项卡中的主要参数和选项介绍如下。

（1）梁刚度调整。

① 梁刚度放大系数按 2010 规范取值。

当考虑楼板作为翼缘对梁刚度的贡献时，对于每根梁，由于截面尺寸和楼板厚度等的差异，其刚度放大系数可能各不相同。SATWE 提供了"梁刚度放大系数按 2010 规范取值"选项，选中此选项后，程序将根据《混凝土规范》第 5.2.4 条的表 5.2.4，自动计算每根梁的楼板有效翼缘宽度，按照 T 形截面与梁截面的刚度比例，确定每根梁的刚度放大系数。

② 采用梁刚度放大系数 B_k。

为了考虑楼板作为翼缘对梁刚度和承载力的影响，SATWE 采用梁刚度放大系数对梁刚度进行放大，从而近似考虑楼板对梁刚度的贡献。

刚度放大系数 B_k 一般可在 1.0 ～ 2.0 之间取值，程序默认值为 2.0。

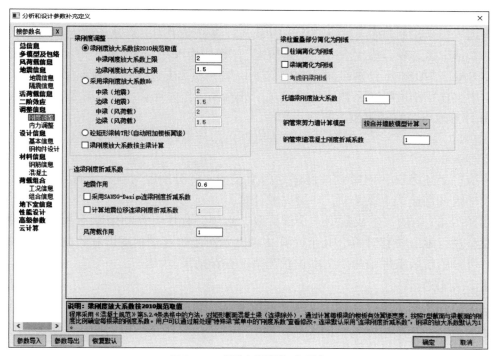

图4.15　"刚度调整"选项卡

③ 混凝土（砼）矩形梁转 T 形（自动附加楼板翼缘）。

《混凝土规范》第 5.2.4 条规定：对现浇楼盖和装配整体式楼盖，宜考虑楼板作为翼缘对梁刚度和承载力的影响。新版软件新增此项功能，以提供承载力设计时考虑楼板作为梁翼缘的功能。当选中此选项时，程序将自动将所有混凝土梁矩形截面转换成 T 形截面，在刚度计算和承载力设计时均采用新的 T 形截面，此时梁刚度放大系数将自动置为 1，翼缘宽度的确定采用《混凝土规范》表 5.2.4 的方法。

④ 梁刚度放大系数按主梁计算。

选择"梁刚度放大系数按 2010 规范取值"或"混凝土（砼）矩形梁转 T 形（自动附加楼板翼缘）"时，对于被次梁打断成多段的主梁，既可以选择按照打断后的多段梁分别计算每段的刚度放大系数，也可以按照整根主梁来进行计算。当选中此选项时，程序将自动进行主梁搜索并据此进行刚度放大系数的计算。

（2）连梁刚度折减系数。

① 地震作用。

多、高层结构设计中允许连梁开裂，开裂后连梁的刚度会有所降低，程序中通过连梁刚度折减系数来反映开裂后的连梁刚度。为避免连梁开裂过大，此系数不宜取值过小，一般不宜小于 0.5。

《高规》第 5.2.1 条规定：高层建筑结构地震作用效应计算时，可对剪力墙连梁刚度予以折减，折减系数不宜小于 0.5。指定该折减系数后，程序在计算时只在集成地震作用计算刚度矩阵时进行连梁刚度折减，竖向荷载和风荷载计算时连梁刚度不予折减。

② 采用 SAUSG-Design 连梁刚度折减系数。

该选项用来控制是否采用 SAUSG-Design 计算的连梁刚度折减系数。

如果选中该选项，程序会在 "计算模型" | "模型修改" | "设计属性" | "刚度折减系数" 中采用 SAUSG-Design 计算结果作为默认值；如果不选中该选项，则程序仍选用 "调整信息" 中 "连梁刚度折减系数 – 地震作用" 的输入值作为连梁刚度折减系数的默认值。

③ 计算地震位移连梁刚度折减系数。

《抗规》第 6.2.13-2 条规定：抗震墙地震内力计算时，连梁的刚度可折减，折减系数不宜小于 0.50。

若执行上述条文，旧版软件需建立两个模型，并分别取对应的指标作为设计结果，新版软件则可直接选中该选项，一键完成计算。

选择图 4.1 中的 "生成数据 + 全部计算" 选项，程序将自动采用不考虑连梁刚度折减的模型进行地震位移计算，其余计算结果仍采用考虑连梁刚度折减的模型。计算完成以后，可采用新版软件中的 "文本查看" 菜单查看结果。

④ 风荷载作用。

若风荷载作用水准提高到 100 年一遇或更高，在承载力设计时，应允许一定程度地考虑连梁刚度的弹塑性退化，即允许连梁刚度折减，以便整个结构的设计内力分布更贴近实际，连梁本身也更容易设计。

用户可以通过该参数指定风荷载作用下全楼统一的连梁刚度折减系数，该参数对开洞剪力墙上方的墙梁及具有连梁属性的框架梁有效，不用与梁刚度放大系数连乘。风荷载作用下的内力计算采用折减后的连梁刚度，位移计算不考虑连梁刚度折减。

（3）梁柱重叠部分简化为刚域。

① 柱端简化为刚域。

选中该选项可对柱端刚域独立控制。

② 梁端简化为刚域。

选中该选项可对梁端刚域独立控制。

③ 考虑钢梁刚域。

当钢梁端部与钢管混凝土柱或者型钢混凝土柱相连时，程序默认地生成 0.4 倍柱直径的梁端刚域；当钢梁端部与其他截面柱相连时，程序默认不生成钢梁端的刚域。用户也可以根据需要在分析模型的设计属性补充修改中交互修改每个钢梁的刚域。

（4）托墙梁刚度放大系数。

为了适应工程中"转换大梁上托剪力墙"的情况，使得墙与梁之间实际的协调工作关系在计算模型中得到充分体现，程序考虑了托墙梁刚度放大系数。

当考虑托墙梁刚度放大时，转换层附近的超筋情况（若有）通常可以缓解。但是为了使设计保留一定的富余度，建议不考虑或少考虑托墙梁刚度放大。

考虑该参数时，用户只需指定托墙梁刚度放大系数，托墙梁段的搜索由程序自动完成。这里所说的"托墙梁段"在概念上不同于规范中的"转换梁"，"托墙梁段"特指转换梁与剪力墙"墙柱"部分直接相接、共同工作的部分，比如转换梁上托开门洞或窗洞的剪力墙，对洞口下的梁段，程序不会判断为"托墙梁段"，因此也不做刚度放大。

（5）钢管束剪力墙计算模型。

该下拉菜单共有3个选项，分别为："按拆分墙肢模型计算""按合并墙肢模型计算""双模型计算"。

程序既支持按拆分墙肢模型计算，也支持按合并墙肢模型计算，还支持两种模型包络设计，主模型则采用合并模型。此时，平面外稳定计算、正则化宽厚比、长细比和混凝土承担系数，均取各个分肢的较大值。

（6）钢管束墙混凝土刚度折减系数。

当结构中存在钢管束剪力墙时，可通过该参数对钢管束内部填充的混凝土刚度进行折减。该参数仅用于特定版本。

9. 内力调整

"内力调整"选项卡如图4.16所示。该选项卡中的参数和选项介绍如下。

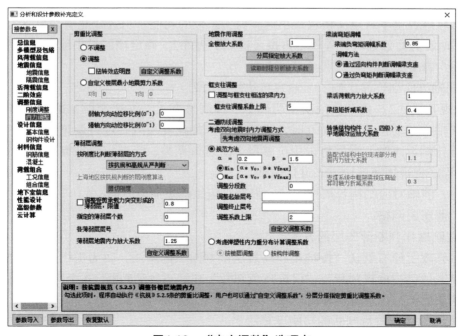

图4.16　"内力调整"选项卡

（1）剪重比调整。

① 不调整、调整、自定义调整系数。

《抗规》第 5.2.5 条规定：抗震验算时，结构任意楼层的水平地震的剪重比不应小于表 5.2.5 给出的最小地震剪力系数 λ。

如果用户选中"不调整"项，程序将不会对剪重比进行调整。如果用户选中"调整"项，程序将自动进行调整。用户也可单击"自定义调整系数"按钮，分层分塔指定剪重比调整系数。"剪重比调整系数定义对话框"对话框如图 4.17 所示。

图4.17　"剪重比调整系数定义对话框"对话框

② 扭转效应明显。

该参数用来标记结构的扭转效应是否明显。当选中该项时，楼层最小地震剪力系数取《抗规》表 5.2.5 第一行的数值，无论结构基本周期是否小于 3.5s。

③ 自定义楼层最小地震剪力系数。

新版软件提供了自定义楼层最小地震剪力系数的功能。当选择此项并填入恰当的 X、Y 向最小地震剪力系数时，程序不再按《抗规》表 5.2.5 确定楼层最小地震剪力系数，而是执行用户自定义值。

④ 弱轴方向动位移比例、强轴方向动位移比例。

《抗规》第 5.2.5 条条文说明中明确了 3 种调整方式：加速度段、速度段和位移段。当弱、强轴方向动位移比例填 0 时，程序将采取加速度段方式进行调整；当弱、强轴方向动位移比例填 1 时，程序将采用位移段方式进行调整；当弱、强轴方向动位移比例填 0.5 时，程序将采用速度段方式进行调整。

其中，弱轴对应结构长周期方向，强轴对应结构短周期方向。

（2）薄弱层调整。

① 按刚度比判断薄弱层的方式。

程序修改了原有默认"按抗规和高规从严判断"的做法，改为提供"按抗规和高规从严判断""仅按抗规判断""仅按高规判断"和"不自动判断"4 个选项供用户选择。程序的默认值仍为"按抗规和高规从严判断"。

② 上海地区按抗规判断的层刚度算法。

按照上海市工程建设规范《建筑抗震设计规程》（DGJ08—9—2013）建议，一般情况下采用等效剪切刚度计算侧向刚度，对于带支撑的结构可采用剪弯刚度，因此程序提供了这一选项。在"总信息"选项卡中，选取"执行规范"为"上海"，并且在"内力调整"选项卡中选取"按刚度比判断薄弱层的方式"为"仅按抗规判断"，该选项生效。

③ 调整受剪承载力突变形成的薄弱层。

《高规》第3.5.3条规定：A级高度高层建筑的楼层抗侧力结构的层间受剪承载力不宜小于其相邻上一层受剪承载力的80%，不应小于其相邻上一层受剪承载力的65%；B级高度高层建筑的楼层抗侧力结构的层间受剪承载力不应小于其相邻上一层受剪承载力的75%。

当选中该参数时，对于受剪承载力不满足《高规》第3.5.3条要求的楼层，程序会自动将该层指定为薄弱层，执行薄弱层相关的内力调整，并重新进行配筋设计。若该层已被用户指定为薄弱层，则程序不会对该层重复进行内力调整。

④ 指定的薄弱层个数、各薄弱层层号。

SATWE会自动按楼层刚度比判断薄弱层并对薄弱层进行地震内力放大，但对于竖向抗侧力构件不连续或承载力变化不满足要求的楼层，不能自动判断为薄弱层，而需要用户在此指定。填入薄弱层层号后，程序会对薄弱层构件的地震作用内力按"薄弱层地震内力放大系数"进行放大。输入各薄弱层层号时以逗号或空格隔开。

多塔结构还可在"前处理及计算"|"多塔"|"层塔属性"中分塔指定薄弱层。

⑤ 薄弱层地震内力放大系数、自定义调整系数。

《抗规》第3.4.4-2条规定：薄弱层的地震剪力增大系数不小于1.15。《高规》第3.5.8条规定：地震作用标准值的剪力应乘以1.25的增大系数。SATWE对薄弱层地震剪力调整的做法是直接放大薄弱层构件的地震作用内力。"薄弱层地震内力放大系数"即由用户指定放大系数，以满足不同需求。程序中"薄弱层地震内力放大系数"的默认值为1.25。

用户也可单击"自定义调整系数"按钮，分层分塔指定薄弱层调整系数。自定义信息记录在"SATINPUTWEAK.PM"文件中，填写方式同剪重比的"自定义调整系数"。

（3）地震作用调整。

① 全楼放大系数。

程序支持全楼地震作用放大系数，用户可通过"全楼放大系数"参数来放大全楼地震作用，提高结构的抗震安全度，其经验取值范围是1.0～1.5。

② 分层指定放大系数。

程序还支持分层分塔地震效应放大系数，用户可通过"分层指定放大系数"分层分塔调整地震作用，并记录在"SATADJUSTFLOORCOEF.PM"文件中，其填写方式同剪重比的"自定义调整系数"。旧版软件的"顶塔楼地震作用放大起算层号及放大系数"会自动读取并作为初值写到文件中。

用户通过"结构的弹性动力时程分析"程序计算后，程序会给出各层地震力放大系数建议值，如图4.18所示。用户可以将其反填在这里重新计算，使作用在结构上的地震作用为弹性动力时程分析和CQC计算方法的包络值。

用户自定义的分层分塔地震效应放大系数，即在放大地震内力的同时，对地震位移也进行放大。

```
===========各层地震力放大系数建议值===========

Floor    Tower    Coef_Seis_X    Coef_Seis_Y
  1        1          1.55           1.32
  2        1          1.63           1.34
  3        1          1.80           1.36
  4        1          1.99           1.48
  5        1          1.17           1.49
  6        1          1.29           1.61
  7        1          1.33           1.66
  8        1          1.48           1.69
  9        1          1.54           1.70
 10        1          1.42           1.59
```

图4.18　各层地震力放大系数建议值

③ 读取时程分析放大系数。

按照《抗规》和《高规》要求，对于一些高层建筑应采用弹性时程分析法进行补充验算。SATWE 的弹性时程分析功能会提供分层分塔地震效应放大系数。弹性时程分析计算完成后，单击"读取时程分析放大系数"按钮，程序将自动读取弹性时程分析得到的地震效应放大系数作为最新的分层地震效应放大系数。

（4）框支柱调整。

① 调整与框支柱相连的梁内力。

《高规》第 10.2.17 条条文说明规定：框支柱剪力调整后，应相应调整框支柱的弯矩及柱端框架梁的剪力和弯矩。程序自动对框支柱的剪力和弯矩进行调整，与框支柱相连的框架梁的剪力和弯矩是否进行相应调整，由设计人员决定，一般通过此项参数进行控制。

② 框支柱调整系数上限。

由于程序计算的建议调整系数和框支柱的调整系数值可能很大，用户可设置调整系数的上限值，这样程序进行相应调整时，采用的调整系数将不会超过这个上限值。程序默认的"框支柱调整系数上限"为 2.0，"框支柱调整系数上限"的最大值为 5.0，用户可以自行修改。

（5）二道防线调整。

① 考虑双向地震时内力调整方式。

该选项下拉菜单给出了两个选项："先调整再考虑双向地震""先考虑双向地震再调整"。用户可根据实际的设计需要自行选择。程序默认为"先考虑双向地震再调整"。

先考虑双向地震再调整：针对框架 – 剪力墙结构和框架 – 核心筒结构中的框架结构部分，在水平地震作用下，由于框架部分和剪力墙的抗侧刚度相差较大，通常框架部分所受的剪力较少，为了保证框架作为第二道防线具有足够的承载力，要进行二道防线设计。

② 规范方法。

规范对于建议值调整的方式是 $0.2V_0$ 和 $1.5V_{f,max}$ 取小值，软件中增加了两者取大值作为一种更安全的调整方式。α、β 分别为地震作用调整前楼层受剪力框架分配系数和框架各层剪力最大值放大系数。对于钢筋混凝土结构或钢 - 混凝土组合结构，α、β 的默认值分别为 0.2 和 1.5；对于钢结构，α、β 的默认值分别为 0.25 和 1.8。

此处也可指定 $0.2V_0$ 调整的分段数、每段的起始层号和终止层号，以空格或逗号隔开。例如，结构分三段调整，第一段为 1 ～ 10 层，第二段为 11 ～ 20 层，第三段为 21 ～ 30 层，则应填入分段数为 3，起始层号为 1，11，21，终止层号为 10，20，30。如果不分段，则分段数填 1。如不进行 $0.2V_0$ 调整，则应将分段数填为 0。

③ 考虑弹塑性内力重分布计算调整系数。

结构的平面、立面布置复杂时，《高规》第 8.1.4 条给出的二道防线调整方法难以适用。《高规》第 8.1.4 条条文说明中指出，对框架柱数量沿竖向变化复杂的结构设计，设计时应专门研究框架柱剪力的调整方法。

工程设计中存在更多复杂的情况，如立面开大洞结构、布置大量斜柱的外立面收进结构、斜网筒结构、连体结构等，这些结构的二道防线结构内力的调整均有必要专门研究计算。

（6）梁端弯矩调幅。

① 梁端负弯矩调幅系数。

在竖向荷载作用下，钢筋混凝土框架梁设计允许考虑混凝土的塑性变形内力重分布，适当减小支座负弯矩，相应增大跨中正弯矩。梁端负弯矩调幅系数可在 0.8 ～ 1.0 范围内取值。

此处指定的是全楼的混凝土梁的调幅系数，用户也可以在"前处理及计算"|"特殊构件补充定义"|"特殊梁"中修改单根梁的调幅系数。另外，钢梁不允许进行调幅。

② 调幅方法。

程序提供两种调幅方法：一种是"通过竖向构件判断调幅梁支座"，在调幅时以竖向支座作为判断主梁跨度的标准，以竖向支座处的负弯矩调幅量插值出跨中各截面的调幅量。另一种是"通过负弯矩判断调幅梁支座"，这是考虑到实际工程中，刚度较大的梁有时也可作为刚度较小的梁的支座存在。程序自动搜索恒荷载下主梁的跨中负弯矩处，也将其作为支座来进行分段调幅。

（7）梁活荷载内力放大系数。

该参数用于考虑活荷载不利布置对梁内力的影响。将活荷作用下的梁内力（包括弯矩、剪力、轴力）进行放大，然后与其他荷载工况进行组合。一般工程建议取值范围为 1.1 ～ 1.2。如果已经考虑了活荷载不利布置，则应填 1。

（8）梁扭矩折减系数。

对于现浇混凝土楼板结构，可以考虑楼板对梁抗扭的作用而对梁的扭矩进行折减。梁扭矩折减系数可在 0.4 ～ 1.0 范围内取值。

此处指定的是全楼板的梁扭矩折减系数，用户也可以在"前处理及计算"|"特殊构件补充定义"|"特殊梁"中修改单根梁的扭矩折减系数。程序默认对弧梁及不与楼板相连的梁不进行梁扭矩折减。

（9）转换结构构件（三、四级）水平地震效应放大系数。

按《抗规》第3.4.4-2-1条要求，转换结构构件的水平地震作用计算内力应乘以 1.25～2.0 的放大系数；按照《高规》第10.2.4条的要求，特一、一、二级的转换结构构件的水平地震作用计算内力应分别乘以增大系数1.9、1.6、1.3。此处填写的数字大于 1.0 时，三、四级转换结构构件的地震内力乘以此放大系数。

（10）装配式结构中的现浇部分地震内力放大系数。

该参数只对装配式结构起作用，如果结构楼层中既有预制又有现浇抗侧力构件时，程序对现浇部分的地震剪力和弯矩乘以此处指定的地震内力放大系数。

（11）支撑系统中框架梁按压弯验算时的轴力折减系数。

支撑系统中框架梁按《钢标》第17.2.4条要求进行性能设计时，考虑到支撑屈曲时不平衡力过大，对此不平衡力的轴向分量进行折减，折减系数参照《抗规》第8.2.6条，取 0.3。

10. 设计信息

"设计信息"选项卡如图4.19所示。该选项卡中的参数和选项介绍如下。

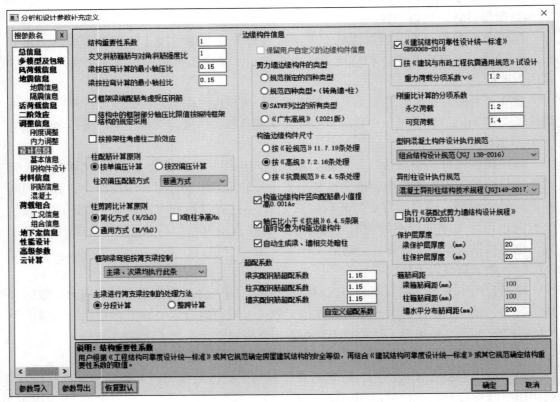

图4.19　"设计信息"选项卡

（1）结构重要性系数。

用户根据《工程结构可靠性设计统一标准》（GB 50153—2008）或其他规范确定房

屋建筑结构的安全等级，再结合《建筑结构可靠性设计统一标准》（GB 50068—2018）或其他规范确定结构重要性系数的取值。

（2）交叉斜筋箍筋与对角斜筋强度比。

此参数用于考虑梁的交叉斜筋方式时的配筋。梁抗剪配筋采用交叉斜筋方式时，箍筋与对角斜筋的配筋强度比。

（3）梁按压弯计算的最小轴压比。

梁承受的轴力一般较小，程序默认按照受弯构件计算。实际工程中某些梁可能承受较大的轴力，此时应按照压弯构件进行计算。该参数用来控制梁按照压弯构件计算的临界轴压比，其默认值为 0.15。当计算轴压比大于该临界值时按照压弯构件计算，此处计算轴压比指的是所有抗震组合和非抗震组合轴压比的最大值。如用户填入"0.0"，则表示梁全部按受弯构件计算。目前程序对混凝土梁和型钢混凝土梁都执行了这一参数。

（4）梁按拉弯计算的最小轴拉比。

该参数用来控制梁按拉弯计算的临界轴拉比，其默认值为 0.15。

（5）框架梁端配筋考虑受压钢筋。

选中此选项，程序将按照《混凝土规范》第 5.4.3 条规定，对非地震作用下调幅梁考虑梁端受压区高度校核，如果不满足要求，程序将自动添加受压钢筋以满足受压区高度要求。

（6）结构中的框架部分轴压比限值按照纯框架结构的规定采用。

根据《高规》第 8.1.3 条规定，对于框架－剪力墙结构，当底层框架部分承受的地震倾覆力矩的比值在一定范围内时，框架部分的轴压比需要按框架结构的规定采用。选中此选项后，程序将一律按纯框架结构的规定控制结构中框架柱的轴压比。除轴压比外，其余设计仍遵循框架－剪力墙结构的规定。

（7）按排架柱考虑柱二阶效应。

选中此选项时，程序将按照《混凝土规范》第 B.0.4 条的方法计算柱轴压力二阶效应，此时柱计算长度系数仍缺省采用底层 1.0、上层 1.25。对于排架结构柱，用户应注意自行修改其长度系数。不选中此选项时，程序将按照《混凝土规范》第 6.2.4 条的规定考虑柱轴压力二阶效应。

（8）柱配筋计算原则。

① 按单偏压计算。

程序按单偏压计算公式分别计算柱两个方向的配筋。

② 按双偏压计算。

程序按双偏压计算公式计算柱两个方向的配筋和角筋。对于用户指定的"角柱"，程序将强制采用"双偏压"进行配筋计算。

③ 柱双偏压配筋方式。

由于双偏压配筋设计是多解的，在有些情况下可能会出现弯矩大的方向配筋数量少，而弯矩小的方向配筋数量反而多的情况。对于双偏压算法本身来说，这样的设计结果是合理的。但考虑到工程设计习惯，程序新增了等比例放大的双偏压配筋方式。该方式中程序会先进行单偏压配筋设计，然后对单偏压的结果进行等比例放大去验算双偏压设计，以此来保证配筋方式和工程设计习惯的一致性。需要注意的是，最终显示给用户的配筋结果不一定和单偏压结果完全成比例，这是由于程序在生成最终配筋结果时，还要考虑一系列构造要求。

（9）柱剪跨比计算原则。

① 简化方式。

对于柱剪跨比的计算方法，简化算法公式为

$$\lambda = H/h_0$$

② 通用方式。

通用算法的公式为

$$\lambda = M/Vh_0$$

式中，H——柱高；

h_0——柱截面有效高度；

M——组合弯矩计算值；

V——组合剪力计算值。

③ H 取柱净高 H_n。

当选择简化方法计算剪跨比时柱高 H 可以考虑取柱净高 H_n 值。

（10）框架梁弯矩按简支梁控制。

该项有 3 个选项可以自行选择："仅主梁执行此条""主梁、次梁均执行此条""主梁、次梁均不执行此条"。程序默认为"主梁、次梁均执行此条"。《高规》第 5.2.3-4 条规定：截面设计时，框架梁跨中截面正弯矩设计值不应小于竖向荷载作用下按简支梁计算的跨中弯矩设计值的 50%。

（11）主梁进行简支梁控制的处理方法。

执行《高规》第 5.2.3-4 条时，对于被次梁打断为多段的主梁，既可选择"分段计算"进行跨中弯矩的控制，也可选择"整跨计算"对整跨主梁进行控制。

（12）边缘构件信息。

① 保留用户自定义的边缘构件信息。

该项用于保留用户在后处理中自定义的边缘构件信息，默认不允许用户选中，只有当用户修改了边缘构件信息才允许用户选中。

② 剪力墙边缘构件的类型。

该项给出了 4 个选项供用户选择："规范指定的四种类型""规范四种类型＋（转角墙＋柱）""SATWE 列出的所有类型""《广东高规》2021 版"。

其中规范规定的 4 种类型为：约束边缘暗柱、约束边缘端柱、约束边缘翼墙、约束边缘转角墙。

③ 构造边缘构件尺寸。

该项给出了 3 个选项供用户选择："按《混凝土（砼）规范》11.7.19 条处理""按《高规》7.2.16 条处理""按《抗震规范》6.4.5 条处理"。

④ 构造边缘构件竖向配筋最小值提高 $0.001A_c$。

《高规》第 7.2.16-4 条规定：抗震设计时，对于连体结构、错层结构以及 B 级高度高层建筑结构中的剪力墙（筒体），其构造边缘构件的最小配筋应按照要求相应提高。

选中该项时，程序将一律按照《高规》第 7.2.16-4 条的要求控制构造边缘构件的最小配筋，即使对于不符合上述条件的结构类型，也进行从严控制；如不选中该项，则程序一律不执行此条规定。

⑤ 轴压比小于《抗规》6.4.5 条限值时设置为构造边缘构件。

《抗规》第 6.4.5-2 条规定：底层墙肢底截面的轴压比大于表 6.4.5-1 规定的一、二、三级抗震墙，以及部分框支抗震墙结构的抗震墙，应在底部加强部位及相邻的上一层设置约束边缘构件，在以上的其他部位可设置构造边缘构件。

选中此选项时，对于约束边缘构件楼层的墙肢，程序自动判断其底层墙肢底截面的轴压比，以确定采用约束边缘构件或构造边缘构件。如不选中此选项，则对于约束边缘构件楼层的墙肢，一律设置约束边缘构件。

⑥ 自动生成梁、墙相交处暗柱。

选中此选项后，程序将按《高规》第 7.1.16 条自动生成梁、墙面外搭接处的暗柱。

（13）超配系数。

对一级框架结构及 9 度时的框架进行强柱弱梁、强剪弱弯调整时，程序通过实配钢筋超配系数来调整计算设计内力以得到实配承载力。该参数同时也用于楼层受剪承载力的计算。用户还可以单击"自定义超配系数"按钮来指定分层分塔的实配钢筋超配系数。

（14）《建筑结构可靠性设计统一标准》（GB 50068—2018）。

选中该项，则执行这一新标准，新标准主要修改了恒、活荷载的分项系数；如不选中参数，则与旧版软件相同。

（15）按《建筑与市政工程抗震通用规范》试设计、重力荷载分项系数 γ_G。

根据《建筑与市政工程抗震通用规范》（GB 55002—2021）要求，地震作用和地震作用组合的分项系数均增大，这一变化将对设计有比较显著的影响。

新版软件增加了"按《建筑与市政工程抗震通用规范》试设计"的功能，便于设计人员提前把握规范更新的影响。

程序中给出了地震效应参与组合中的重力荷载分项系数控制参数，用户可以自行确定，目前其默认值为 1.2。

（16）刚重比计算的分项系数。

此选项可用于修改永久荷载与可变荷载的组合，程序默认永久荷载分项系数为 1.2、可变荷载分项系数为 1.4。

（17）型钢混凝土构件设计执行规范。

可选择按照《组合结构设计规范》（JGJ 138—2016）或《型钢混凝土组合结构技术规程》（JGJ 138—2001）进行设计。

（18）异形柱设计执行规范。

可选择按照《混凝土异形柱结构技术规程》（JGJ 147—2017）或《混凝土异形柱结

构技术规程》（JGJ 147—2006）进行设计。

（19）执行《装配式剪力墙结构设计规程》（DB11/1003—2013）。

计算底部加强区连接承载力增大系数时采用北京市地方标准《装配式剪力墙结构设计规程》（DB11/1003—2013）。

（20）保护层厚度。

保护层厚度从最外层钢筋（包括箍筋、构造筋、分布筋等）的外缘计算。具体的梁、柱保护层厚度按《混凝土规范》第8.2条进行选取。

（21）箍筋间距。

梁、柱箍筋间距强制为100mm，不允许修改。对于箍筋间距非100的情况，用户可对配筋结果进行折算。墙水平分布筋间距单位取mm，可取值100～400。

11. 钢结构设计信息

"钢构件设计信息"选项卡如图4.20所示。该选项卡中的主要参数和选项介绍如下。

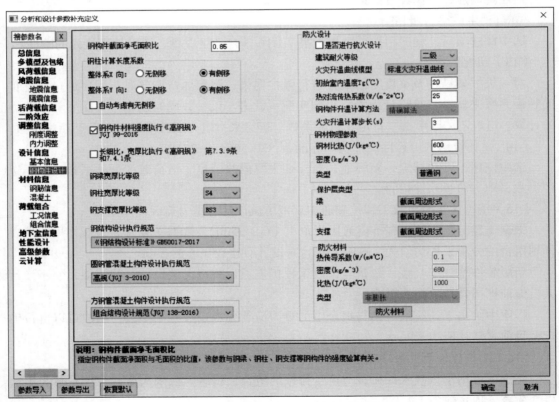

图4.20　"钢构件设计信息"选项卡

（1）钢柱计算长度系数。

① 当选中"有侧移"时，程序将按《钢标》附录E.0.2的公式计算钢柱的长度系数；当选中"无侧移"时，程序将按《钢标》附录E.0.1的公式计算钢柱的长度系数。此处方向同整体坐标系。

② 当选中"自动考虑有无侧移"时，程序将按《钢标》第 8.3.1 条判定钢柱有无侧移。

（2）钢构件材料强度执行《高钢规》（JGJ 99—2015）。

新版《高钢规》对钢材的设计强度进行了修改，并增加了牌号 Q345GJ。针对以上规范修改，新版软件提供选项"钢构件材料强度执行《高钢规》（JGJ 99—2015）"。选中该选项，钢构件材料强度将执行新版《高钢规》的规定，可参考第 4.2.1 条等；不选中该选项时，执行现行《钢标》等相关规定，对于新建工程，程序默认为选中。

（3）长细比，宽厚比执行《高钢规》第 7.3.9 条和 7.4.1 条。

新版《高钢规》对框架柱的长细比和钢框架梁、柱板件宽厚比限值进行了修改。针对以上规范修改，新版软件提供"执行《高钢规》第 7.3.9 条和 7.4.1 条"选项。选中该选项，程序将执行新版《高钢规》第 7.3.9 条考虑框架柱的长细比限值，执行第 7.4.1 条考虑钢框架梁、柱板件宽厚比限值。不选中该选项时，仍按旧版软件执行现行钢结构规范和抗震规范相关规定。

（4）钢梁宽厚比等级、钢柱宽厚比等级、钢支撑宽厚比等级。

根据《钢标》表 3.5.1 钢梁与钢柱等分为 S1 ～ S5 共 5 个截面等级，根据表 3.5.2 钢支撑分为 BS1 ～ BS3 共 3 个宽厚比等级。

（5）钢结构设计执行规范。

相比旧版软件新版软件增加了规范选择参数"《钢结构设计标准》（GB 50017—2017）"，并且保留了参数"《钢结构设计规范》（GB 50017—2003）"。如果选择 2003 版规范，构件设计验算部分将执行 2003 版规范要求。

（6）圆钢管混凝土构件设计执行规范。

该选项提供 4 个规范选项："高规（JGJ 3—2010）""钢管混凝土规范（GB 50936—2014）第 5 章""钢管混凝土规范（GB 50936—2014）第 6 章"和"组合结构设计规范（JGJ 138—2016）"。选择"高规（JGJ 3—2010）"时与旧版软件一致，程序以《高规》方法为主，局部参考《钢管混凝土结构设计与施工规程》（CECS 28：90）要求，进行圆钢管混凝土构件设计；选择"钢管混凝土规范（GB 50936—2014）"时，第 5 章和第 6 章两种方法任选其一即可，程序将根据第 5 章和第 6 章的方法分别进行轴心受压承载力、拉弯、压弯、抗剪验算等，并对长细比、套箍指标等进行验算和超限判断，具体可见计算结果输出。

（7）方钢管混凝土构件设计执行规范。

该选项提供 3 个规范选项："矩形钢管混凝土规程（CECS 159：2004）""组合结构设计规范（JGJ 138—2016）""钢管混凝土规范（GB 50936—2014）"。选择"矩形钢管混凝土规程（CECS 159：2004）"时与旧版选用规范一致；选择"组合结构设计规范（JGJ 138—2016）"时，程序将按照该规范第 7 章进行方钢管混凝土构件验算；选择"钢管混凝土规范（GB 50936—2014）"时，程序将按该规范进行钢管混凝土构件验算。

（8）防火设计。

① 是否进行抗火设计。

选中该选项，程序将自动按照《建筑钢结构防火技术规范》（GB 51249—2017）进行抗火设计。

② 建筑耐火等级。

该选项用于指定建筑的耐火等级。可按照《建筑设计防火规范》（GB 50016—2014）的规定确定。

③ 火灾升温曲线模型。

火灾升温曲线模型提供了两个选项："标准火灾升温曲线"（对纤维类物质为主的火灾）和"烃类火灾升温曲线"（对以烃类物质为主的火灾）。该参数用来指定建筑的室内火灾升温曲线。

④ 初始室内温度 T_g。

该参数的含义为：火灾前室内环境的温度（℃），其默认值为 20℃。

⑤ 热对流传热系数。

该参数主要用于钢构件升温计算，其默认值为 25 ［W/（m²·℃）］。钢构件升温计算用到的热对流传热系数是程序自动计算的。

⑥ 钢构件升温计算方法。

为了钢构件升温计算的准确性，程序默认按照《建筑钢结构防火技术规范》（GB 51249—2017）的精确算法进行计算。

火灾下钢构件的温度根据下式进行计算。

$$\Delta T_s = \alpha \times \frac{1}{\rho_s c_s} \times \frac{F}{V} \times (T_g - T_s)\Delta t$$

$$\alpha = \alpha_c + \alpha_r$$

$$\alpha_r = \varepsilon_r \sigma \frac{(T_g + 273)^4 - (T_s + 273)^4}{T_g - T_s}$$

⑦ 火灾升温计算步长。

该参数用于钢构件升温计算，其默认值为 3s，取值不宜大于 5s。

⑧ 钢材物理参数。

钢材比热：指定钢材的比热，该参数主要用于钢构件升温计算，其默认值为 600 ［J/（kg·℃）］。

密度：指定钢材的密度，该参数的默认值为 7800（kg/m³），且不可修改。

类型：该选项主要用于按照荷载比查表得到构件的临界温度。该选项的下拉菜单有"普通钢""耐火钢"两项，用户可根据实际需要的钢材种类选择。

⑨ 保护层类型。

该参数按照构件类型，分别指定防火保护措施类型。参数选择主要影响截面形状系数，从而影响构件升温曲线。"截面周边形式"，即规范中标注的外边缘型保护，是指按照截面实际形状计算形状系数；"截面矩形形式"是指强制按照矩形截面形状系数，即规范中标注的非外边缘型保护。另外，对于梁构件，程序是通过自动判断该构件有无楼板来自动计算梁截面是四面保护还是三面保护的。

⑩ 防火材料。

用户需要先单击"防火材料"按钮，根据防火材料厂家给出的防火材料属性进行填写。对于膨胀性防火材料，程序根据规范的相关公式只给出等效热阻；对于非膨胀性防火材料，程序根据规范的相关公式给出等效热阻和所需保护层厚度。

12. 材料信息

"材料信息"选项卡包括"钢筋信息"和"混凝土"两个选项卡，分别如图 4.21 与图 4.22 所示。

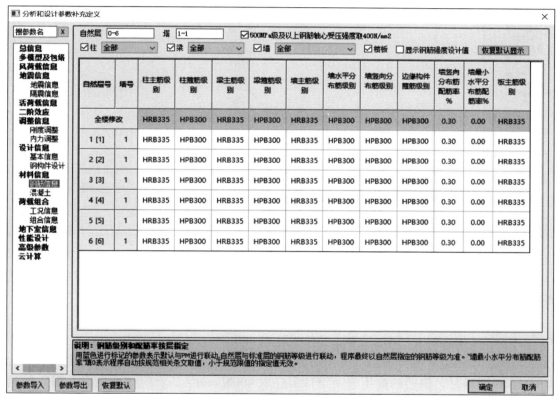

图4.21 "钢筋信息"选项卡

新版软件将全楼钢筋等级参数与按层、塔指定的钢筋等级参数放在同一张表格中，并完善全楼钢筋等级参数与按层、塔钢筋等级参数的联动。

表格的第一列和第二列分别为自然层号和塔号，其中自然层号中用"[]"标记的参数为标准层号。

表格的第二行为全楼钢筋等级参数，主要用来批量修改全楼钢筋等级信息，蓝色字体表示与 PMCAD 进行双向联动的参数。修改全楼钢筋等级参数时，各层参数随之修改，也可对各层、塔参数分别修改，程序计算时采用表中各层、塔对应的信息。

对按层、塔指定的钢筋等级参数，程序对不同参数用颜色进行了标记，红色表示本次用户修改过的参数，黑色表示本次未进行修改过的参数。

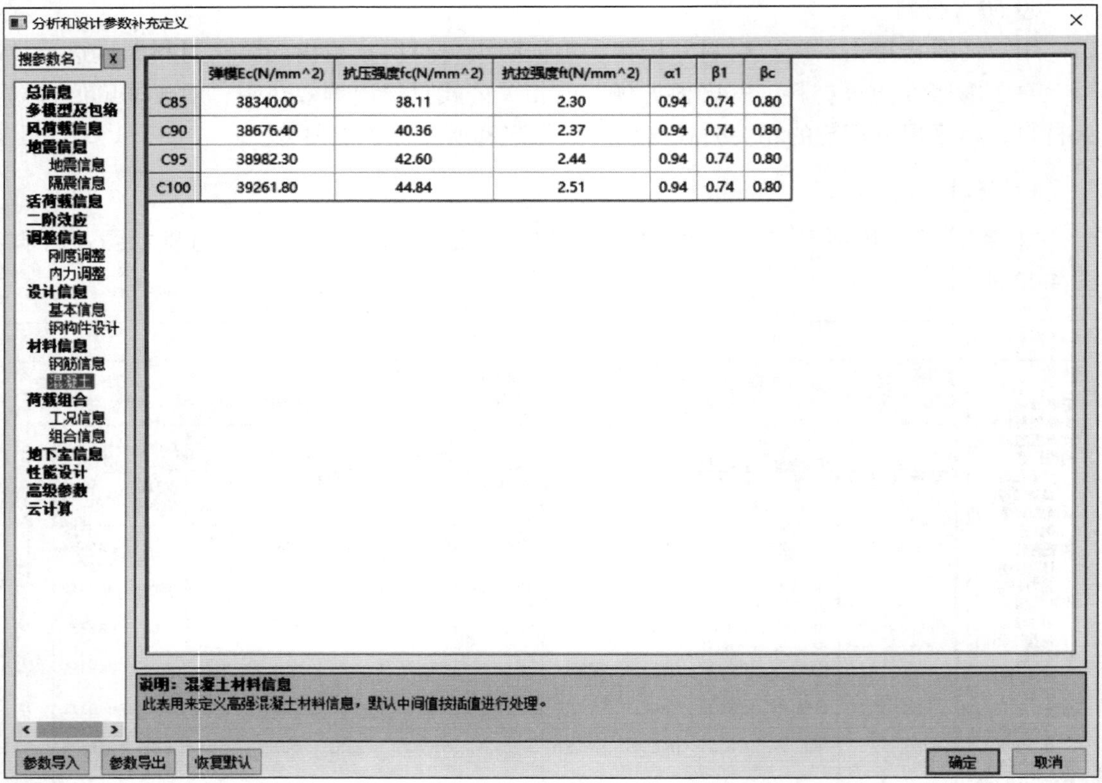

	弹模Ec(N/mm^2)	抗压强度fc(N/mm^2)	抗拉强度ft(N/mm^2)	α1	β1	βc
C85	38340.00	38.11	2.30	0.94	0.74	0.80
C90	38676.40	40.36	2.37	0.94	0.74	0.80
C95	38982.30	42.60	2.44	0.94	0.74	0.80
C100	39261.80	44.84	2.51	0.94	0.74	0.80

图4.22 "混凝土"选项卡

为了方便用户对指定楼层钢筋等级参数的查询，程序增加了按自然层、塔进行查询的功能，同时可以选中梁、柱、墙选项，按构件类型进行显示。

该选项卡中的主要参数介绍如下。

（1）500MPa 及以上级钢筋轴心受压强度取 400N/mm^2。

《混凝土规范》局部修订第 4.2.3 条指出"对轴心受压构件，当采用 HRB500、HRBF500 钢筋时，钢筋的抗压强度设计值应取 400N/mm^2"。针对该项条文，程序增加了选项"500MPa 及以上级钢筋轴心受压强度取 400N/mm^2"，选中该选项后，程序在进行轴心受压承载力验算时，受压强度取 400N/mm^2。

（2）显示钢筋强度设计值。

选中该选项后，下方的钢筋信息中将会显示该等级钢筋的强度设计值。

13. 工况信息

"工况信息"选项卡如图 4.23 所示。

"工况信息"选项卡可集中对各工况的分项系数、组合值系数等参数进行修改，按照永久荷载、可变荷载及地震作用分 3 类进行交互，其中新增工况依据《荷载规范》第 5 章相关条文采用相应的默认值。各分项系数、组合值系数等影响程序默认的组合。

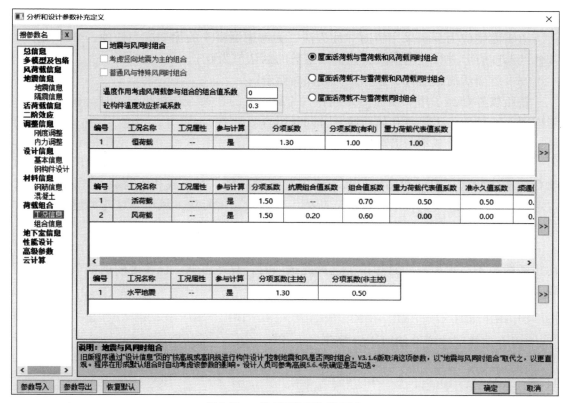

图4.23　"工况信息"选项卡

计算地震作用时，程序默认按照《抗规》第5.1.3条对每个工况设置相应的重力荷载代表值系数，设计人员可在此选项卡查看及修改。该选项卡中的参数和选项介绍如下。

（1）地震与风同时组合。

该选项控制地震和风是否同时组合。程序在形成默认组合时将自动考虑该选项的影响。用户可参考《高规》第5.6.4条确定是否选中。

（2）考虑竖向地震为主的组合。

用户可自行选择是否考虑竖向地震，并可参考《高规》第5.6.4条确定是否考虑此类组合。

（3）普通风与特殊风同时组合。

该选项的含义：认为特殊风是相应方向水平风荷载工况的局部补充。

应用场景：程序自动计算主体结构的X向或Y向风荷载时，局部构件上需补充指定相应的风荷载，此时可通过定义特殊风荷载并选中"普通风与特殊风同时组合"选项来实现。

（4）温度作用考虑风荷载参与组合的组合值系数。

由于温度作用效应通常较大，因此可根据工程实际酌情考虑温度组合方式。温度与恒活荷载的组合值系数在下方表格指定，此处可指定与风荷载同时组合时的组合值系数，其默认值为0，即不与风荷载同时组合。

（5）混凝土（砼）构件温度效应折减系数。

由于温度应力分析采用瞬时弹性方法，为考虑混凝土的徐变应力松弛，可对混凝土构件的温度应力进行适当折减，该折减系数的默认值为 0.3。

（6）屋面活荷载与雪荷载和风荷载同时组合。

新版软件增加了增加屋面活荷载和雪荷载工况的选项。选择此选项时，程序将默认考虑屋面活荷载、雪荷载和风荷载三者同时组合。

（7）屋面活荷载不与雪荷载和风荷载同时组合。

根据《荷载规范》第 5.3.3 条，不上人的屋面活荷载，可不与雪荷载和风荷载同时组合。选择此选项时，程序将默认不考虑屋面活荷载、雪荷载和风荷载三者同时组合，仅考虑屋面活荷载＋雪荷载、屋面活荷载＋风荷载、雪荷载＋风荷载这几类组合。

（8）屋面活荷载不与雪荷载同时组合。

根据《门式刚架轻型房屋钢结构技术规范》（GB 51022—2015）第 4.5.1 条，屋面均布活荷载不与雪荷载同时考虑。选择此选项时，程序将默认仅考虑屋面活荷载＋风荷载、雪荷载＋风荷载这两类组合。

14. 组合信息

"组合信息"选项卡如图 4.24 所示。

图4.24　"组合信息"选项卡

新版软件的建模程序中新增了消防车、屋面活荷载、屋面积灰荷载及雪荷载4种工况，SATWE 相应对工况和组合相关交互方式进行了修改，提供了全新界面。

"组合信息"选项卡可查看程序采用的默认组合，也可采用用户自定义组合。新版软件提供的组合表达方式较旧版软件更为简洁直观，可方便地导入或导出文本格式的组合信息。

其中新增工况的组合方式已默认采用《荷载规范》的相关规定，通常无须用户干预。"工况信息"选项卡修改的相关系数会即时体现在默认组合中，用户可随时查看。

该选项卡中的参数和选项介绍如下。

（1）组合方式。

① 组合类型。

该选项包括"基本组合"和"防火组合"两个选项。

基本组合是属于承载力极限状态设计的荷载效应组合，它包括以永久荷载效应控制组合和可变荷载效应控制组合，荷载效应设计值取两者的大值。

防火组合主要针对钢结构，选择该选项需要用户首先在"钢构件设计"选项卡中选中"防火设计"选项。

② 显示方式。

该选项包括"概念组合"和"细组合"两个选项。

概念组合，每个组合对应多个组合，组合中的工况为概念工况，其中"EX（X向地震）代表具体的工况，如 X 向地震、X 向正负偶然偏心；细组合，每个组合中的工况为真实工况，更便于校核。目前默认按照细组合输出。

（2）自定义工况的组合方式。

"组合方式"选项包括"采用程序默认组合"和"采用用户自定义组合"两种方式。用户可以通过选择"采用用户自定义组合"对工况进行自定义组合。

"默认组合中包含自定义工况参与的组合"，该参数仅对存在自定义工况的工程有效，用来控制是否自动生成自定义工况的组合。

程序对具有相同属性的自定义工况提供了两种组合方式："叠加""轮换"。"叠加"方式指的是具有相同属性的工况在组合中同时出现，"轮换"方式指的是具有相同属性的工况在组合中独立出现。

通过右侧的"导入默认组合""导入自定义组合""增加组合""删除组合""导出组合""工况说明"可以对自定义工况进行导入、增加、删除、导出等操作。

15. 地下室信息

"地下室信息"选项卡如图 4.25 所示。该选项卡中的参数和选项介绍如下。

（1）室外地面与结构最底部的高差 H。

该参数同时控制回填土约束和风荷载计算，填0表示默认值，程序取地下一层顶板到结构最底部的距离。对于回填土约束，H 为正值时，程序按照 H 值计算约束刚度，H 为负值时，计算方式同填 0 一致。风荷载计算时，程序将风压高度变化系数的起算零点取为室外地面，即取起算零点的 Z 坐标为（$Z_{min}+H$），Z_{min} 表示结构最底部的 Z 坐标。H 填负值时，通常用于主体结构顶部附属结构的独立计算。

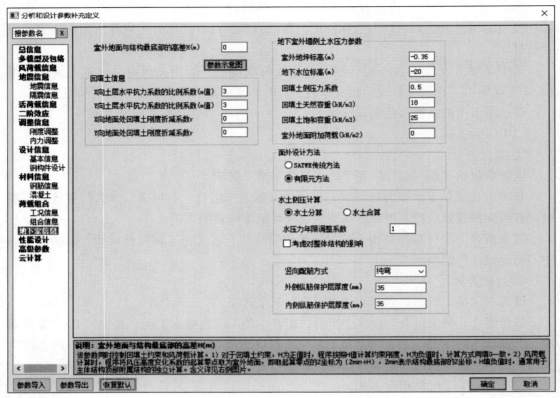

图4.25 "地下室信息"选项卡

（2）回填土信息。

① X、Y 向土层水平抗力系数的比例系数（m 值）。

该参数可以参照《建筑桩基技术规范》（JGJ 94—2008）表 5.7.5 的灌注桩项来取值。m 的取值范围一般为 2.5～100；在少数情况下，中密、密实的沙砾和碎石类土取值可达 100～300。

若用户填入负值 m（m 的绝对值小于或等于地下室层数 M），则认为有 m 层地下室无水平位移。一般情况下，都应按照真实的回填土性质填写相应的 m 值，以体现实际的回填土约束。

地下室回填土约束，一方面可自由指定回填土的高度，不依赖于地下室层数；另一方面可分 X、Y 向指定回填土约束的大小。

② X、Y 向地面处回填土刚度折减系数 r。

该参数主要用来调整室外地面回填土刚度。程序默认计算结构底部的回填土刚度 K（$K=1000mH$），并通过折减系数 r 来调整地面处回填土刚度为 rK。也就是说，回填土刚度的分布允许为矩形（$r=1$）、梯形（$0<r<1$）或三角形（$r=0$）。

当填 0 时，回填土刚度分布为三角形分布。

（3）地下室外墙侧土水压力参数。

① 室外地坪标高、地下水位标高。

这两项参数以结构 ±0.000 标高为准，高则填正值，低则填负值。

② 回填土侧压力系数、回填土天然容重、回填土饱和容重。

这三项参数用于计算地下室外围墙侧土压力。

③ 室外地面附加荷载。

对于室外地面附加荷载，应考虑地面恒荷载和活荷载。活荷载应包括地面上可能的临时荷载。对于室外地面附加荷载分布不均的情况，取最大的附加荷载计算，程序会按侧压力系数转化为侧土压力。

（4）面外设计方法。

程序提供了两种地下室外墙设计方法，一种为 SATWE 传统方法，即延续了旧版软件的计算方法；另一种为有限元方法，即内力计算时采用有限元方法，该方法真实考虑梁、柱等对外墙的约束作用。

（5）水土侧压计算。

① 水土分算、水土合算。

选择"水土分算"选项时，程序将水压力和土压力作为两个工况进行计算（其中，水压力按活荷载考虑，土压力按恒荷载考虑）。选择"水土合算"选项时，程序将水压力和土压力作为一个工况进行计算；水土合算时，不考虑"水压力年限调整系数"，程序的默认值为 1，且该系数栏变灰色，不可修改。

② 考虑对整体结构的影响。

当地下室结构的三面有土压力或处于坡地上的建筑结构由主体结构直接承受土压力时，往往需要考虑土压力对整个结构的影响，而不仅仅是考虑地下室外墙。

选中该选项时，程序将自动增加一个土压力工况，分析外墙荷载作用下结构的内力，设计阶段对于结构中的每个构件，均增加一类恒荷载、活荷载和土压力同时作用的组合，以保证整体结构具有足够的抵抗推力的承载力。

（6）竖向配筋方式。

"竖向配筋方式"包括"纯弯""压弯对称""压弯非对称"3 个选项，程序默认按照"纯弯"计算非对称的形式输出配筋。当地下室层数很少时，也可以选择按照压弯方式计算对称配筋。

（7）内、外侧纵筋保护层厚度。

在地下室外围墙平面外配筋计算时，会用到此参数。

16. 性能设计

"性能设计"选项卡如图 4.26 所示。

基于性能的抗震设计是使设计出的结构在未来的地震灾害下能够维持所要求的性能水平。其中，投资—效益准则和建筑结构目标性能的"个性化"是基于性能的抗震设计的重要思想。基于性能的设计克服了目前《抗规》的局限性。

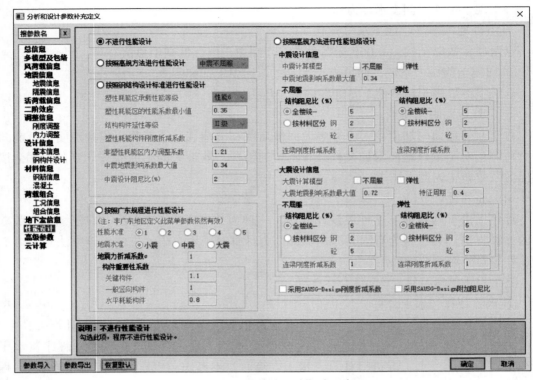

图4.26 "性能设计"选项卡

但由于目前基于性能的抗震设计还处于初级阶段，暂未形成统一的设计规范。因此SATWE就国内的现状给出了以下几种性能设计的选项。

该选项卡中的主要参数介绍如下。

（1）按照高规方法进行性能设计。

该参数同旧版软件的"中震（或大震）设计"，是针对结构抗震性能设计提供的选项。

依据《高规》第3.11节，综合其提出的5类性能水准结构的设计要求，SATWE提供了"中震弹性""中震不屈服""大震弹性""大震不屈服"4种设计方法。选择中震或大震时，"地震影响系数最大值"参数会自动变更为规范规定的中震或大震的地震影响系数最大值，并自动执行如下调整。

① 中震或大震的弹性设计。

与抗震等级有关的增大系数均取为1。

② 中震或大震的不屈服设计。

a. 荷载分项系数均取为1。

b. 与抗震等级有关的增大系数均取为1。

c. 抗震调整系数取为1。

d. 钢筋和混凝土材料强度采用标准值。

（2）按照钢结构设计标准进行性能设计。

只有在"钢构件设计信息"选项卡中，"钢结构设计执行规范"选择 2017 版本的《钢标》时才可以执行选项卡。

选择"按照钢结构设计标准进行性能设计"选项，其参数设置如图 4.27 所示。性能设计的总体思路是采用高延性低承载力思路或者低延性高承载力思路。性能设计的总体思路有两种，即高延性低承载力思路和低延性高承载力思路。

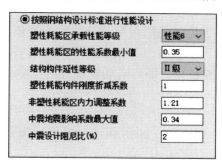

图4.27 "按照钢结构设计标准进行性能设计"参数设置

其中各项参数的含义如下。

① 塑性耗能区承载性能等级、塑性耗能区的性能系数最小值。

"塑性耗能区承载性能等级"的下拉菜单共有 6 个选项，分别是"性能 1""性能 2""性能 3""性能 4""性能 5""性能 6"。程序的默认值取为"性能 6"，此时"塑性耗能区性能系数最小值"为 0.35，折减后的设防烈度地震作用相当于"小震"的地震作用。

② 结构构件延性等级、塑性耗能构件刚度折减系数、非塑性耗能区内力调整系数。

结构构件延性等级分为Ⅰ级、Ⅱ级、Ⅲ级、Ⅳ级、Ⅴ级共 5 个等级，用户可根据结构抗震性能设计的整体思路指定结构构件的延性等级。根据《钢标》第 17 章的要求，按设防烈度计算地震作用时可视情况折减塑性耗能构件的刚度，"塑性耗能构件刚度折减系数"的默认值为 1，"非塑性耗能区内力调整系数"的默认值为 1.21。

③ 中震地震影响系数最大值、中震设计阻尼比。

中震地震影响系数最大值默认值按《抗规》确定，中震设计阻尼比默认值为 2%。

（3）按照广东规程进行性能设计。

根据《广东高规》第 1.0.6 条的规定，当用户需考虑性能设计时，应选中该选项。

① 性能水准、地震水准。

《广东高规》第 3.11.1 条、第 3.11.2 条、第 3.11.3 条规定了结构抗震性能设计的具体要求及设计方法，用户应根据实际情况选择相应的性能水准和地震水准。

② 构件重要性系数。

《广东高规》式（3.11.3-1）规定了构件重要性系数 η 的取值范围，程序默认值为：关键构件取 1.1，一般竖向构件取 1.0，水平耗能构件取 0.8。当用户需要修改或单独指定某些构件的重要性系数时，可在"前处理及设计"|"特殊构件补充定义"|"特殊属性"

菜单下进行操作。

 注意事项

① 非广东地区用户选中此选项，参数依然有效。

② 规范已经废止，现行规范为《高层建筑混凝土结构技术规程》（DBJ/T 15—92—2021）。

（4）按照高规方法进行性能包络设计。

该参数主要用来控制是否进行性能包络设计。当选择该选项时，用户可在下侧参数中根据需要选择多个性能设计子模型，并指定各子模型的相关参数，然后在前处理"性能目标"菜单中指定构件性能目标，即可自动实现针对性能设计的多模型包络。

① 中震设计信息。

a. 中震计算模型。

程序提供了中震不屈服、中震弹性两种性能设计子模型，用户可以根据需要进行选取。

b. 中震地震影响系数最大值。

其含义同"地震信息"选项卡的"水平地震影响系数最大值"参数，程序将根据"结构所在地区"和"设防烈度"及"地震水准"3个参数共同确定。用户可以根据需要进行修改，但需注意上述相关参数在修改时，用户修改的地震影响系数最大值将不被保留，而被自动修复为规范值，用户应注意确认。

c. 结构阻尼比。

程序允许单独指定不同性能设计子模型的结构阻尼比，其参数含义同"地震信息"选项卡的结构阻尼比含义。

d. 连梁刚度折减系数。

程序允许单独指定不同性能设计子模型的连梁刚度折减系数，其参数含义同"调整信息"选项卡中地震作用下的连梁刚度折减系数。

② 大震设计信息。

大震设计信息各项参数与中震设计信息的各项参数类似，此处不再赘述。

③ 采用 SAUSG-Design 刚度折减系数。

该选项仅对 SAUSG-Design 计算过的工程有效。采用 SATWE 的"性能包络设计"功能时，选中此选项，各子模型会自动读取相应地震水准下 SAUSG-Design 计算得到的刚度折减系数。读取得到的结果可在"计算模型"|"模型修改"|"设计属性"菜单下的"刚度折减系数"选项中进行查看。

④ 采用 SAUSG-Design 附加阻尼比。

该功能仅对 SAUSG-Design 计算过的工程有效。采用 SATWE 的"性能包络设计"功能时，选中此选项，各子模型会自动读取相应地震水准下 SAUSG-Design 计算得到的附加阻尼比信息。

17. 高级参数

"高级参数"选项卡如图4.28所示。该选项卡中的主要参数和选项介绍如下。

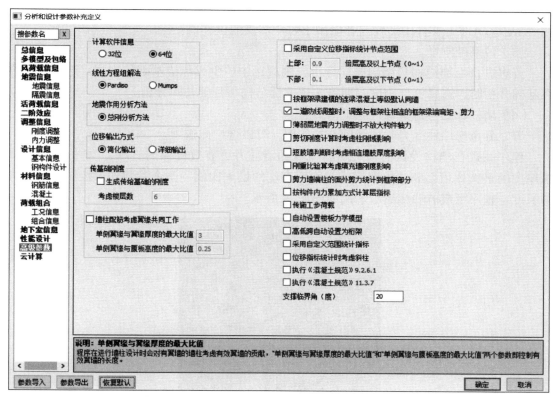

图4.28 "高级参数"选项卡

（1）计算软件信息。

该选项用于修改计算程序的软件位数，程序会自动判断用户计算机的操作系统，并选择相应的计算软件程序。

（2）线性方程组解法。

该选项提供了"Pardiso""Mumps"两种线性方程组求解器。这两种求解器都采用了大型稀疏对称矩阵快速求解方法，且均为并行求解器，当内存充足时，CPU核心数越多，求解效率越高。

"Pardiso"内存需求较"Mumps"稍大，在32位系统下，由于内存容量存在限制，"Pardiso"虽相较于"Mumps"求解更快，但求解规模略小。一般情况下，"Pardiso"求解器均能正确计算，若提示错误，建议更换为"Mumpus"求解器。

（3）地震作用分析方法。

该选项仅包含"总刚分析方法"这一选项。"总刚分析方法"是指按总刚模型进行结构振动分析。

（4）位移输出方式。

该选项有"简化输出"和"详细输出"两个选项。当选择"简化输出"时，在

"WDISP.OUT"文件中仅输出各工况下结构的楼层最大位移值；按总刚模型进行结构振动分析时，在"WZQ.OUT"文件中仅输出周期、地震力。当选择"详细输出"时，则在前述输出的基础上，在"WDISP.OUT"文件中还输出各工况下每个节点的位移值；在"WZQ.OUT"文件中还输出各振型下每个节点的位移值。

（5）传基础刚度。

若想进行上部结构与基础共同分析，则应选中"生成传给基础的刚度"选项。这样在基础分析时，选择上部刚度，即可实现上部结构与基础共同分析。

（6）墙柱配筋考虑翼缘共同工作。

为充分考虑墙柱受力时翼缘的分担作用，可以选中此选项。

程序在进行墙柱设计时，会对有翼缘的墙柱考虑有效翼缘的贡献，"单侧翼缘与翼缘厚度的最大比值"和"单侧翼缘与腹板高度的最大比值"两个参数即可控制有效翼缘的长度。程序生成的墙柱翼缘示例如图 4.29 所示。

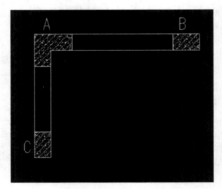

图4.29　墙柱翼缘示例

（7）采用自定义位移指标统计节点范围。

规范给出的层位移指标统计方法仅适用于竖向构件顶部和底部标高都相同的规则结构，当存在层内竖向构件高低不平等复杂情况时，位移指标的统计结果会存在问题。

选中此选项时，程序会按照用户指定的范围进行层间位移角、位移比等位移指标的统计。当某个竖向构件的上部节点低于指定的上部标高时，此竖向构件则不参与位移指标统计，填写"1"表示上部所有节点都参与统计；当某个竖向构件的下部节点高于指定的下部标高时，此竖向构件不参与统计，填写"0"表示底部所有节点都参与统计。

（8）按框架梁建模的连梁混凝土等级默认同墙。

连梁建模有两种方式：一是按剪力墙开洞建模，二是按框架梁建模并指定为连梁属性。后一种方式建模的连梁在 V3.2 版以前版本软件中默认其混凝土强度等级与框架梁相同，而实际上可能与剪力墙相同，此时需要用户单构件手工修改，现在版本只需选中此项，但应注意若单独修改墙的混凝土等级，则应手动修改相应连梁的混凝土强度等级。

（9）二道防线调整时，调整与框架柱相连的框架梁端弯矩、剪力。

程序默认框架柱、支撑为二道防线，将其地震剪力统计到框架柱地震剪力中，并计算二道防线调整系数，对结构的框架部分进行二道防线的调整。

程序允许用户修改框架柱、支撑的二道防线属性，如将其修改为一道防线，则程序不再将其地震剪力统计到框架柱部分，也不再对被指定为一道防线的框架柱、支撑进行二道防线调整。值得指出的是，当框架柱被指定为一道防线时，与之相连的框架梁端内力将不进行二道防线调整。

（10）薄弱层地震内力调整时不放大构件轴力。

《高规》和《抗规》均规定薄弱层的地震剪力应乘以不小于1.15倍的放大系数。新版软件在执行此条规定时将薄弱层墙、柱的所有内力分量都进行了放大。

高烈度地区，柱、墙柱设计往往由拉弯组合控制，此时对于薄弱层的墙、柱，轴力放大1.15倍将使墙、柱配筋大幅度增加。

因此程序增加了薄弱层内力放大时是否放大轴力的选项。程序默认要放大轴力，由用户根据工程实际，到"高级参数"选项卡中修改，决定是否放大轴力。

注意事项

对于斜柱、支撑和梁，因为总是放大轴力，所以不受此选项影响。

（11）剪切刚度计算时考虑柱刚域影响。

某些情况下，结构剪切刚度的计算对结构方案有比较显著的影响，如果考虑柱刚域影响可使柱截面不至于过大，如1～2层的转换结构、上海地区用剪切刚度控制竖向规则性的结构等。

新版软件"高级参数"选项卡中增加了选项，"剪切刚度计算考虑柱端的刚域"（程序默认不选中），这相当于考虑柱子的净高度计算剪切刚度，更加准确。选中此选项时，需要同时在图4.15的"刚度调整"选项卡中选中"柱端简化为刚域"。

（12）短肢墙判断时考虑相连墙肢厚度影响。

不选中此选项时，按墙肢节点距离判断是否为短肢墙；选中此选项时，考虑相连墙肢的厚度影响。

（13）刚重比验算考虑填充墙刚度影响。

填充墙的刚度对结构整体刚度有一定影响，新版SATWE增加了"刚重比验算考虑填充墙刚度影响"的功能。当选中该选项时，程序将根据用户填入的小于1.0的周期折减系数来考虑填充墙刚度对结构刚重比的影响。

（14）剪力墙端柱的面外剪力统计到框架部分。

当选中此选项时，对于只在一个方向与剪力墙相连的端柱，沿墙方向的构件剪力会统计到剪力墙中，垂直于墙的构件剪力统计到框架中。

（15）按构件内力累加方式计算层指标。

该选项适用于连体结构的层间刚度、剪重比计算。如果选择图4.48所示的"分布计算"下拉菜单中的只计算"整体指标"而不进行构件"内力计算"，则此选项不起作用。

（16）执行《混凝土规范》9.2.6.1。

若选中此选项，程序将对主梁的铰接端 $L_0/5$ 区域内的上部钢筋执行不小于跨中下部钢筋 1/4 的要求。

（17）执行《混凝土规范》11.3.7。

若选中此选项，程序将对主梁的上部和下部钢筋，分别执行不少于对应部位较大钢筋面积的 1/4 的要求，以及一、二级不小于 2 根 14mm 钢筋，三、四级不小于 2 根 12mm 钢筋的要求。

（18）支撑临界角。

在 PMCAD 建模时常会有倾斜构件的出现，此角度即用来判断构件是按照柱还是按照支撑来进行设计的。当构件轴线与 Z 轴夹角小于该临界角度时，程序将对构件按照柱进行设计，否则按照支撑进行设计。

18. 云计算

"云计算"选项卡如图 4.30 所示。

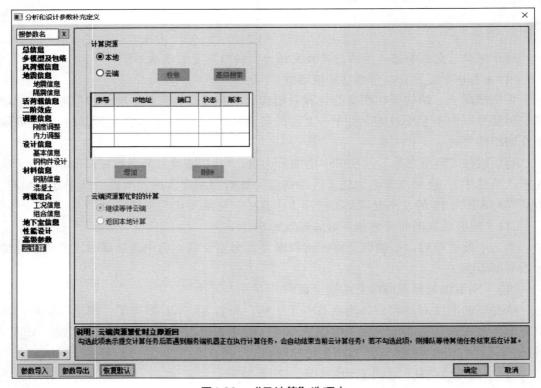

图4.30　"云计算"选项卡

针对大型工程 SATWE 计算时可能出现内存不足或计算缓慢的问题，可借助 SATWE 云计算功能，利用云端资源提高结构分析设计的效率。SATWE V5.2 版本暂仅支持私有云计算功能，私有云可以集群或高性能 PC 的形式搭建，此处不做过多介绍。

4.2.2　平面荷载校核

"平面荷载校核"界面如图 4.31 所示，它包括"平面荷载""竖向导荷"和"板信息"3个选项卡。

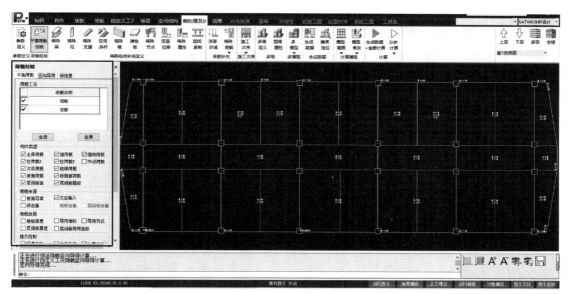

图4.31 "平面荷载校核"界面

（1）平面荷载。

"平面荷载"选项卡如图4.32所示。"平面荷载"选项卡分为5个区域，分别为"荷载工况""构件类型""荷载来源""荷载类别"和"显示控制"。

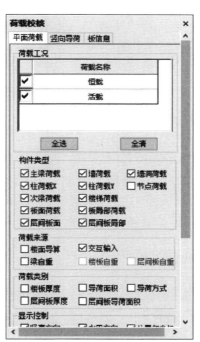

图4.32 "平面荷载"选项卡

其中，"荷载工况"列表中列出了当前相关的工况，且图面仅绘制已选中工况的荷载结果。"构件类型"可按构件荷载类型分别控制显示与否。"荷载来源"根据用户需要可选中显示"楼面导算""交互输入""梁自重"等荷载。"荷载类别"可按构件荷载类型分别控制显示。"显示控制"除楼板外，梁、墙可按水平和竖直方向分别绘制荷载，适用于工程较复杂的情况。

（2）竖向导荷。

"竖向导荷"选项卡如图 4.33 所示。竖向导荷为读取 PMCAD 全楼自上而下在节点和墙处的累积荷载，可以通过修改表格中的"组合系数"和"折减系数"列来查看各工况按表中设置的组合系数和折减系数在节点和墙上的导荷结果。

在选中"显示活荷折减系数"后，各个荷载值后尖括号中会列出该荷载的折减系数。在输出结果时，可以选择"荷载图""输出 TXT""输出 WORD"3 种表达方式。

（3）板信息。

"板信息"选项卡如图 4.34 所示。"板信息"选项卡列出了"楼面荷载""楼层板厚""层间板荷载""层间板板度""房间属性"几个选项，选择某一个选项后，表中会自动将当前层板按选择的选项进行分类。单击表格中的条目，图中会将满足指定条目的楼板以填充方式表达出来，方便用户查看某类荷载或板厚在当前层中的布置情况。

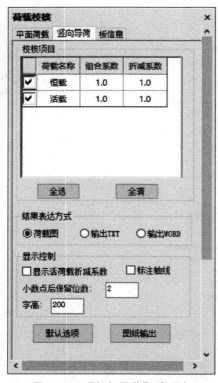

图4.33 "竖向导荷"选项卡

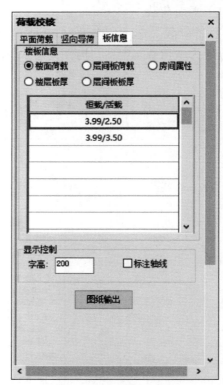

图4.34 "板信息"选项卡

4.2.3 特殊构件补充定义

"特殊构件补充定义"选项组补充定义的信息将用于 SATWE 计算分析和配筋设计，程序已自动对所有属性赋予初值，如果无须改动，则直接略过本菜单，进行下一步操作。即使无须补充定义，也可利用本菜单查看程序默认值。"特殊构件补充定义"选项组如图 4.35 所示。

图4.35 "特殊构件补充定义"选项组

选择该选项组中的各选项，弹出相应的特殊构件子菜单，可以对特殊构件进行定义，各相关构件子菜单如图 4.36（a）～（i）所示。另外，可通过图 4.36 中的"抗震等级"和"材料强度"对部分构件的特性进行调整。当有多个标准层时，通过图 4.35 中的"层间复制"可以将一个标准层的构件复制到另一个标准层。

4.2.4 荷载补充

1. 活载折减

除可以在"前处理及计算"|"参数定义"|"参数定义"的"活载信息"选项卡中设置活荷载折减和消防车荷载折减外，还可以在"前处理及计算"|"荷载补充"|"活荷折减"里定义构件级的活荷载和消防车荷载折减，从而使定义更加方便灵活。

(a)"特殊梁"子菜单　　　(b)"特殊柱"子菜单　　　(c)"特殊支撑"子菜单

图4.36 "特殊构件补充定义"各子菜单

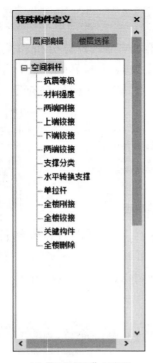

(d)"空间斜杆"子菜单

(e)"特殊墙"子菜单

(f)"弹性板"子菜单

(g)"特殊节点"子菜单

(h)"支座位移"子菜单

(i)"特殊属性"子菜单

图4.36　"特殊构件补充定义"各子菜单（续）

2. 特殊荷载

选择"前处理及计算"|"荷载补充"|"特殊荷载"，弹出"特殊荷载"下拉菜单，包括"温度荷载""特殊风""外墙与人防""防火设计"4个选项，如图4.37所示。

荷载补充

图4.37　"特殊荷载"菜单

（1）温度荷载。

单击图4.37所示的"温度荷载"按钮，弹出"温度荷载"对话框，在该对话框中通过指定结构节点的温度差来定义结构温度荷载，温度荷载记录在文件"SATWE_TEM.PM"中。

 注意事项

若在PMCAD中对某一标准层的平面布置进行过修改，须相应修改该标准层对应各层的温度荷载。所有平面布置未被改动的构件，程序会自动保留其温度荷载。但当结构层数发生变化时，应对各层温度荷载重新进行定义。

（2）特殊风。

单击图4.37所示的"特殊风"按钮，弹出"特殊风荷载"下拉菜单，包括"屋面体型系数""自动生成""特殊风编辑""拷贝前层""本层本组删除""本组删除""全楼删除"几个命令。

对于平、立面变化比较复杂，或者对风荷载有特殊要求的结构或某些部位，如空旷结构、体育场馆、工业厂房、轻钢屋面、有大悬挑结构的广告牌、候车站、收费站等，普通风荷载的计算方式可能不能满足要求，此时，可以通过该下拉菜单中的命令修改及定义。特殊风荷载数据记录在文件"SPWIND.PM"中。

① 屋面体型系数。

执行该下拉菜单中的"屋面体型系数"命令，弹出图4.38所示的"屋面体型系数"停靠面板，可通过该停靠面板指定屋面层各斜面房间的迎风面、背风面的体型系数。

② 自动生成。

自动生成特殊风荷载时，应首先在"分析与设计参数补充定义"中的"特殊风荷载信息"中指定迎风面体型系数、背风面体型系数、侧风面体型系数、挡风系数，然后在"特殊风荷载"中执行"自动生成"命令，弹出图4.39所示的"自动生成"停靠面板，可进行结构横向方向和特殊风荷载生成方式的设置。

图4.38 "屋面体型系数"停靠面板

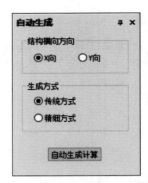

图4.39 "自动生成"停靠面板

对于不需要考虑屋面风荷载的结构，可直接执行"自动生成"命令，即可生成各楼层的特殊风荷载。

a. 结构横向方向。

此项可选择 X 向与 Y 向两个方向，来确定屋顶层梁上的风荷载作用形式。

当横向为 X 向时，屋面层与 X 向平行的梁所在房间的屋面风荷载体型系数非零时，就生成梁上均布风荷载。

b. 生成方向。

此项包括"传统方式"和"精细方式"两个选项，其中"传统方式"是将风荷载分配到边界节点上，"精细方式"是将节点上的风荷载分配到与该节点相连的柱上，形成柱间均布风荷载。

③ 特殊风编辑。

自动生成 4 组特殊风荷载以后，程序会弹出"特殊风荷载定义"停靠面板，在该停靠面板中可以查看、修改或删除各组特殊风荷载（也可直接单击菜单栏的查看 / 修改按钮）。

特殊风荷载只能作用于梁上、柱上或节点上，并用正负荷载表示压力或吸力。梁上的特殊风荷载只允许指定竖向均布荷载，柱上可以指定 X、Y 向均布风荷载，节点荷载可以指定 6 个分量。

"特殊风荷载定义"停靠面板如图 4.40 所示。

a. 特殊风组号。

用户共可以定义 5 组特殊风荷载。

b. 定义梁、柱或节点。

输入梁、柱或节点风力，并用光标选择构件。可单根选择、窗口选择，或单线相交选择。节点、柱间水平力正向同整体坐标，节点竖向力及梁上均布力以向下为正。若某构件被重复选择，则以最后一次选择时的荷载值为准。

④ 本层本组删除、本组删除、全楼删除。

单击本项分别可删除当前层当前组号的特殊风荷载定义、所有楼层当前组号的特殊风荷载定义、所有楼层所有组号的特殊风荷载定义。

（3）外墙与人防。

程序仅对地下室结构中布置了人防荷载的楼层考虑人防荷载作用的设计计算。地下室以上的各楼层构件，均不考虑人防荷载效应。换句话说，没有定义地下室则不能做人防计算。

图4.40 "特殊风荷载定义"停靠面板

（4）防火设计。

防火设计即按单构件定义耐火等级、耐火极限时间、耐火材料和钢材类型。

4.2.5 施工次序

对于复杂高层建筑结构及房屋高度大于150m的其他高层建筑结构，应考虑施工过程的影响。软件支持构件级施工次序的定义，从而满足部分复杂工程的需要。

选择"前处理及计算"|"施工次序"|"施工次序"，弹出如图4.41所示的"施工次序"下拉菜单。通过该下拉菜单可对构件施工次序补充定义。

图4.41 "施工次序"下拉菜单

4.2.6 多塔

"多塔"是一项补充输入选项组，通过该选项组，可补充定义结构的多塔信息，"多塔"选项组如图4.42所示。多塔定义信息与PMCAD的模型数据密切相关，若某层平面布置发生改变，则应相应修改或复核该层的多塔信息，其他标准层的多塔信息不变。若结构的标准层数发生变化，则结构的多塔定义信息不被保留。

图4.42 "多塔"选项组

对于一个非多塔结构，如果跳过此项菜单，直接选择"前处理及计算"|"生成数据"|"生成数据"，程序隐含规定该工程为非多塔结构。对于多塔结构，一旦执行过本项菜单，补充输入和多塔信息将被存放在硬盘当前目录名为"SAT_TOW.PM"和"SAT_TOW_PARA.PM"的文件中，以后再启动SATWE的前处理文件时，程序会自动读入以前定义的多塔信息。

1. 多塔定义

通过图4.42所示的"多塔定义"选项可定义多塔信息。选择"多塔定义"选项后，弹出图4.43所示的"多塔及遮挡定义"停靠面板。下面介绍主要选项参数。

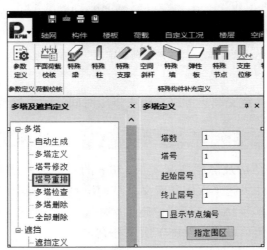

图4.43 "多塔及遮挡定义"停靠面板

（1）自动生成。

用户可以选择由程序对各层平面自动划分多塔，对于多数多塔模型，多塔的自动生成功能都可以进行正确的划分，从而提高了操作的效率。但对于个别较复杂的楼层不能对多塔自动划分，程序对这样的楼层将给出提示，用户可按照人工定义多塔的方式做补充输入即可。

（2）多塔定义。

通过这项菜单可定义多塔信息，单击图4.43中的"多塔定义"命令，弹出图4.44所示的"多塔定义"停靠面板，用户在其中输入定义多塔的塔数，并依次输入各塔的塔号、起始层号、终止层号，并选择"指定围区"，以闭合折线围区的方法指定当前塔的范围。

图4.44　"多塔定义"停靠面板

（3）塔号重排。

通常情况下1号塔需对应为最高的塔楼，但在实际工程中，结构的各塔楼高度分布不一，人工交互时不太注意这一点，因此交互结果也可能达不到预期，从而造成计算结果也可能异常。为此，程序增加了"塔号重排"功能，在不改变用户交互的多塔围区的前提下，可以通过修正塔号，避免异常结果。塔号重排可由用户在菜单中进行交互，如图4.43所示。此外，在切换菜单时程序也会根据情况自动重排。

（4）多塔检查。

进行多塔定义时，要特别注意以下3条原则，否则会造成后面的计算出错。

① 任意一个节点必须位于某一围区内。

② 每个节点只能位于一个围区内。

③ 每个围区内至少应有一个节点。

也就是说任意一个节点必须且只能属于一个塔，且不能存在空塔。执行"多塔检查"命令，程序会对上述3种情况进行检查并给出提示。

（5）多塔删除、全部删除。

"多塔删除"可删除多塔平面定义数据及立面参数信息（不包括遮挡信息），"全部删除"可删除多塔平面、遮挡平面及立面参数信息。

2. 层塔属性

"层塔属性"选项可对层塔多项属性进行定义。选取"层塔属性"选项后，弹出图4.45所示的"层塔属性定义"树形菜单，可对各层层高、构件材料、抗震等级、分塔参数等进行编辑和修改。执行"分塔参数"命令，其定义界面如图4.45中部"分塔参数"停靠面板所示，通过该停靠面板可单独给出分塔参数。

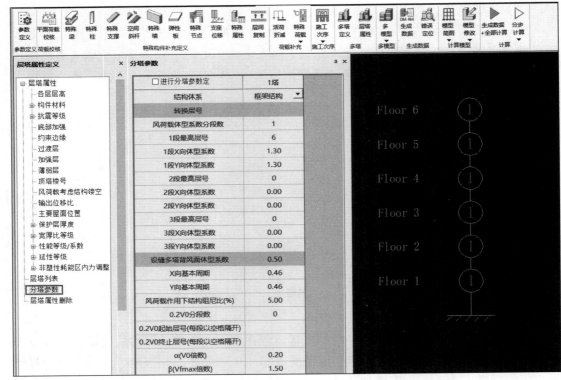

图4.45 "层塔属性定义"树形菜单和"分塔参数"停靠面板

4.2.7 计算模型

选择图 4.46 所示的"前处理及设计"|"计算模型"|"模型修改"，可看到其下拉菜单中包括："设计属性""风荷载""二道防线调整"3 个选项。

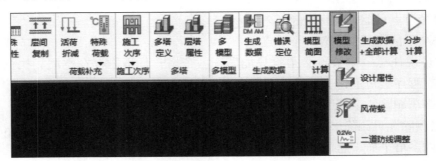

图 4.46 "模型修改"下拉菜单

（1）设计属性。

本命令用来进行计算长度系数、梁柱刚域、短肢墙、非短肢墙、双肢墙、刚度折减系数的指定。

（2）风荷载。

用户选择"前处理及计算"|"生成数据"|"生成数据"选项后，程序会自动导算出

水平风荷载，可用于后面的计算。如果用户认为程序自动导算的风荷载有必要修改，可在"风荷载"命令中查看并修改。

执行"风荷载"命令后，程序首先会显示首层的风荷载，其中刚性楼板上的荷载以红色显示，弹性节点上以白色显示。用户可以通过右上角的换层菜单进行换层操作，通过"X向荷载"和"Y向荷载"进行两个方向的风荷载切换。若要修改荷载，则首先单击图4.47中的"修改荷载"按钮，然后选中需要修改的荷载（注意，需要点中三角或圆形标志），在弹出的对话框中进行修改即可。

图4.47 "水平风荷载查询修改"停靠面板

退出"风荷载"命令后，即可执行内力分析和配筋计算，不需要再选择"生成数据"选项。

（3）二道防线调整。

计算调整系数时，考虑弹塑性内力重分布。工程设计中存在更多复杂的情况，如立面开大洞结构、布置大量斜柱的外立面收进结构、斜网筒结构、连体结构等，这些结构的第二道防线结构内力的调整均有必要专门研究计算。

4.2.8 计算

（1）生成数据 + 全部计算。

这项菜单是SATWE前处理的核心菜单，其功能是综合PMCAD生成的建模数据和前述几项菜单输入的补充信息，将其转换成空间结构有限元分析所需的数据格式。所有工程都必须执行本项菜单，正确生成数据并通过数据检查后，方可进行下一步的计算分析。

新建工程必须在选择"前处理及计算"|"生成数据"|"生成数据"或"前处理及计算"|"计算"|"生成数据 + 全部计算"后，才能生成分析模型数据，继而才允许对分析模型进行查看和修改。对分析模型进行修改后，必须重新选择"前处理及计算"|"计算"|"计算 + 配筋"，才能得到针对新分析模型的分析和设计结果。

（2）分步计算。

"分布计算"下拉菜单如图4.48所示。随着荷载类型与工况的增加，执行部分设计的耗时逐渐增长，可能用时与整体分析相近。在方案设计或初步设计阶段，用户常不需要执行构件设计部分。在构件设计阶段，也可能不需要利用上次整体分析的结果，调整某些参数后重新进行构件设计。因此分析、设计可分步执行，这样可以为用户节约时间、提高效率。

图4.48　"分步计算"下拉菜单

"分步计算"执行完成后，用户可以到后处理中查看计算结果。不同的分步计算内容，可以查看的结果也不完全相同。

如只进行"整体指标"计算，程序会计算质量、周期、刚度、位移指标、结构体系指标等，而不计算构件内力、不配筋。在后处理中可以查看结构振型图、位移图、楼层指标及对应的文本结果。

4.3　结果

4.3.1　通用功能

（1）常用工具栏。

为方便设计人员查看计算结果，软件主界面的右下角"工具栏"中提供了多种常用工具。"工具栏"示意如图4.49所示。

图4.49　"工具栏"示意

（2）Tip提示。

为了便于设计人员了解构件的几何信息、设计信息等，二维和三维简图中都提供了Tip提示功能来查看构件的基本信息，只要光标在构件显示位置处略作停留，即可显示该构件相关信息，二维和三维简图示例分别如图 4.50 和图 4.51 所示。

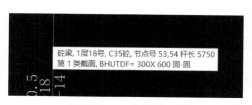

图4.50　二维简图示例

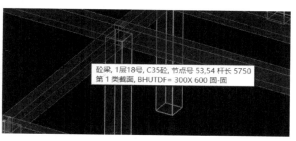

图4.51　三维简图示例

（3）楼层切换菜单。

为了方便设计人员在查看计算结果时切换楼层，软件主界面的右上角菜单栏中提供了较为全面的楼层切换菜单，楼层切换菜单如图 4.52 所示。注意区分下拉菜单中自然层与标准层。

图4.52　楼层切换菜单

4.3.2　编号简图

选择"结构"|"模型"|"编号简图"，可以查看设计模型和分析模型的构件编号简图、节点坐标及刚心和质心等，同时还可以查看模型基本信息、内力调整信息和构件及调整系数等。

4.3.3　分析结果

（1）振型。

选择"结果"|"分析结果"|"振型"，可以查看结构的三维振型图（图 4.53）及其动画。通过该选项，设计人员可以观察各振型下结构的变形形态，可以判断结构的薄弱方向，可以确认结构计算模型是否存在明显的错误。

（2）局部振动。

选择"结果"|"分析结果"|"振型"|"局部振动"，即可显示局部振动结果。由于本案例结构规则，并未产生局部振动，因此仅在此进行简单介绍。局部振动一般是由于结构模型存在错误或缺陷造成的，如梁未能搭接在支座上造成梁悬空、结构局部刚度偏柔等。当存在局部振动时，结构有效质量系数一般都较小，地震作用计算结果会不准确，一般应修改模型。

当采用较多的计算振型数有效质量系数之和仍不满足要求，或采用程序自动确定振型数功能长时间不能完成计算时，结构可能存在局部振动。

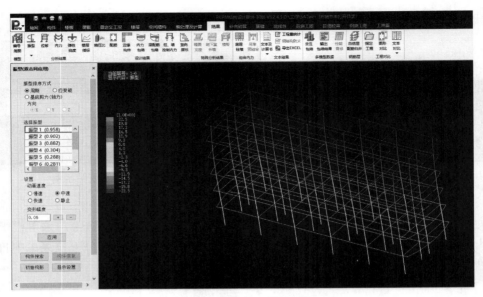

图4.53　结构的三维振型图

注意事项

仅"SATWE 核心的集成设计"提供局部振动功能，"PMSAP 核心的集成设计"和"Spas+PMSAP 的集成设计"不提供该功能。

（3）位移。

选择"结果"|"分析结果"|"位移"，可以查看不同荷载工况作用下结构的空间变形情况，如图 4.54 所示。通过"动画"和"云图"选项可以清楚地显示不同荷载工况作用下结构的变形过程，在"标注"选项中还可以看到不同荷载工况作用下节点的位移数值。

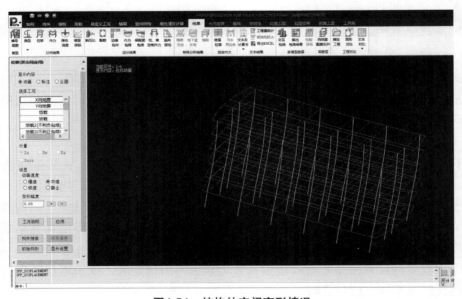

图4.54　结构的空间变形情况

（4）内力。

选择"结果"｜"分析结果"｜"内力"，可以查看不同荷载工况下各类构件的内力图。该选项包括四部分内容："设计模型内力""分析模型内力""设计模型内力云图"和"分析模型内力云图"。

 注意事项

仅"PMSAP核心的集成设计"和"Spas+PMSAP的集成设计"存在分析模型内力和分析模型内力云图，"SATWE核心的集成设计"中的内力指设计模型内力，内力云图指设计模型内力云图，不存在分析模型内力和分析模型内力云图对话框。

（5）弹性挠度。

选择"结果"｜"分析结果"｜"弹性挠度"，可以查看梁在各个工况下的垂直位移。该选项分"绝对挠度""相对挠度""跨度与挠度之比"3种形式显示梁的变形情况。其中，"绝对挠度"即梁的真实竖向变形，"相对挠度"即梁相对于其支座节点的挠度。

（6）楼层指标。

选择"结果"｜"分析结果"｜"楼层指标"，可以查看地震作用和风荷载作用下的楼层位移、楼层内力、楼层刚度。图4.55和图4.56所示分别为楼层位移简图和楼层位移比简图。通过观察楼层的位移比沿立面的变化规律，设计人员可从宏观上了解结构的抗扭特性。

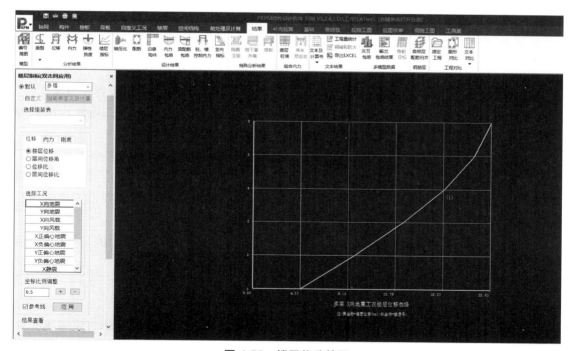

图 4.55　楼层位移简图

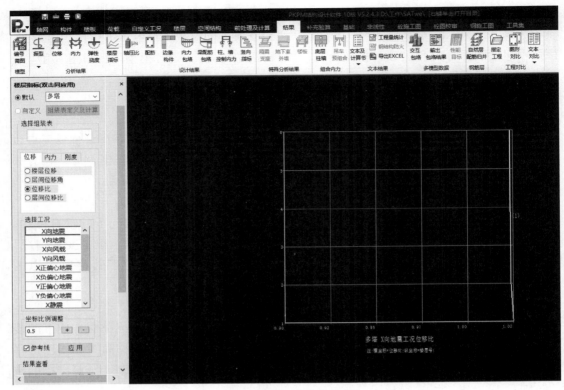

图4.56　楼层位移比简图

4.3.4　设计结果

（1）边缘构件。

选择"结果"|"设计结果"|"边缘构件"选项和"轴压比"选项均可查看边缘构件，轴压比及梁柱节点验算、长度系数等信息，不同之处在于"边缘构件"选项默认显示边缘构件简图，"轴压比"选项默认显示轴压比及梁柱节点验算简图。

"轴压比"停靠面板包含的设计指标如图 4.57 所示，有些设计指标是多类构件都有的，如剪压比、剪跨比等；有些设计指标是某一类构件特有的，如柱节点域剪压比、墙施工缝验算等；另外，钢管束剪力墙的设计指标只针对特定工程提供，如果工程中没有此类构件，则可以不予理会。

"显示限值"选项选中后，如果该设计指标存在限值，则指标值与限值会同时显示，这样可以清楚地进行比较，尤其对于超限的内容，可明确知道超限的幅度，以便于后续的调整。

（2）配筋。

选择"结果"|"设计结果"|"配筋"，可以查看构件的配筋验算结果。该菜单主要包括"混凝土构件配筋及钢构件验算""转换墙配筋"及"配筋率"等选项。"配筋"停靠面板如图 4.58 所示。

图4.57 "轴压比"停靠面板

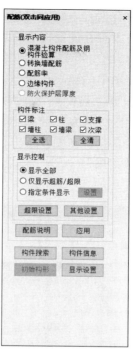

图4.58 "配筋"停靠面板

单击图 4.58 中的"超限设置"按钮，弹出的对话框（图 4.59）会将所有超限类别列

图4.59 "超限设置"对话框

出，如果构件符合列表中选中的超限条件，则在配筋图中将会以红色显示。同样，如果某些超限类别并不想在配筋图中有所体现，也可以在"超限设置"对话框的列表中将此类超限取消选中。

构件在配筋图中的超限显示形式在图中进行了明确的标识。有些超限在配筋图中有明确的对应项，如主筋配筋率超限、轴压比超限、应力比超限等，则只将此对应项显红；大部分的超限内容在配筋图中是没有对应项的，这时会增加字符串并显红标识，所有超限字符串的含义会在图中下方位置有明确的说明，超限的详细信息也可在构件信息中查询。选择"结果"|"设计结果"|"梁配筋包络"，可在主界面查看梁配筋包络图，如图4.60所示。

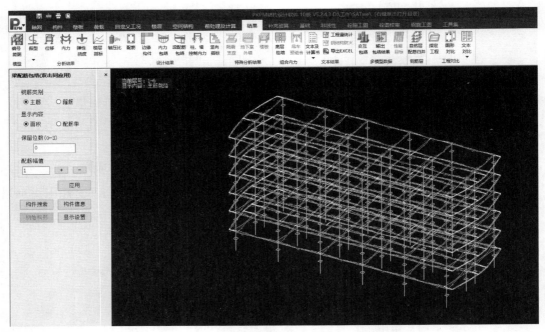

图4.60　梁配筋包络图

4.3.5　文本结果

（1）新版文本查看。

选择"结果"|"文本结果"|"文本及计算书"，在下拉菜单中选择"新版文本查看"选项，"新版文本查看"包含了设计依据、计算软件信息、结构模型概况、工况和组合、质量信息、荷载信息、立面规则性、抗震分析及调整等，如图4.61所示。

（2）工程量统计。

SATWE 后处理中增加了工程量快速统计功能，方便用户在 SATWE 计算完成后，进行简单的工程量统计。用户可以根据需求选择不同的统计方式，"工程量统计"选项如图4.62所示。

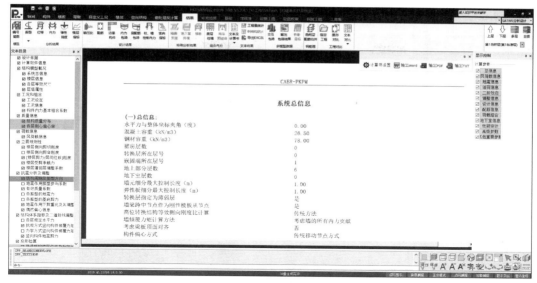

图4.61　"新版文本查看"内容

图4.62　"工程量统计"选项

4.3.6　工程对比

对于两个或者多个工程，可将不同的工程结果分类组织进行对比，对比的内容与文本查看的内容大致相同。

选择"结果"|"工程对比"|"文本对比"，弹出的界面分为3个部分，其格式与"新版文本查看"完全一致。

4.4　设计实例

本节通过对一个18层剪力墙结构的实例进行计算分析，给出SATWE高层剪力墙结构的设计过程。

4.4.1　结构PMCAD建模

结构PMCAD建模的过程可参照第2章，此处不做具体介绍。结构各层平面图分别如图4.63～图4.67所示，荷载定义如图4.68所示，楼层组

4.4节设计实例操作演示（上）

装如图 4.69 所示。

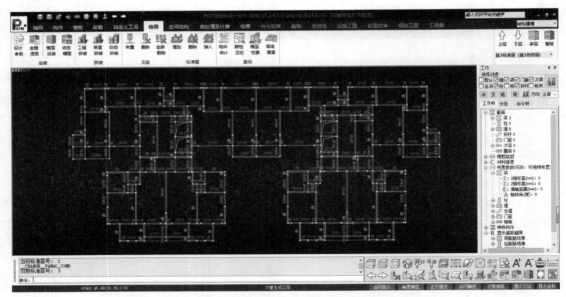

图4.63　负一层地下室结构平面图

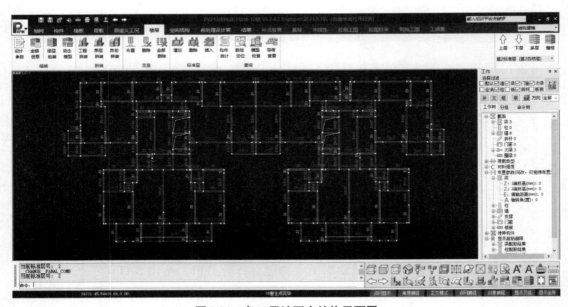

图4.64　负二层地下室结构平面图

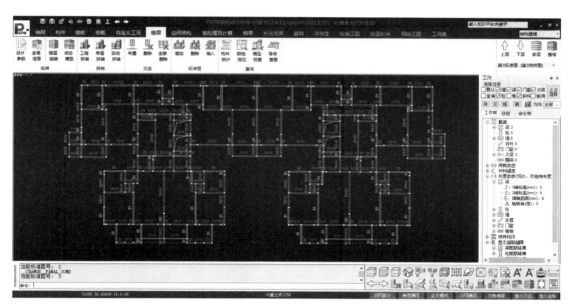

图4.65 首层结构平面图

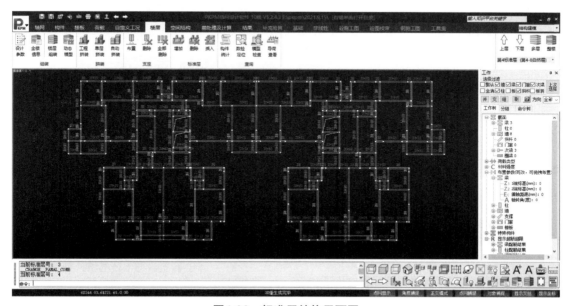

图4.66 标准层结构平面图

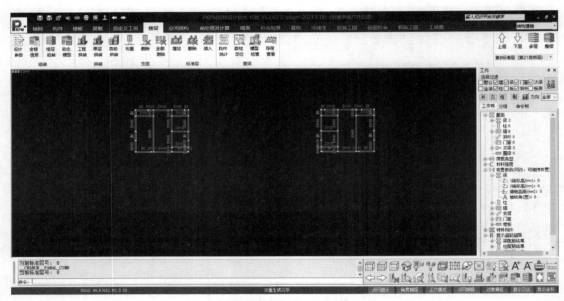

图4.67 顶层结构平面图

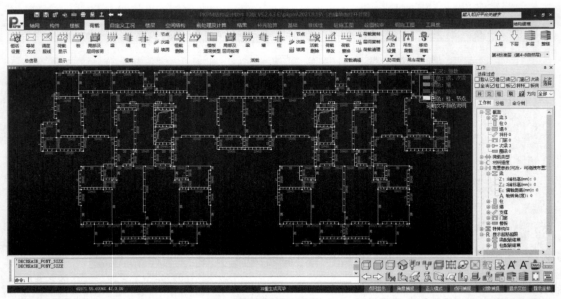

图4.68 荷载定义

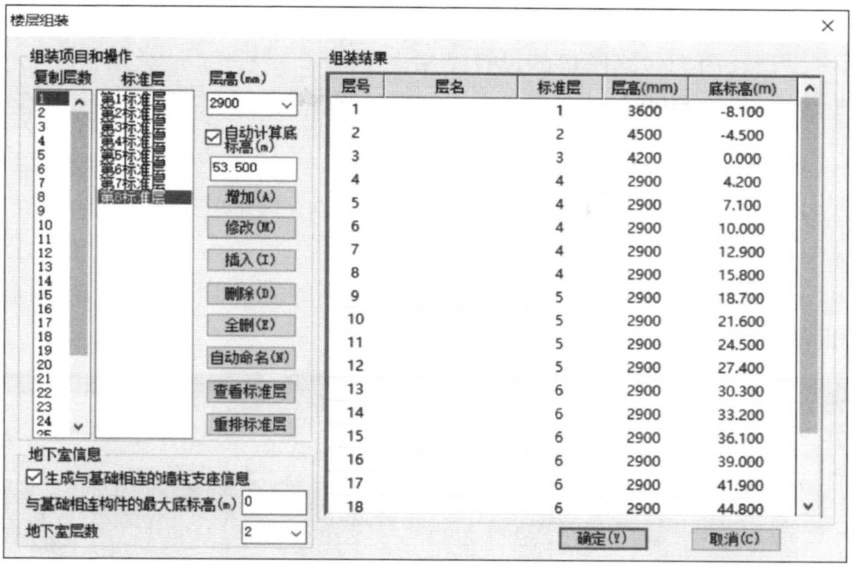

图4.69 楼层组装

4.4.2 SATWE 分析计算

1. 分析与设计参数补充定义

（1）总信息。

选择"前处理及计算"|"参数定义"|"参数定义"，在"总信息"选项卡中，将"混凝土容重"修改为 26kN/m³，"地下室层数"调整为 2 层。

（2）风荷载信息。

根据工程地点，查《荷载规范》可得。

（3）地震信息。

修改"地震信息"参数："设计地震分组"为 3 类；"剪力墙抗震等级"为二级；考虑偶然偏心；周期折减系数为 0.9。其他参数查《抗规》可得。

其他信息保持默认即可。

2. 生成数据、模型检查及计算

完成各项定义后，选择"前处理及计算"|"生成数据"|"生成数据"，程序会生成待计算的数据文件，选择"前处理及计算"|"生成数据"|"错误定位"，若出现错误信息的提示，则根据提示修改模型及参数，直至修改完毕。

模型修改完毕后，选择"前处理及计算"|"计算"|"生成数据＋全部计算"，程序会自动完成模型的计算，此时 SATWE 前处理完成。

4.4.3 计算结果显示

当模型计算完成时，程序会自动跳转到"结果"菜单，在此菜单下，可以查看内力、位移、振型、弹性挠度、楼层指标等分析结果，还可以直接查看轴压比设计、配筋设计、内力包络图等的设计结果。

4.4节设计实例操作演示（下）

将主要的分析结果分类为图形结果显示与文本结果显示两部分，主要的分析结果如下。

1. 图形结果显示

（1）振型。

分析计算并查看前三阶振型，本例的第一阶振型及结构位移计算结果如图 4.70 和图 4.71 所示。

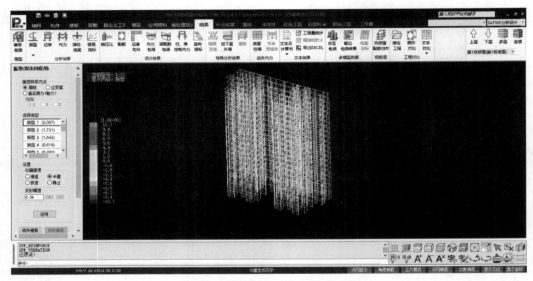

图4.70　结构第一阶振型计算结果

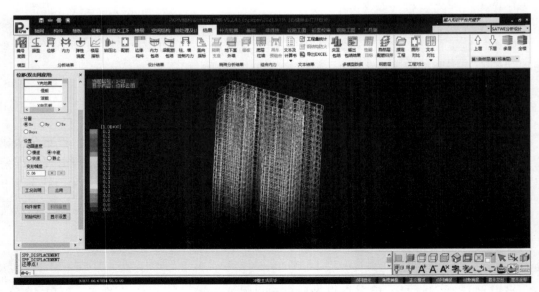

图4.71　结构位移计算结果

（2）楼层指标。

选择"结果"|"分析结果"|"楼层指标"，弹出"楼层指标"停靠面板，在该停靠面板下可以查看地震作用与风荷载作用下的楼层位移、层间位移比等参数。该实例在地震作用下各方位的位移角和位移包络分别如图4.72～图4.75所示。

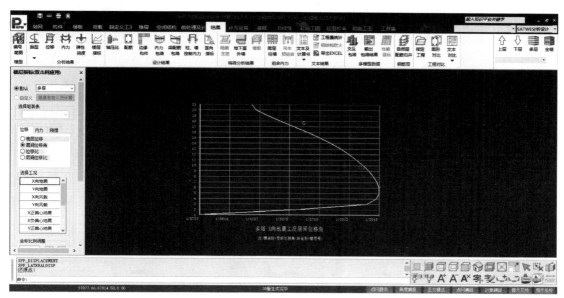

图4.72　X向地震作用下的层间位移角

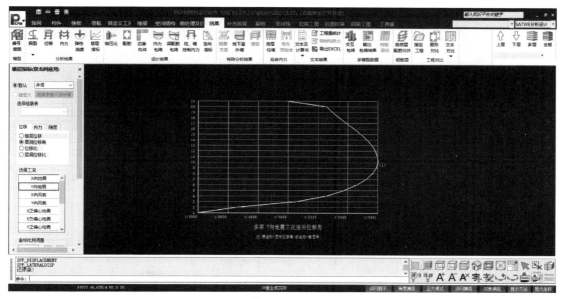

图4.73　Y向地震作用下的层间位移角

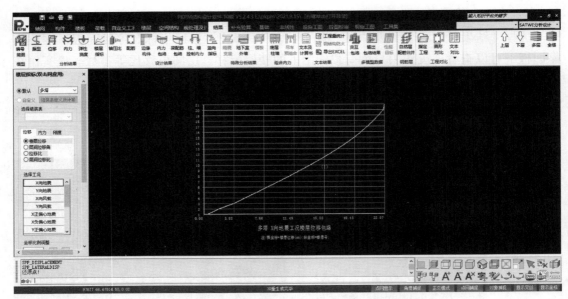

图4.74 X向地震作用下的位移包络

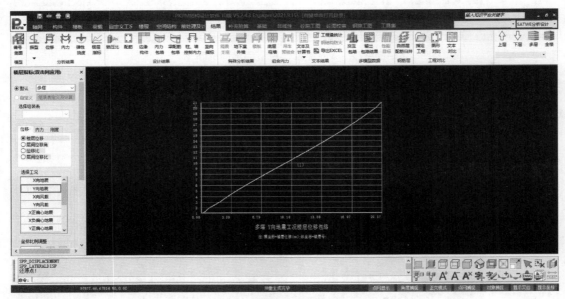

图4.75 Y向地震作用下的位移包络

（3）轴压比。

选择"结果"|"设计结果"|"轴压比"，弹出"轴压比"停靠面板。该实例的柱、墙轴压比简图及剪跨比简图分别如图4.76和图4.77所示。

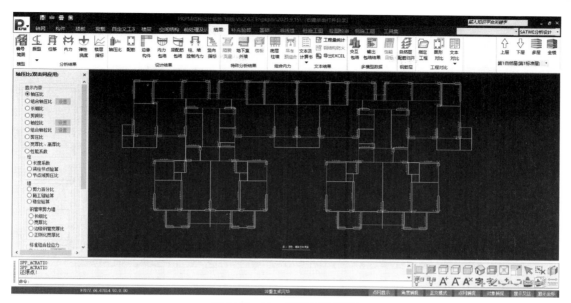

图4.76 柱、墙轴压比简图

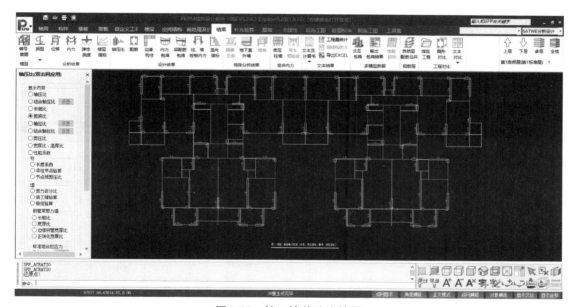

图4.77 柱、墙剪跨比简图

（4）配筋。

选择"结果"|"设计结果"|"配筋"，可查看实例各构件的配筋验算结果。该实例的标准混凝土构件配筋验算结果如图 4.78 所示。

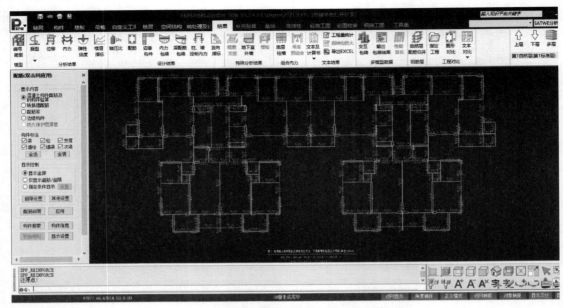

图4.78　标准混凝土构件配筋验算结果

2. 文本结果显示

除了通过图形查看实例的计算结果，还可以选择"结果"|"文本结果"|"文本及计算书"查看结构的分析信息。"文本及结果显示"下拉菜单有"新版文本查看""旧版文本查看""英文计算书"3 个选项，用户可根据自己的需求选择要查看的版本。

该实例的计算书及文本显示如图 4.79 所示。

图4.79　计算书及文本显示

思考与练习题

1. SATWE 的基本功能是什么？

2. 在总信息中，对墙元侧向节点信息选择"内部节点"和选择"出口节点"有何不同？

3. 为什么要进行周期折减？对不同的结构体系如何取值？

4. 梁有哪些调整系数？各有什么含义？如何取值？

5. 墙元、弹性板细分最大控制长度是多少？

6. 何时需要考虑特殊风荷载的修改及定义？

7. 错层结构如何输入？

8. 施工次序在什么情况下考虑？

9. 如何进行振型方向和主振型的判断？

10. 如何查看不同荷载工况作用下节点的位移数值？

11. 如何对计算结果进行分析？需要查看和调整哪些主要内容？

第5章

复杂多、高层建筑结构分析与设计软件PMSAP

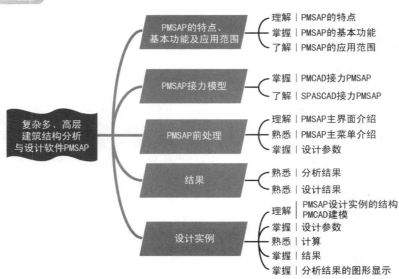

知识结构图

复杂多、高层
建筑结构分析
与设计软件PMSAP

- PMSAP的特点、基本功能及应用范围
  - 理解｜PMSAP的特点
  - 掌握｜PMSAP的基本功能
  - 了解｜PMSAP的应用范围
- PMSAP接力模型
  - 掌握｜PMCAD接力PMSAP
  - 了解｜SPASCAD接力PMSAP
- PMSAP前处理
  - 理解｜PMSAP主界面介绍
  - 熟悉｜PMSAP主菜单介绍
  - 掌握｜设计参数
- 结果
  - 熟悉｜分析结果
  - 熟悉｜设计结果
- 设计实例
  - 理解｜PMSAP设计实例的结构 PMCAD建模
  - 掌握｜设计参数
  - 熟悉｜计算
  - 掌握｜结果
  - 掌握｜分析结果的图形显示

5.1 PMSAP 的特点、基本功能及应用范围

5.1.1 PMSAP 的特点

PMSAP 从力学上看是一个线弹性组合结构有限元分析与设计软件，它适合于广泛

的结构形式和相当大的结构规模。该软件能对结构做线弹性范围内的静力分析、固有振动分析、时程响应分析和地震反应谱分析，并依据规范对混凝土构件、钢构件进行配筋设计和验算。除了软件结构上的通用性，PMSAP 在开发过程中还着重考虑了结构分析在建筑领域中的特殊性，对于多、高层建筑中的剪力墙、楼板、厚板转换层等关键构件提出了基于壳元的子结构高精度分析方法，并可做施工模拟分析、温度应力分析、预应力分析、活荷载不利布置分析等。与一般通用与专用软件不同，PMSAP 中提出了"二次位移假定"的概念并加以实现，使得结构分析的速度与精度得到兼顾。PMSAP 区别于其他软件的特点如下。

（1）分析上具有通用性，可以处理任意结构形式；

（2）具有基于广义协调技术的新型高精度剪力墙单元；

（3）可以对厚板转换层及板柱体系进行全楼整体式有限元分析与设计；

（4）可以对斜楼板和普通楼板进行全楼整体式有限元分析与设计；

（5）具有梁、柱、墙、楼板之间的协调细分功能；

（6）提供梁、柱、墙、楼板的温度应力分析；

（7）提供针对斜交抗侧力结构的多方向地震作用分析；

（8）提供考虑楼层偶然质量偏心的地震作用分析；

（9）适用于任意复杂结构的 P–Δ 效应分析；

（10）对恒荷载可根据用户指定的施工次序进行施工模拟计算；

（11）提供竖向地震的振型分解反应谱分析；

（12）具有整体刚性、分块刚性、完全弹性等多种楼板假定方式；

（13）配备针对侧刚和总刚模型的快速广义特征值算法；

（14）具有三维与平面相结合的图形前、后处理功能；

（15）具有与梁、柱、墙施工图，钢结构，基础及非线性模块的全面接口。

5.1.2 PMSAP 的基本功能

PMSAP 的基本功能介绍具体见表 5-1。

表 5-1　PMSAP 的基本功能介绍

基本功能	功能说明
力学模型	基于广义协调技术和子结构技术开发了能够任意开洞的细分墙单元（以下简称"墙元"）和多边形楼板单元，它们的面内刚度和面外刚度分别由平面应力膜和弯曲板进行模拟，可以很好地体现剪力墙和楼板的真实变形和受力状态。对细分墙元，广义协调技术使得墙的剖分局部化，也就是说，任意一片墙元在其边界上的由网格细分生成的节点，不必与其相邻墙边界上的节点对齐，从而使得任意一片墙元的网格划分可以与其相邻墙元无关，这样，几乎总是能够保证墙元网格的良态，进而保证墙元刚度计算的准确性
适用结构类型	程序可接受任意的结构形式，对建筑结构中的多塔、错层、转换层、楼面大开洞等情形提供了方便的处理手段

续表

基本功能	功能说明
计算功能	（1）在线弹性范围内，可以对组合结构进行下列分析。 ① 静力分析； ② 固有振动分析（Guyan 法、多重 Ritz 向量法）； ③ 时程响应分析； ④ 地震反应谱分析。 （2）针对钢筋混凝土结构、钢结构可进行下列分析。 ① 施工模拟分析； ② 预应力荷载分析； ③ 温度荷载分析； ④ $P-\Delta$ 效应分析； ⑤ 活荷载不利布置分析； ⑥ 风荷载自动导算； ⑦ 双向地震的扭转效应分析； ⑧ 考虑偶然质量偏心的地震反应谱分析； ⑨ 地下室人防荷载、水土压力荷载分析与设计； ⑩ 吊车荷载分析与设计； ⑪ 梁、柱、墙配筋计算； ⑫ 钢构件、组合构件的验算
其他	为了保证分析结果的合理性，程序还具备下列功能。 ① 楼层间协调性自动修复，消除悬空墙、悬空柱； ② 自动实现梁、楼板和剪力墙的相互协调细分

5.1.3 PMSAP 的应用范围

PMSAP 的应用范围见表 5-2。

表 5-2　PMSAP 的应用范围

序号	内容	应用范围	序号	内容	应用范围
1	结构层数	≤1000	6	每层细分墙数	≤5000
2	每层桁杆数	≤20000	7	每层多边壳（房间）数	≤5000
3	每层梁数	≤20000	8	每层三维元数	≤6000
4	每层柱数	≤20000	9	结构节点数、自由度	不限
5	每层简化墙数	≤5000			

 注意事项

以上范围均在至少 512 MB 内存及足够大硬盘条件下适用。

5.2 PMSAP 接力模型

5.2.1 PMCAD 接力 PMSAP

1. 模型处理方法

在 PKPM2010（V5.2.4.3，2021 年版）的第二条"PMSAP 核心的集成设计"中，软件采用了新的方法从 PMCAD 接力模型到 PMSAP。PMSAP 新的前处理采用了和 SATWE 一致的前处理模块及相同的几何处理方法，并且全面读取了 SATWE 的特殊构件定义、设计参数、多塔定义等信息，这种新的接力模型方法在模型处理上和 SATWE 有着高度的一致性，两套计算程序有相同的几何模型和参数定义前提，更便于对比计算分析及设计结果。PMSAP 与 SATWE 处理模型方法的不同点：PMSAP 读取的是 PMCAD 的用户定义的恒、活面荷载，而 SATWE 读取的是导荷载；PMSAP 读取 PMCAD 的原始偏心信息，而 SATWE 则根据偏心定义调整节点坐标。

2. 接力模型的设置

PMSAP 接力模型提供了 3 个选项，如图 5.1 所示。

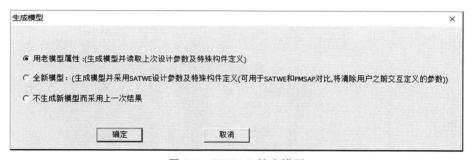

图 5.1 PMSAP 接力模型

第一个选项"用老模型属性：（生成模型并读取上次设计参数及特殊构件定义）"：是指接力 PMCAD 形成三维模型并读取 SATWE 特殊构件定义，然后接力空间标准层形成完整的混合模型。如果之前已经生成过模型并修改了参数或特殊构件定义，程序将读取这些信息并设置到新模型上。如果是第一次进入，则效果和第二个选项相同。

第二个选项"全新模型：（生成模型并采用 SATWE 设计参数及特殊构件定义（可用于 SATWE 和 PMSAP 对比，将清除用户之前交互定义的参数））"：是指接力 PMCAD 形成三维模型并读取 SATWE 特殊构件定义，然后接力空间标准层形成完整的混合模型。此选项和第一个选项不同之处是不读取上次用户修改的设计参数和特殊构件定义，保持和 SATWE 一致的计算前提。

第三个选项"不生成新模型而采用上一次结果"：是指直接读取前一次生成的模型。如果是第一次进入没有生成过模型，选择此选项的效果等同于选择第二个选项。

PMCAD 的平面标准层模型和空间标准层模型在建模阶段是两套独立的模型，在生成数据阶段才"合成"到一起，形成完整的混合结构模型，后续的计算程序也是对整体模型做整体分析。在对两个部分的模型合成时，如果其节点位置相同，则可直接将两个节点合并为一个节点；而对于相交时位置不在节点的情况，PMSAP 虽然不打断形成新的节点网格，但不会影响计算分析。PMSAP 对于相交没有打断产生节点连接而实际几何连接的情况做了处理，能生成正确的连接关系并分析计算。这种方式减少了在模型形成阶段用户无法干预的打断构件操作，提高了模型质量和生成速度，并且有着相同的分析结果。

5.2.2 SPASCAD 接力 PMSAP

PKPM2010（V5.2.4.3，2021 年版）的 SPASCAD 接力 PMSAP 的方法和以前相同。用户在 SPASCAD 中可直接建立包含 Z 坐标的三维模型。图 5.2 所示为一个三维模型示例。对于那些层规律不明显的工业厂房、体育馆、博物馆等建筑采用的如桁架、网架等结构形式，SPASCAD 有着更高的建模效率。

除了任意建立的几何模型，SPASCAD 中还提供了更多的工况及组合，结合 PMSAP 对复杂多、高层建筑结构更有针对性的分析选项，对结构分析有着更好的适应性。

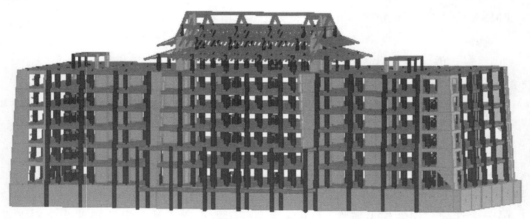

图 5.2　三维模型示例

5.3　PMSAP 前处理

5.3.1 PMSAP 主界面介绍

进入 PMSAP，可以看到如图 5.3 所示的 PMSAP 主界面。PMSAP 主界面主要由左上方的主菜单、左下方的命令栏、右上方的楼层辅助菜单、右下方的常用快捷工具及中间的图形区 5 个部分组成。

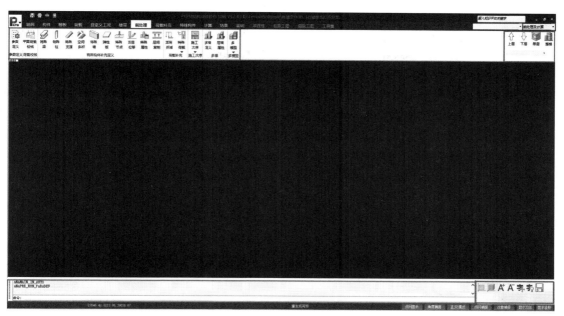

图 5.3　PMSAP 主界面

此外，在使用 PMSAP 时，应注意窗口的标题栏。标题栏包含有 PMSAP 的版本信息、主程序的位置信息、工程的目录信息。使用时，应注意核对这些信息是否正确。特别是经常在多版本和多相似工程目录下进行设计时，这点尤为重要。

窗口底部是一些辅助作图的功能开关，单击可以切换开关，开关显示蓝色表示打开。

下面对 PMSAP 主界面中的图形区、命令栏和楼层辅助菜单进行介绍。

1. 图形区

用户可以在图形区对模型进行编辑。一般情况下，在图形区中，混凝土柱（撑）用黄色标记，钢柱（撑）用浅黄色标记，混凝土梁用青色标记，钢梁用浅青色标记，剪力墙用绿色标记，板显示为白灰色。

将光标停放在网格线上，可以显示网格线的 ID、层号、长度及两边端点的 ID，如果网格线上有杆系构件（柱、撑、梁），则还会显示该构件的构件类别、截面信息、材料强度。将光标停放在节点上，可以显示节点的 ID、层号及坐标。

将光标停放在杆系构件（柱、撑、梁）上，右击会弹出该构件的属性框，可以查看构件杆件及其所属网格、荷载、节点约束等详细信息。将光标停放在墙板内显示的圆圈（圆圈内数字表示墙板的厚度，单位 mm）上，右击会弹出墙板的属性框，可以查看墙板及其荷载的详细信息。将光标停放在节点上，右击会弹出节点的属性框，可以查看节点及其荷载、约束的详细信息。

2. 命令栏

用户可以通过各项菜单对模型进行操作，也可以在命令栏输入相关指令进行操作。

213

另外，用户执行操作时，命令栏上会有相关提示说明，用户有需要时可以根据命令栏上的提示说明进行操作。对于有些命令执行的结果，用户也可在命令栏的提示区进行查看。如查询"点点距离"，可以在命令栏的提示区查看所选两个点的坐标、直线距离、三个方向的投影距离。

3. 楼层辅助菜单

楼层辅助菜单在 PMSAP 主界面的右上方，能够帮助用户快速、便捷、准确地对楼层进行操作。楼层辅助菜单如图 5.4 所示，由"上层""下层""单层""整楼"4 个选项和底部选层下拉列表框组成。

图 5.4　楼层辅助菜单

5.3.2　PMSAP 主菜单介绍

PMSAP 主菜单是 PMSAP 前处理的主体部分，可以对模型的荷载、特殊构件、设计参数进行定义。

如图 5.5 所示，PMSAP 主菜单中有 9 个菜单，分别为"荷载补充""特殊构件""计算""结果""基础""非线性""混凝土（砼）施工图""钢施工图""工具集"。其中"荷载补充""特殊构件""计算"属于 PMSAP 的前处理部分，分别可以对模型的荷载、特殊构件属性、设计参数等进行定义和修改。"结果"属于 PMSAP 的后处理部分，可以查看详细的计算结果。"基础"中可以生成与基础相关的数据。"工具集"包含一些辅助菜单。9 个菜单可以单击进行切换，每个菜单下都有若干个选项组，可对模型进行详细定义。下面介绍 PMSAP 的前处理部分菜单的详细情况。

图 5.5　PMSAP 主菜单

1. 荷载补充

"荷载补充"菜单下有 5 个选项组，分别为"荷载布置""荷载操作""挡风面""动力激励""吊车荷载"，如图 5.6 所示，各选项组的功能如下。

图 5.6　"荷载补充"菜单

1）荷载布置

"荷载布置"选项组中包括"荷载定义""荷载布置""温度荷载"3个选项，如图5.6所示。其中"荷载定义"和"荷载布置"用来定义和布置温度荷载以外的荷载，"温度荷载"用来定义、布置和修改温度荷载。各选项功能说明如下。

荷载布置

（1）荷载定义。

"荷载定义"可以对不同工况下的点荷载、杆件（墙顶）荷载、面荷载进行定义、修改或者删除。选择图5.6中的"荷载定义"选项，弹出"荷载定义和选择"对话框，如图5.7所示。

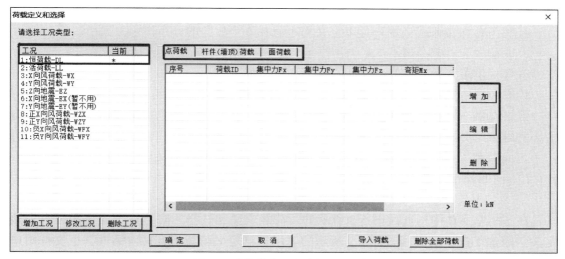

图5.7 "荷载定义和选择"对话框

选择好工况类型后，再选择荷载类型，原有的符合条件的荷载便会出现在该列表中，在PMCAD中定义的荷载也会转换成相应的类型在对话框中列出来。之后可以通过荷载列表右侧的"增加""编辑"和"删除"按钮对荷载列表进行修改。在这里删除荷载时，如果要删除的荷载在模型中已经布置过，那么这些荷载也会一并从模型中删除。修改也是一样，修改后的结果会应用到模型以前布置的相应荷载上。

荷载定义

注意事项

修改荷载后，请用户单击"确定"按钮保存退出，否则修改的结果不会被保存。

① 可以定义的荷载类型。

a. 点荷载。

用户可以定义 X、Y、Z 方向的集中力及绕 X、Y、Z 轴的弯矩这6个方向的作用力大小。

b. 杆件（墙顶）荷载。

用户可选择是否选中荷载按杆件坐标系布置。程序提供了 5 种荷载类型供用户选择，分别如下。

杆间集中荷载：用户可以定义作用点的位置，以及 6 个方向的作用力大小。

杆间分段梯形分布荷载（线性分布荷载）：用户可以定义分布荷载的起始位置、终止位置及这两个位置的 6 个方向的分布作用力大小。

杆间三角形分布荷载：用户可以定义分布荷载的起始位置、终止位置、6 个方向的分布作用力最大值及其位置。

杆间满布梯形分布荷载：用户可以定义分布荷载两个转折点的位置及其 6 个方向的分布作用力大小。

杆间满布均布荷载：用户可以定义均布荷载 6 个方向的分布作用力大小。

c. 面荷载。

程序提供了 3 种荷载类型供用户选择，分别如下。

均布荷载（法向）：用户可以定义垂直于墙板面的均布荷载的大小。

线性荷载（法向，仅墙）：仅可对墙布置，用户可以定义垂直于墙面的初始分布力大小和结束时分布力大小。

三向荷载（仅板，世界系）：仅可对板布置，用户可以定义全局坐标系下的 X、Y、Z 3 个方向的分布力大小。

② 自定义工况的自动组合功能。

在 SPASCAD 中，通过图 5.8 所示的"荷载定义和选择"对话框，支持用户自由地定义、添加工况；同时通过图 5.9 所示的"用户自定义荷载组合"对话框，也支持用户自由地定义、添加基本组合。但当工况较多时，依据《荷载规范》，需增加的组合数量会呈指数膨胀，因此手动自定义组合相当烦琐。为解决此问题，新版 PMSAP 增加了对自定义工况的自动组合功能。为此用户需要对自定义工况补充或确认以下 3 个方面的信息。

a. 单击图 5.8 中的"增加工况"按钮，弹出图 5.10 所示的"工况："对话框，通过该对话框可以定义每个新增工况的类型和各种可变系数等。

自定义工况
的设置

b. 对新增工况进行分组，分组在"用户自定义荷载组合"对话框（图 5.9）中进行。首先需要在组合名称"NAME"栏处填写"TEAM"，然后在每个工况对应的位置填写一个整数。被赋予同一非零整数的工况为一组；正整数代表互斥组；负整数代表完全组合组；赋零表示相应工况独立成组；不填写"TEAM"数据表示新增工况各自独立成组。

c. 在"调整信息"选项卡中，通过设置"默认组合"为"默认组合方式新"，可以将默认组合方式确认为新方式，如图 5.11 所示。

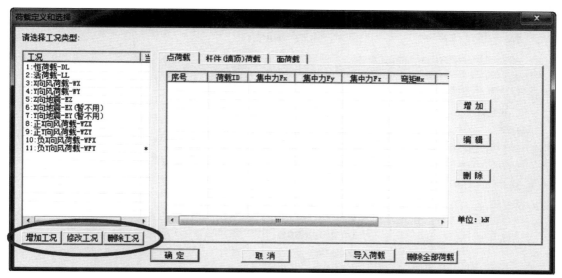

图 5.8　"荷载定义和选择"对话框

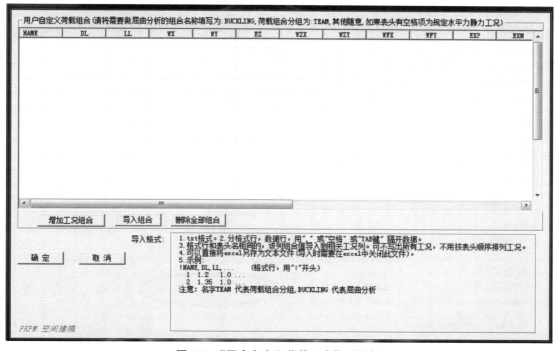

图 5.9　"用户自定义荷载组合"对话框

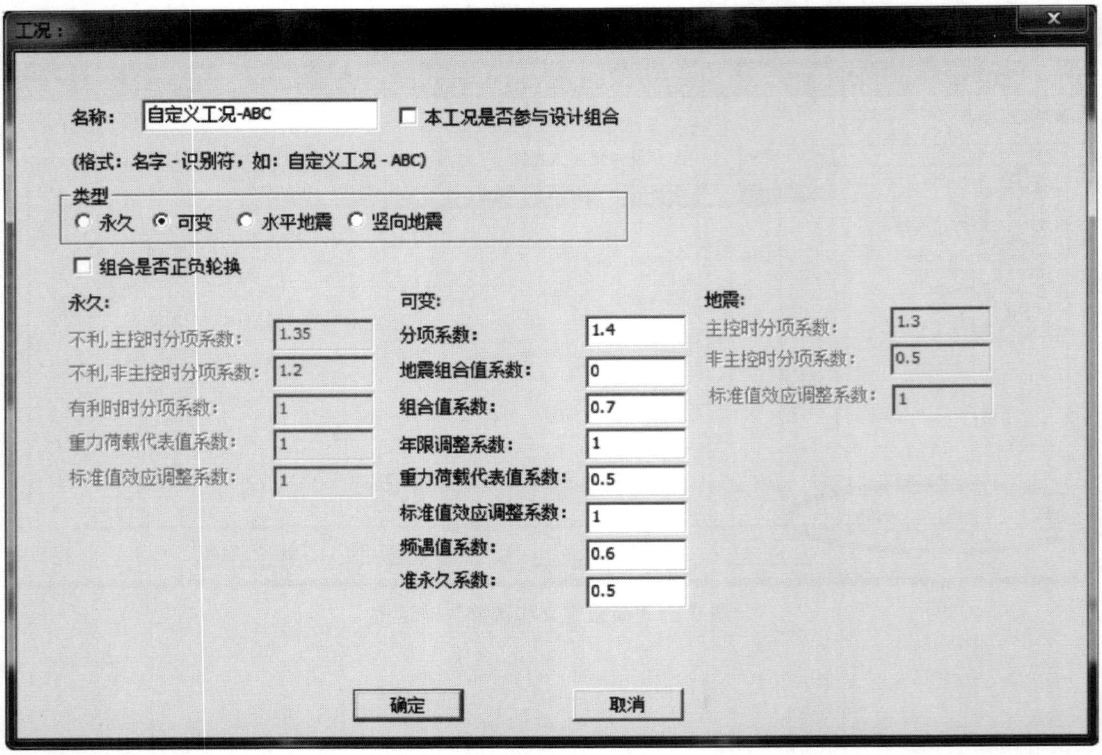

图 5.10 “工况：”对话框

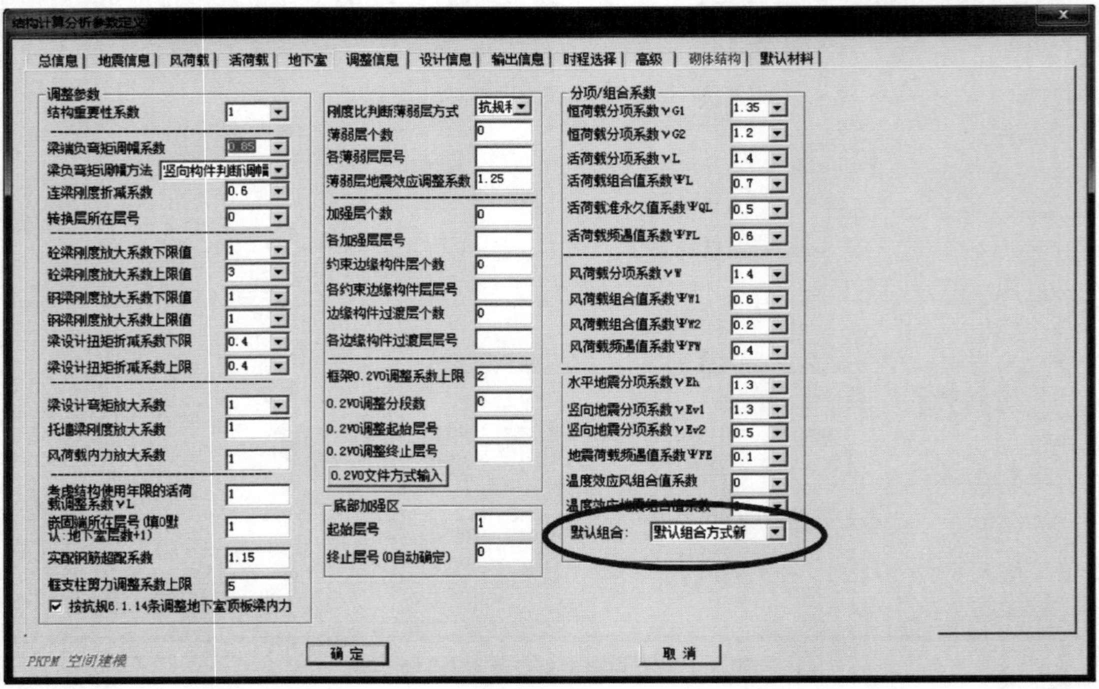

图 5.11 设置“默认组合”

（2）荷载布置。

选择图 5.6 中的"荷载布置"选项，也会弹出"荷载定义和选择"对话框，不过和"荷载定义"不一样的是，此处对话框中的"增加工况""修改工况""删除工况""增加""编辑""删除"等按钮呈灰色，即不能对荷载列表进行修改。另外，选择"杆件（墙顶）荷载"选项卡时，荷载列表下方的"杆件荷载布置"和"墙顶荷载布置"会变亮，用户可以根据要布置荷载的对象进行选取。

操作流程：选择工况，选择荷载类型，选择要布置的荷载，单击"确定"按钮，根据命令栏提示选择要布置的构件，布置完成后右击退出。

荷载布置完成后，会以简单的绿色箭头示意图和白色文字显示。图 5.12 所示为荷载显示示意图。

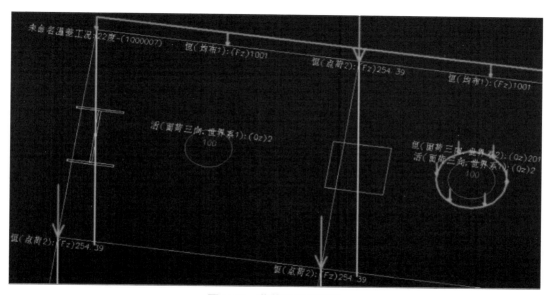

图 5.12　荷载显示示意图

当同一个构件被多次布置荷载时，原有荷载不会被覆盖（即多个荷载同时加在该构件上）。如果需要删除荷载，请参见后续"荷载操作"部分。

注意事项

图形区中只有当前工况的荷载才会有简单的绿色箭头示意图，而图形区中当前工况由最后一次单击"确定"按钮，退出"荷载定义和选择"对话框时所选择的荷载工况决定，后续荷载操作时也只能对当前工况的荷载进行操作。

（3）温度荷载。

"温度荷载"选项可以对模型温度荷载进行定义、布置和修改。本选项通过指定结构节点的温度差来定义结构的温度荷载。

选择图 5.6 中的"温度荷载"选项，弹出图 5.13 所示的"温度荷载"

温度荷载

下拉菜单，其包含"温差定义""温差指定""温差拷贝""温差删除"4个命令。各命令功能如下。

① 温差定义。

该命令可以对温度荷载进行定义和修改。

操作流程：执行图 5.13 中的"温差定义"命令，弹出"温差类型定义"对话框，如图 5.14 所示。在这里可以通过"加工况"和"删工况"来增加或者删除温差工况；选择好温差工况后，可以在对话框右下方填入温差值（升温为正，降温为负），然后通过"增加""替换""删除"来对所选温差工况下的荷载进行定义、修改、删除。在这里删除温度荷载时，如果要删除的温度荷载在模型中布置过，那么这些温度荷载也会一并从模型中删除。修改也是一样，修改后的结果会应用到之前布置到模型中的该温度荷载上。

定义好温差荷载后，单击"确定"按钮，即可保存并退出"温差类型定义"对话框。

图 5.13 "温度荷载"下拉菜单

图 5.14 "温差类型定义"对话框

② 温差指定。

该命令可以布置温度荷载。注意，温度荷载目前只能布置到节点上。

操作流程：执行图 5.13 中的"温差指定"命令，弹出"温差类型选择"对话框（和"温差类型定义"对话框类似，但不能对工况、荷载进行修改），选择工况，选择荷载，单击"确定"按钮，根据命令栏提示选择节点，布置完成后右击退出。

荷载布置完成后，会以简单的白色文字显示。当同一个节点被多次布置温度荷载时，原有温度荷载会被覆盖，程序只保留最后一次加到节点上的温度荷载。

③ 温差拷贝。

该命令可以将某一个节点上的温度荷载拷贝并布置到其他节点上。

操作流程：执行图 5.13 中的"温差拷贝"命令，选择要拷贝温差的源节点，再选择要布置温差的节点，即可布置拷贝的温差，拷贝完成后右击退出。其间可根据命令栏的提示进行操作。

 **注意事项**

图形区中只有当前温差工况的温度荷载才能被拷贝，而图形区中当前温差工况由最后一次单击"确定"按钮，退出"温差类型定义"或"温差类型选择"对话框时所选择的温差工况决定，后续"温差删除"时也只能对当前温差工况的温度荷载进行操作。温度荷载参数也可以在"计算"|"设计参数"|"总信息"中查看。

④ 温差删除。

该命令可以删除节点上的温度荷载。

操作流程：执行图 5.13 中的"温差删除"命令，选择要删除温度荷载的节点，右击退出即可。"温差删除"同"温差拷贝"一样，只能删除当前温差工况的温度荷载。

2）荷载操作

"荷载操作"选项组中包含"点荷删除""杆荷删除""面荷删除""点荷拷贝""杆荷拷贝""面荷转点荷"6 个选项，如图 5.15 所示。各选项功能如下。

图 5.15 "荷载操作"选项组

 **注意事项**

"荷载操作"中的选项不对温度荷载生效。

（1）点荷删除。

该选项可以选择删除节点上的荷载。

操作流程：选择图 5.15 中的"点荷删除"选项，选择要删除荷载的节点，弹出"荷载删除："对话框，显示所选节点上的所有荷载（包含定义在该节点上除温差工况外的所有工况的所有节点荷载），如图 5.16 所示，选中要删除的荷载项，单击"确定"按钮即可删除所选荷载，右击退出。

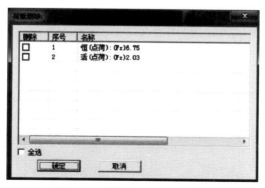

荷载操作

图 5.16 "荷载删除："对话框

（2）杆荷删除。

该选项可以选择删除模型杆件（墙顶）上的荷载。

操作流程：类同"点荷删除"。

（3）面荷删除。

该选项可以选择删除板荷载（墙面外荷载）。

操作流程：类同"点荷删除"。

（4）点荷拷贝。

该选项可以将一个节点上当前工况的荷载拷贝到其他节点上。

操作流程：选择图 5.15 中的"点荷拷贝"选项，选择要拷贝荷载的源节点，再选择要布置拷贝荷载的节点，即可成功拷贝荷载，右击退出。

注意事项

"点荷拷贝"选项只能对当前荷载工况使用生效。

（5）杆荷拷贝。

该选项可以将一个杆件（墙顶）上当前工况的荷载拷贝到其他杆件（墙顶）上。

操作流程：类同"点荷拷贝"。

3）挡风面

"挡风面"选项组包括"网架导荷面""生成外表面""编辑外表面""设面风载""删除挡风面""显示挡风面"6 个选项，如图 5.17 所示。各选项功能如下。

图 5.17　"挡风面"选项组

（1）网架导荷面。

该选项可以快速让网架形成上下导荷面。

操作流程：选择图 5.17 中的"网架导荷面"选项，弹出如图 5.18 所示的"快速形成上下弦导荷面"对话框，对上、下弦形成导荷面进行选择，单击"确定"按钮即可让网架形成导荷面。

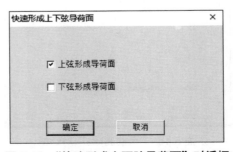

图 5.18　"快速形成上下弦导荷面"对话框

（2）生成外表面。

该选项可以指定墙板生成挡风外表面。

（3）编辑外表面。

该选项可以改变墙板挡风面的方向。

（4）设面风载。

该选项可以设置面风载工况及其体型系数和风荷载大小。

（5）删除挡风面。

该选项可以删除前面定义的挡风面。

（6）显示挡风面。

该选项可以切换显示、不显示挡风面及面风载。

4）动力激励

"动力激励"是在节点上定义一系列激励工况，可以指定激励模式（如正弦衰减函数波）来推动结构。"动力激励"选项组包括"动力激励""删除激励"两个选项，如图5.19所示。

图 5.19　"动力激励"选项组

选择图5.19中的"动力激励"选项，弹出如图5.20所示的对话框。

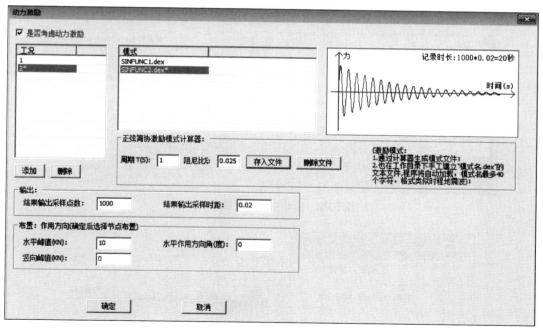

图 5.20　"动力激励"对话框

注意事项

图 5.20 中的"是否考虑动力激励"复选框，设计此复选框的目的是指定激励模式并定义在节点上，如果不选中该复选框，则程序不考虑动力激励。

指定激励工况可以增加或减少激励工况，激励工况会出现在"自定义荷载工况组合"对话框中，如图 5.21 所示，并且在 PMSAP 结果查看中可以查看单工况和设计结果。

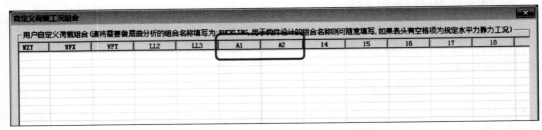

图 5.21 "自定义荷载工况组合"对话框

激励模式可以通过两种方式生成：第一种方式，可以通过指定正弦衰减函数的周期和阻尼比，自动生成激励模式文件，如图 5.22 所示；第二种方式，可以手动在工作目录下添加扩展名为".dex"的文本文件，其格式类似于时程分析的地震波文件。生成文件后程序会自动加载此模式文件。图 5.23 所示为手动生成加载模式。

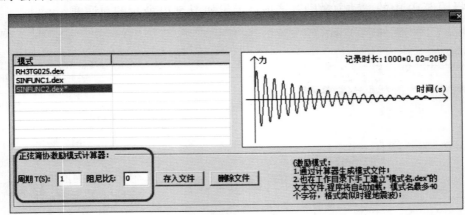

图 5.22 自动生成激励模式文件

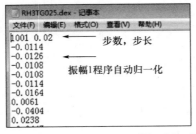

图 5.23 手动生成加载模式

最后指定水平方向的作用力大小和方向角，以及竖向作用力，在节点上指定激励作用点。激励作用点结果如图 5.24 所示。

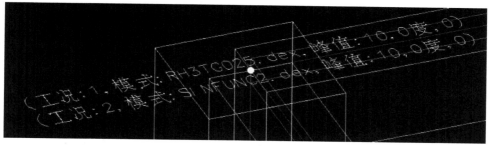

图 5.24 激励作用点结果

5）吊车荷载

V2 版本的 PMSAP，仅在接力 PMCAD 时才提供吊车荷载计算。新版 PMSAP 在接力 PMCAD 和 SAPSCAD 时，提供了统一的吊车荷载输入和计算功能，可以对吊车荷载进行布置，如图 5.25 所示。

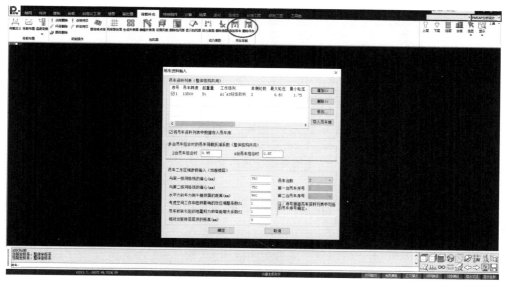

图 5.25 吊车荷载的布置

2. 特殊构件

"特殊构件"菜单可以对特殊构件的属性进行定义和修改。"特殊构件"菜单下有"特殊构件定义"和"多塔定义"两个选项组，如图 5.26 所示。

图 5.26 "特殊构件"菜单

（1）特殊构件定义。

"特殊构件定义"选项组包括"杆件材料""墙板材料""抗震""约束""杆端约束""特殊节点""特殊梁""特殊柱（撑）""特殊墙""特殊板""特殊构件""删除特殊构件属性"12个选项，如图5.27所示，可以对特殊构件或特殊构件属性进行补充定义和修改。下面主要介绍其中的"抗震""约束""杆端约束""特殊节点""特殊梁""特殊柱（撑）""特殊墙""特殊板"选项。

图5.27 "特殊构件定义"选项组

注意事项

在这里定义的相关特殊构件信息，程序默认不显示。需要在图形区中显示特殊构件信息时，可以通过选择图5.28所示常用菜单中的"显示"|"显示参数"，对要显示的杆件和墙板的相关信息进行选中（建议模型按层显示，以加快显示速度）。

图5.28 常用菜单

① 抗震。

选择"抗震"选项，弹出"抗震"下拉菜单，其包括"杆件抗震等级""墙板抗震等级"两个命令，如图5.29所示。

图5.29 "抗震"下拉菜单

② 约束。

选择"约束"选项，弹出"约束"下拉菜单，其包括"固定节点""约束节点""删除约束""自动添加约束""通用支座""删除通用支座""杆件阻尼器""删除阻尼器"8个命令，如图5.30所示。下面对常用的几个命令进行介绍。

约束

图 5.30 "约束"下拉菜单

a. 固定节点。

该命令可以将节点定义为固定约束端（固定支座）。图形区中固定节点会用红色的立方体标记，结构底部节点默认都是固定节点。

操作流程：执行图 5.30 中的"固定节点"命令，根据命令栏提示选择节点，右击完成选择，即可将所选节点定义为固定约束端。

b. 约束节点。

该命令可以任意选择沿 X、Y、Z 轴平动和绕 X、Y、Z 轴转动这 6 个自由度中的某个或者某几个对节点进行约束（约束支座）。固定节点是约束节点的其中一种情况。图形区中约束节点会用黄色立方体标记，比约束节点的红色立方体小一些。对于非 6 个自由度均被约束的节点，图中还会以文字信息显示约束节点的约束情况（用 6 个 "-1" 或 "0" 的数字表示，依次表示沿 X、Y、Z 轴平动和绕 X、Y、Z 轴转动的自由度，"-1" 表示约束，"0" 表示自由或铰接）。

操作流程：执行图 5.30 中的"约束节点"命令，弹出图 5.31 所示的对话框，可对约束节点类型进行定义和修改。单击该对话框中的"插入"按钮，弹出"当前节点嵌固参数输入"对话框，可定义新的节点约束类型，如图 5.32 所示。定义好后单击"结束"按钮，回到"请选择约束刚度类型"对话框，选择要定义的节点约束类型，单击"确定"按钮，选择节点，右击完成选择，即可对所选节点定义选择的节点约束类型。

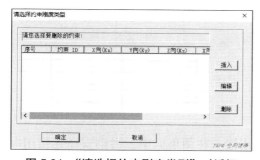

图 5.31 "请选择约束刚度类型"对话框

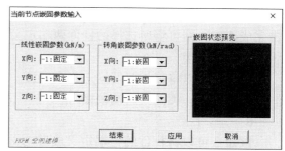

图 5.32 "当前节点嵌固参数输入"对话框

c. 删除约束。

该命令可以删除节点上的约束。

操作流程：执行图 5.30 中的"删除约束"命令，选择要删除约束的节点，右击完成选择，即可完成节点约束的删除。

d. 自动添加约束。

该命令可以自动搜索结构最底部的节点并添加固定约束。对于底部高低不同的结构，程序不能自动搜索。

操作流程：执行图 5.30 中的"自动添加约束"命令，在弹出的提示窗口中单击"是"按钮即可完成设置。

③ 杆端约束。

选择"杆端约束"选项，弹出"杆端约束"下拉菜单，如图 5.33 所示，其包括"一端铰接""两端铰接""两端刚接""一端滑座""删除一端铰接""删除一端滑座"6个命令。各命令功能如下。

图 5.33 "杆端约束"下拉菜单

a. 一端铰接。

该命令可以将杆件的一端定义成铰接。在图形区中，铰接在杆端用红色的点标记。

操作流程：执行图 5.33 中的"一端铰接"命令，在靠近杆件要定义铰接的杆端单击，即可将杆件的该杆端定义成铰接。

b. 两端铰接。

该命令可以将杆件的两端均定义成铰接。

操作流程：执行图 5.33 中的"两端铰接"命令，根据提示选择要定义的杆件，右击完成选择，即可将所选择的杆件两端定义成铰接。

c. 两端刚接。

该命令可以将杆件两端均定义成刚接。在图形区中，刚接不会有特殊显示。

操作流程：类同"两端铰接"。

d. 一端滑座。

该命令可以将杆件的一端定义成滑动支座连接。在图形区中，滑动支座连接用绿色的点标记。

操作流程：类同"一端铰接"。

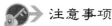 注意事项

一根杆件只能有一端设置成滑动支座，如果杆件的一端已设置了滑动支座，则在布置另一端的滑动支座时会取消之前布置的滑动支座。

e. 删除一端铰接。

该命令可以将杆件某一端的铰接改成刚接。

操作流程：执行图5.33中的"删除一端铰接"命令，根据提示选择要删除的铰接，右击完成选择，即可将铰接改成刚接。

f. 删除一端滑座。

该命令可以将杆件某一端的滑动支座连接改成刚接。

操作流程：类同"删除一端铰接"。

④ 特殊节点。

选择"特殊节点"选项，弹出"特殊节点"下拉菜单，如图5.34所示，其包括"附加质量""删除附加质量""添加位移""删除位移"4个命令。各命令功能如下。

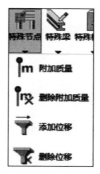

图5.34 "特殊节点"下拉菜单

a. 附加质量。

PMSAP程序允许用户在结构的任意节点上附加质量。从力学的角度分析，每个节点提供了6个质量分量，分别是3个平动质量m_x、m_y、m_z和3个转动惯量J_x、J_y、J_z，用户可根据需要灵活使用。需要注意的是，附加质量只影响与动力相关的计算，包括自振特性分析、反应谱分析和时程分析，与静力计算无关。

对于建筑结构的多数情况，质量与重力荷载呈现出一一对应的情况，也就是说，通常只需要输入恒荷载和活荷载，质量即可据此自动计算，这时不需要使用附加质量功能。需要附加质量的情形大概有以下几种。

i. 特殊荷载作为独立工况，不含在恒荷载和活荷载工况中，但同时又有质量贡献的。

ii. 计算模型将结构次要部分舍去，仅从静力学角度等效为荷载，可能造成动力分析误差大的。比如计算模型去掉了主体结构顶部的一个钢塔架，仅将其等效成了竖向荷

载，这样在地震作用下钢塔架在其底座处引发的局部倾覆力矩就不能得到正确体现，这时如果在钢塔架底座位置附加正确的节点质量矩，此问题即可解决。除此之外，相类似的还有楼面上的高大设备等，此处不赘述。

iii. 流固耦合或者类流固耦合的分析。诸如筒仓、水池、水塔等结构，荷载和质量呈现明显的分离性，当需要考虑动力作用时，其荷载和质量须完全独立地进行定义。

b. 删除附加质量。

该命令可以删除不需要的附加质量。

c. 添加位移（指定位移工况）。

执行"添加位移"命令，弹出图5.35所示的对话框，可对节点位移进行设置。

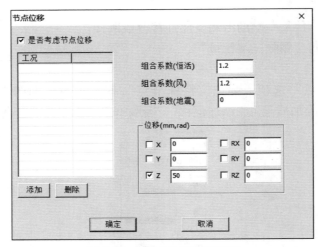

图5.35　"节点位移"对话框

d. 删除位移。

该命令可以删除多余的位移。

⑤ 特殊梁。

选择"特殊梁"选项，弹出"特殊梁"下拉菜单，如图5.36所示，其包括"不调幅梁""连梁""水平转换杆""普通杆件""单缝连梁""多缝连梁""取消设缝连梁""梁交叉暗筋""梁对角暗撑""取消暗筋（暗撑）""梁计算长度""取消梁计算长度""组合梁""梁刚度系数""风荷载连梁折减系数""梁扭矩折减""梁调幅系数""门式钢梁""加腋梁"和"删除梁加腋"20个命令。常用的几个命令的功能如下。

a. 不调幅梁。

该命令可以将梁指定为不调幅梁。"不调幅梁"是指在配筋计算时不做弯矩调幅的梁。不调幅梁在图形区中用暗蓝色标记，同时有白色文字信息显示。程序可对全楼的所有梁都自动进行判断，首先把各层所有的梁以轴线关系为依据连接起来，形成连续梁。然后，以墙或柱为支座，把在两端都有支座的梁作为普通梁，以青色显示，在配筋计算时，对其支座弯矩及跨中弯矩进行调幅计算；把两端都没有支座或仅有一端有支座的梁

（包括次梁、悬臂梁等）隐含定义为不调幅梁，以暗蓝色显示。用户可按自己的意愿进行修改定义，如把普通梁定义为不调幅梁。

操作流程：执行图5.36中的"不调幅梁"命令，根据命令栏提示选择要修改的梁（单个布置时，单击目标梁即可直接布置；切换布置方式选择多个目标时，需要右击完成选取），即可将所选梁修改为不调幅梁。

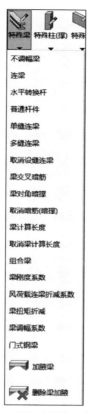

图 5.36　"特殊梁"下拉菜单

b. 连梁。

该命令可以将梁指定为连梁。"连梁"是指与剪力墙相连，允许开裂，可做刚度折减的梁。连梁在图形区中用亮黄色标记，同时有白色文字信息显示。程序可对全楼所有的梁都自动进行判断，当梁两端都与剪力墙相连，且至少有一端与剪力墙轴线的夹角不大于 25° 时，程序隐含定义为连梁，以亮黄色显示。在"计算"|"设计参数"|"设计信息"中可设置是否自动识别连梁。

操作流程：类同"不调幅梁"。

c. 水平转换杆。

该命令可以将梁指定为水平转换杆。"水平转换杆"包括框支梁和其他转换层结构类型中的转换梁，程序没有隐含定义，需要用户指定。水平转换杆在图形区中用黄色标记，同时有白色文字信息显示。

操作流程：类同"不调幅梁"。

注意事项

一根梁上只能指定"不调幅梁""连梁""水平转换杆"中的其中一种属性，重复指定时，后面指定的属性会将之前指定的属性覆盖掉。

d. 普通杆件。

该命令可以删除梁的"不调幅梁""连梁"和"水平转换杆"属性。

操作流程：执行图 5.36 中的"普通杆件"命令，选择要指定恢复普通杆件的梁（单个布置时，单击目标梁即可直接布置；切换布置方式选择多个目标时，需要右击完成选取），即可删除梁的"不调幅梁""连梁"和"水平转换杆"属性。

⑥ 特殊柱（撑）。

柱和撑（包括空间斜杆）的特殊构件属性均可以在这里进行定义，程序均会根据用户定义的内容及规范的规定对构件的设计进行相关调整。

选择"特殊柱（撑）"选项，弹出"特殊柱（撑）"下拉菜单，如图 5.37 所示，其包括"水平转换杆""角柱""框支柱""框支角柱""普通杆件""柱（撑）长度系数""取消柱长度系数""门式钢柱""柱剪力系数""特殊支撑（柱）"10 个选项。各选项功能如下。

特殊柱

图 5.37 "特殊柱（撑）"下拉菜单

a. 水平转换杆。

该命令可以将柱指定为水平转换杆。水平转换杆在图形区中用黄色标记，同时有白色文字信息显示。在后面对该柱的设计中会自动考虑规范对水平转换杆的内力调整。

操作流程：执行图 5.37 中的"水平转换杆"命令，根据命令栏提示选择要修改的柱（单个布置时，单击目标柱即可直接布置；切换布置方式选择多个目标时，需要右击完成选取），即可将所选柱修改为水平转换杆。

b. 角柱。

该命令可以将柱指定为角柱。角柱在图形区中用灰色标记，同时有白色文字信息显

示。在"计算"|"设计参数"|"设计信息"中可以设置程序是否自动识别角柱。

操作流程：类同"水平转换杆"。

c. 框支柱。

该命令可以将柱指定为框支柱。框支柱在图形区中用蓝色标记，同时有白色文字信息显示。

操作流程：类同"水平转换杆"。

d. 框支角柱。

该命令可以将柱指定为框支角柱。框支角柱在图形区用绿色标记，同时有白色文字信息显示。

操作流程：类同"水平转换杆"。一根柱上只能指定"水平转换杆""角柱""框支柱""框支角柱"中的其中一种属性，重复指定时，后面指定的属性会将之前指定的属性覆盖掉。

e. 普通杆件。

该命令可以删除柱的"水平转换杆""角柱""框支柱"和"框支角柱"属性。

操作流程：执行图 5.37 中的"普通杆件"命令，选择要指定恢复普通杆件的柱（单个布置时，单击目标柱即可直接布置；切换布置方式选择多个目标时，需要右击完成选取），即可删除柱的"水平转换杆""角柱""框支柱"和"框支角柱"属性。

f. 柱（撑）长度系数。

该命令可以指定柱（撑）在 X、Y 方向的计算长度。修改过的柱在图形区中会有白色的文字信息显示。

操作流程：类同"水平转换杆"，需要先输入要指定的 X、Y 方向的计算长度系数。

g. 取消柱长度系数。

该命令可以删除柱的计算长度系数，恢复到默认设定。

操作流程：类同"普通杆件"。

h. 门式钢柱。

该命令可以将柱指定为门式钢柱。门式钢柱在图形区中会有白色文字信息显示。

操作流程：类同"水平转换杆"。

i. 柱剪力系数。

该命令可以指定柱在 X、Y 方向的剪力系数。修改过的柱在图形区中会有白色的文字信息显示。

操作流程：类同"水平转换杆"，需要先输入要指定的 X、Y 方向的剪力系数。

j. 特殊支撑（柱）。

该命令可以将柱指定为某些类型的特殊支撑（柱）。特殊支撑（柱）在图形区中会有白色的文字信息显示。

操作流程：类同"水平转换杆"，需要先选择特殊支撑（柱）的类型，包括混凝土斜柱、普通中心钢支撑、偏心钢支撑。

⑦ 特殊墙。

选择"特殊墙"选项，弹出"特殊墙"下拉菜单，如图 5.38 所示，其包括"墙梁交叉暗筋""墙梁对角暗撑""取消暗筋（暗撑）""墙竖向配筋率""墙连梁折减""转换墙""钢板混凝土（砼）墙"和"钢管束剪力墙"8 个选项。各选项功能如下。

图 5.38 "特殊墙"下拉菜单

a. 墙梁交叉暗筋。

该命令可以将开洞墙的墙梁指定为交叉暗筋墙梁。交叉暗筋墙梁在图形区中有白色文字信息显示。这一属性不能布置到未开洞的墙上。

操作流程：执行图 5.38 中的"墙梁交叉暗筋"命令，根据命令栏提示选择要修改的墙（在墙面内的圆圈上单击），右击，右键菜单选择完毕，即可将所选墙的墙梁修改为交叉暗筋墙梁。

b. 墙梁对角暗撑。

该命令可以将开洞墙的墙梁指定为对角暗撑墙梁。对角暗撑墙梁在图形区中有白色文字信息显示。这一属性不能布置到未开洞的墙上。

操作流程：类同"墙梁交叉暗筋"。

注意事项

一面墙上只能指定"墙梁交叉暗筋""墙梁对角暗撑"中的其中一种属性，重复指定时，后面指定的属性会将之前指定的属性覆盖掉。

c. 取消暗筋（暗撑）。

该命令可以删除墙的"墙梁交叉暗筋""墙梁对角暗撑"属性。

操作流程：执行"取消暗筋（暗撑）"命令，选择要删除暗筋（暗撑）的墙，右击完成选取，即可删除墙的"墙梁交叉暗筋"或"墙梁对角暗撑"属性。

d. 墙竖向配筋率。

该命令可以指定墙的竖向配筋率。修改过的墙在图形区中有白色文字信息显示。

操作流程：类同"墙梁交叉暗筋"，需要先输入要指定的竖向配筋率。

e. 墙连梁折减。

该命令可以指定墙的连梁折减系数。修改过的墙在图形区中有白色文字信息显示。

操作流程：类同"墙梁交叉暗筋"，需要先输入要指定的连梁折减系数。

f. 转换墙。

该命令可以将墙指定为转换墙。转换墙在图形区中有白色文字信息显示。

操作流程：类同"墙梁交叉暗筋"。

g. 钢板混凝土（砼）墙。

该命令可以将墙定义为钢板混凝土剪力墙，有外包钢板剪力墙和内衬钢板剪力墙形式。这里可以指定钢板外包和内衬的形式，以及钢板的厚度、钢号。对于外包钢板剪力墙，钢板厚度指的是单侧钢板厚度。

操作流程：类同"墙梁交叉暗筋"。

h. 钢管束剪力墙。

该命令可以将剪力墙设置为钢管束剪力墙。

操作流程：类同"墙梁交叉暗筋"。

⑧ 特殊板。

PMSAP 在进行结构有限元分析时，可对楼板选择采用刚性楼板、弹性板6、弹性板3、弹性膜4种模型假定，默认采用刚性楼板假定。有限元理论中，壳元的刚度可由面内的膜刚度和面外的板刚度组合而成。刚性楼板假定是假定面内刚度无限大，面外刚度为零；弹性板6假定是假定面内刚度为弹性膜刚度，面外刚度为弹性板刚度；弹性板3假定是假定面内刚度为无限大，面外刚度为弹性板刚度；弹性膜假定是假定面内刚度为弹性膜刚度，面外刚度为零。选项"特殊板"选项，弹出"特殊板"下拉菜单，如图5.39所示。

图 5.39 "特殊板"下拉菜单

（2）多塔定义。

"多塔定义"选项组只包含"多塔"一个选项，如图5.40所示。"多塔"选项可以对模型指定分塔数，并手动围区指定各分塔范围。"多塔"下拉菜单包括"定义多塔""删除多塔""显示多塔开关"3个命令。

图 5.40 "多塔定义"选项组

可以在"多塔"下拉菜单中指定分塔数及范围。分塔范围框在图形区中用绿色的线条标记，并标记有塔号的层数范围的文字信息。

操作流程：选择"多塔"选项，在弹出的"多塔"下拉菜单中执行"定义多塔"命令，弹出"多塔定义"对话框，如图 5.41 所示，可以输入要编辑的起始层号、终止层号和塔数，单击"确定"按钮返回图形区，依次定义各个分塔的范围。如图 5.41 所示，起始层号为 1，终止层号为 6，塔数为 3。单击"确定"按钮返回图形区后，围区选择分塔 1 范围，右击闭合围区，围区选择分塔 2 范围，右键闭合围区，围区选择分塔 3 范围，右键闭合围区……即可完成第 1 ~ 6 层的分塔定义。复杂的结构可以通过多次执行"定义多塔"命令，逐段甚至逐层进行定义。只有一个塔的楼层可以不定义，程序默认其是一个塔。

图 5.41 "多塔定义"对话框

3. 计算

在"计算"菜单中，可以对模型数据进行统计和检查，并定义设计参数。"计算"菜单包括"参数""工具""结构计算"和"结构计算（64 位）"4 个选项组，其中"参数"选项组比较常用，用户可通过"参数"选项组对模型进行统计检查，如图 5.42 所示。"参数"选项组包括"模型统计""模型检查""工况组合""设计参数"4 个选项，由于"设计参数"内容较多，故将"设计参数"放在 5.3.3 节中单独介绍，下面主要对"参数"选项组中的"模型统计""模型检查""工况组合"选项进行介绍。

图 5.42 "参数"选项组

（1）模型统计。

该命令可以对系统信息、结构重量、结构墙板面积、各层构件、构件截面信息进行统计。选择图 5.42 中的"模型统计"选项，弹出"模型统计"对话框，如图 5.43 所示，可以选中要统计的项目，单击"确定"按钮，程序就会对选中项进行统计，统计后程序会自动打开 LOOKOUT.OUT 统计结果文件，该文件保存在工程根目录下。

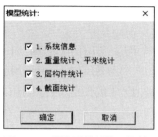

图 5.43 "模型统计"对话框

（2）模型检查。

该命令可以对模型进行自动检查，查找模型中不合理的数据。选择图 5.42 中的"模型检查"选项，弹出"模型检查"对话框，用户可以选择要检查的范围及要检查的项目，选择好后单击"确定"按钮，程序会自动进行检查，自动检查完成后程序会自动打开 CHECKOUT.OUT 检查结果文件，该文件保存在工程根目录下。旧版 PMSAP 在模型检查中只提供了简单机构检查功能。

（3）工况组合。

该命令可以用来增加自定义的荷载组合。选择图 5.42 中的"工况组合"选项，弹出图 5.44 所示的"自定义荷载工况组合"对话框，用户可以在这里增加自定义的荷载组合。

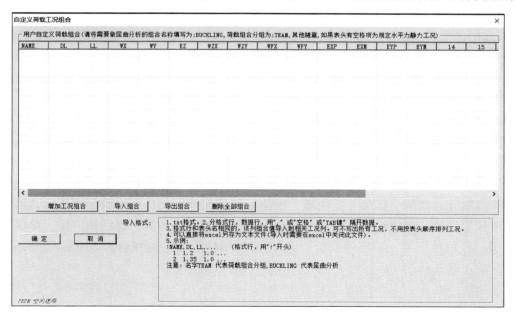

图 5.44 "自定义荷载工况组合"对话框

用户可以指定新增工况组合中各荷载工况的分项系数和组合值系数，程序会按照填写的系数进行荷载组合并设计。如果此处不补充自定义组合，程序将自动按《荷载规范》的规定确定组合方式。

利用此项还可以实现结构的整体屈曲设计的功能，具体方法为：在自定义组合中，定义一组或者多组组合名称为"BUCKLING"的组合，并填写相关荷载组合系数。在后面的计算中，程序将按照在此填写的组合系数，自动进行结构整体屈曲分析，确定临界荷载因子。

注意：需要做 Buckling 分析时，须在"计算"|"参数"|"设计参数"|"活荷载"|"Buckling 分析信息"中选中"考虑 Buckling 分析"。需要做屈曲分析的组合名要填写为"BUCKLING"，用于构件设计的组合名称则可随意填写，如果表头有空格项则规定为水平力静力工况。

经过 PMSAP 结构内力分析之后，用户可以在 PMSAP 后处理菜单"结果"|"特殊分析结果"|"屈曲模态"中，查看 Buckling 分析结果的屈曲模态，即结构在相应荷载作用下的失稳形式。

5.3.3 设计参数

选择图 5.42 中的"设计参数"选项，弹出"结构计算分析参数定义"对话框，该对话框中共有 12 个参数选项卡，分别为"总信息""地震信息""风荷载""活荷载""地下室""调整信息""设计信息""输出信息""时程选择""高级""砌体结构""默认材料"。所有参数都有一个默认值，用户应当逐项查看，看是否与工程具体情况相符；若不相符，则需修改。

1. 总信息

"总信息"是 PMSAP 分析和设计的总体信息，包括"总控制信息""剪力墙信息""楼板信息""高位转换结构等效侧向刚度比计算""温度荷载参数""结构缺陷参数""楼层施工次序"等选项组，如图 5.45 所示。下面介绍其中主要的几个选项组。

（1）总控制信息。

① 所在地区。

该参数分为全国、上海两个选择，选上海则按《上海市工程建设规范建筑抗震设计规程》（DGJ08—9—2013）计算地震力。

② 结构类型。

该参数分为框架、框架 – 剪力墙、框架 – 筒体、筒中筒、剪力墙、短肢剪力墙、网架、板柱剪力墙、底框抗震墙、部分框支剪力墙、钢框架、多层钢结构厂房、单层钢结构厂房、异形柱框架、异形柱框剪，共 15 种。结构类型的选择会影响众多规范条文的执行，应正确选择。

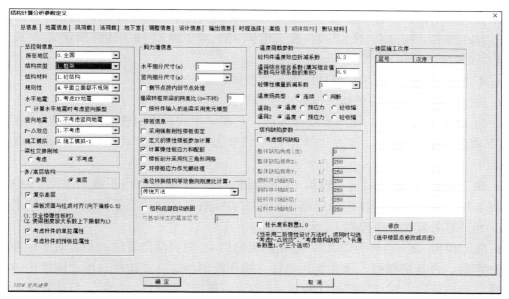

图 5.45　"总信息"选项卡

③ 结构材料。

该参数分为混凝土结构、钢结构、钢－混凝土混合结构。结构材料的选择会影响不同规范、规程的选择，从而影响地震力的计算，例如对于框架－剪力墙结构，当结构材料为钢结构时，程序按照钢框架－支撑体系的要求执行 $0.25V_0$ 调整；当结构材料为混凝土结构时，则执行混凝土结构的 $0.2V_0$ 调整。因此应正确填写。

④ 规则性。

从平面和立面定义结构的规则性，该参数只是一个标签，无实质意义。

⑤ 水平地震。

该参数分为考虑 XY 向地震、考虑 XY 向地震及双向效应、不考虑 3 种情况。程序考虑双向地震作用下的扭转效应时，增加了两个地震工况 E_{xy} 和 E_{yx}，相应的地震作用效应为 $S_{xy}=\sqrt{S_x{}^2+\left(0.85S_y\right)^2}$，$S_{yx}=\sqrt{S_y{}^2+\left(0.85S_x\right)^2}$。

⑥ 计算水平地震时考虑竖向振型。

不选中此项时，程序计算水平地震作用只考虑 X、Y 两个方向的平动质量；选中此项时，程序会考虑 X、Y、Z 3 个方向的平动质量。

⑦ 竖向地震。

该参数分为可考虑或不考虑竖向地震两种情况。九度抗震设防烈度区的长悬臂及大跨、连体结构，通常要考虑竖向地震作用。

⑧ P-Δ 效应。

该参数分为可以考虑或不考虑竖向力的侧移效应两种情况。考虑 P-Δ 效应对高层钢结构等高柔结构尤为必要。

⑨ 施工模拟。

该参数用来模拟恒荷载在施工过程中逐步施加对整个结构的影响，包括不考虑施工模拟、施工模拟 –1、施工模拟 –2、施工模拟 –3、施工模拟 –3（构件级定义）、施工模拟 –4（构件级可拆卸）。

a. 不考虑施工模拟：采用整体刚度一次性加载模型。

b. 施工模拟 –1：采用整体刚度分层加载模型。

c. 施工模拟 –2：是一种经验处理方法，它在"将柱和墙的轴向刚度放大 10 倍"的前提下做恒荷载的分析，该方法最初是专门针对框架 – 剪力墙结构传基础荷载而设置的。

d. 施工模拟 –3：是对施工模拟 –1 的改进，用分层刚度取代了施工模拟 –1 中的整体刚度，即对分层形成刚度、分层施加荷载的实际施工过程的完整模拟，计算结果更为合理，而计算量要比施工模拟 –1 大很多。

e. 施工模拟 –3（构件级定义）：是比施工模拟 –3 更灵活的算法，也是对实际施工过程更加准确、合理的模拟。这种算法能够在构件级别指定施工次序、形成刚度矩阵、施加荷载、完成计算。因此它比施工模拟 –1 和施工模拟 –3 更符合实际，但计算量更大。

f. 施工模拟 –4（构件级可拆卸）：是在施工模拟 –3（构件级定义）的基础上，还提供了构件拆卸的功能。在实际工程中，特别是对于某些特殊体型的结构，为了保证施工能够正常、安全地进行，常常要借助临时的支护结构，这些支护结构，只有在结构刚度和强度充分形成后，才允许拆除。临时支护结构的介入和拆除，将对结构的内力和变形反应造成影响，为了设计的安全性，有必要在施工模拟计算中，考虑这些影响。

此处选择该项，之后可通过"特殊构件"|"特殊构件定义"|"特殊构件"|"构件施工（拆卸）次序"对构件的施工次序（对永久构件）和施工拆卸次序（对临时构件）进行定义。

注意事项

当结构仅有永久构件而不存在临时构件时，只要在单构件上完整定义了施工次序，施工模拟 –4 和施工模拟 –3 就均可选择，但这时需要注意，施工模拟 –4 和施工模拟 –3 的计算结果会有一定差异，原因是 PMSAP 的施工模拟 –3 含有一定比例的一次性加载反应，而施工模拟 –4 则不含一次性加载反应。

⑩ 梁柱交接刚域。

当柱尺寸较大时，梁柱相交的部分作为梁端和柱端刚域，可以使分析更合理。

⑪ 多 / 高层结构。

通过该选项，可以指定结构属于多层还是高层，影响内力组合。

⑫ 复杂高层。

通过该选项，可以指定结构为复杂高层。

（2）剪力墙信息。

① 水平细分尺寸、竖向细分尺寸。

用户通过输入墙元在水平方向和竖向的细分尺寸，对剪力墙模型进行细分，可依据精度要求输入 0.5 ～ 5.0m 之间的数值。特别需要注意的是，墙的水平细分尺寸还同时控制楼板和梁的细分。

② 侧节点按内部节点处理。

该参数可以将剪力墙侧自由度预先消去。当细分剪力墙模型时，建议用户选中此选项。采用广义协调技术将墙侧自由度预先消去，可以大大提高分析效率，同时对精度影响甚微。若不选中此选项，墙侧自由度将作为出口自由度出现在总控制方程中，这样精度略高，但耗时较多。

③ 墙梁转框架梁的跨高比。

该参数可以将墙梁自动转换成框架梁。按照开洞墙输入形成的墙梁（连梁），在 PMSAP 中将按照有限壳单元进行分析。但有不少设计人员习惯于或者倾向于采用梁单元分析墙梁，本参数提供了墙梁自动转框架梁的功能，允许用户在 PMCAD 建模时，总是把剪力墙体系按照开洞墙输入，这在操作上很方便。而在 PMSAP 计算阶段，通过输入墙梁自动转框架梁的跨高比 R，来将所有跨高比大于 R 的墙梁自动转换成框架梁进行分析和设计。当跨高比 R 指定为零时，意味着不做转换。换言之，对于含剪力墙的结构，用户只需建立一个模型（墙体按开洞墙输入），就可以获得两种墙梁计算方式的结果。

 注意事项

对于上下层不对齐洞口形成的墙梁，程序不做转换；对于上下层不同厚度的墙开洞形成的连梁，梁宽取两个厚度的加权平均值。

④ 按杆件输入的连梁采用壳元模型。

PMSAP 中的连梁有两种，一种是用户按照杆件在建模软件中直接输入的，另一种是由开洞墙间接形成的。前者按照 Timoshenko 梁模型计算，后者按照壳元模型计算。从理论上讲，当连梁的跨高比较小时（比如 $L/H<3$），剪切变形趋于复杂，因而基于常剪应变的 Timoshenko 梁模型显得刚硬。为了计算更为准确，V5.2 版本的 PMSAP 提供了连梁的壳元模型计算方式，通过选中图 5.45 中的"按杆件输入的连梁采用壳元模型"来实现。对于小跨高比的连梁，壳元模型将更为准确。

（3）楼板信息。

① 采用强制刚性楼板假定。

当计算结构位移比或者周期比时，需要选择此选项。应该注意的是，除了位移比、周期比计算，其他的结构分析、设计不应选择此选项。

② 定义的弹性楼板参加计算。

表示在补充建模中定义的弹性楼板，可以参加计算，也可以不参加计算。不参加计算时，相当于楼面开洞。正常设计时，这一选项必须选中。

③ 计算弹性板应力和配筋。

定义弹性楼板通常有两个目的：一是考虑弹性楼板对主体结构的影响，二是计算弹性楼板自身的应力和配筋。为达到第二个目的时选中此选项。

④ 楼板剖分采用纯三角形网格。

若选中此选项，程序将采用纯三角形网格剖分楼板，否则程序将采用以四边形网格为主、三角形网格为辅的混合网格剖分楼板。

⑤ 对楼板应力作光顺处理。

采用有限元分析方法所得的楼板应力分布不连续，而实际中应力一般是连续的。因此，选中此选项，程序将取节点周围单元应力的平均值，可以使结果更接近真实情况。

（4）温度荷载参数。

① 混凝土（砼）构件温度效应折减系数。

该参数用于考虑在温度效应下，混凝土的徐变应力松弛、微裂缝应力释放等效应。注意："混凝土（砼）构件温度效应折减系数"只对结构中的混凝土构件起作用。

② 温荷综合组合系数。

温度荷载作为一个独立工况，需要用户指定其组合系数。假设无温度荷载作用时的组合数为 N，当有温度荷载作用时，在保留原来 N 种组合的同时，另外再增加 N 种组合。对新增加的组合，非温度荷载的工况的组合系数不变（与前 N 种相同），温度荷载工况的组合系数为用户指定的值。

③ 混凝土（砼）弹性模量折减系数。

可利用此选项考虑混凝土性质与时间有关的变化，为小于或等于1.0的正数。除非用于研究的目的，正常设计时不建议考虑折减。需考虑折减时，直接在"混凝土（砼）弹性模量折减系数"一栏中输入相应的系数即可。因为弹性模量的折减，会影响所用工况的计算。

④ 温度场类型。

该参数分为连续型和间断型两种情况。连续型是指构件的温差场由构件上的各个节点的温差插值得到；间断型是指若构件上存在一个节点其温差为零，则整个构件的温差场为零，否则同连续型。

⑤ 用温度效应模拟预应力和混凝土收缩。

每个温度工况允许为"温度""预应力"和"混凝土（砼）收缩"三个属性之一。在进行预应力和混凝土收缩计算时，需要用户自己算出等效温差，在补充建模中进行输入。如果温度工况的属性为预应力，程序将自动设定温度场的类型为间断型；如果温度工况的属性为混凝土收缩，程序将自动忽略钢构件上的等效温度荷载。

（5）结构缺陷参数。

PMSAP 可以在结构设计中考虑结构缺陷。该功能针对但不限于钢结构，原则上也可用于混凝土结构或其他结构形式。缺陷描述结构几何上的真实状态与理想设计状态的差异，通常分为整体缺陷和局部（构件）缺陷两种。整体缺陷可以由基础的不均匀沉降引起，也可以由施工等其他因素引起，它使得结构与地面不再垂直，而是呈现类似比萨斜塔一样的倾斜；局部（构件）缺陷一般针对钢杆件，由于加工或运输等原因，造成杆轴轻微弯曲，不再保持直线。缺陷造成结构构型的变化，会引发附加的结构变形和内力，对结构设计造成影响。

（6）楼层施工次序。

实际的建筑施工中，往往存在连续的多个楼层一起施工、一起拆模的方式，比如转换层结构的施工往往就是如此。为了能够适应这种施工方式，程序允许用户对楼层施工次序进行干预。楼层施工次序的用户干预还有一个重要作用，就是可以适应广义层结构的施工模拟。比如一个双塔结构，三层大底盘，底盘上面为两个七层的塔楼，该结构可以按照广义楼层输入，底盘层号为1～3，左塔楼层号为4～10，右塔楼层号为11～17。如果我们假定楼层施工次序为（1）—（2）—（3）—（4，11）—（5，12）—（6，13）—（7，14）—（8，15）—（9，16）—（10，17），就必须对每个楼层指定施工次序。

对于实际工程中常见的悬挑结构施工模拟，可以按照实际的楼层施工、拆模次序来定义。

2. 地震信息

在"结构计算分析参数定义"对话框中，"地震信息"选项卡包含"水平地震信息""竖向地震参数""强制修改反应谱参数""抗规（5.2.5）""偶然质量偏心""沿斜交抗侧力构件方向的附加地震信息"等选项组，如图5.46所示。

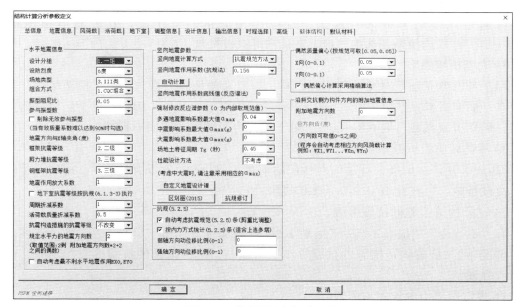

图5.46 "地震信息"选项卡

（1）水平地震信息。

① 设计分组。

依据《抗规》分第一组、第二组、第三组。

② 设防烈度。

依据《抗规》制定设防烈度。7度（0.15g）和8度（0.30g）分别指《抗规》表3.2.2中设计基本地震加速度值为0.15g和0.30g的地区。

③ 场地类型。

依据《抗规》分 I_0、I_1、II、III 和 IV 类。

④ 组合方式。

有 CQC 和 SRSS 两种方式。空间结构一般不应采用 SRSS 组合方式。

⑤ 振型阻尼比。

一般混凝土结构取 0.05，钢结构取 0.02，钢－混凝土混合结构在二者之间取值，可查《抗规》。

⑥ 参与振型数。

待求周期的个数，以及参加 CQC 组合的振型个数。这里的振型数是指总的空间振型数，不是单向振型数。振型数应该足够多，使得各地震方向的有效质量系数超过 90%。当有效质量系数难以达到 90% 时，可以选中"剔除无效参与振型"。

⑦ 地震方向与 X 轴夹角。

侧向地震可以沿任意两个正交方向作用，第一个地震方向与 X 轴夹角为 angle 度，称为 X 向地震（EX），第二个地震方向与 X 轴夹角为（angle+90）度，称为 Y 向地震（EY）。合理的 angle 值应使地震方向与结构的刚度主向接近。

⑧ 地震作用放大系数。

可通过此参数来放大地震力，提高结构的抗震安全度，其经验取值范围是 1.0 ～ 1.5。可以选择是否选中"地下室抗震等级按抗规（6.1.3–3）执行"。

⑨ 周期折减系数。

用于考虑填充墙等对结构周期的影响，一般会使地震力增大。对于框架结构，若砖墙较多，周期折减系数可取 0.6 ～ 0.7（砖墙较少时可取 0.7 ～ 0.8）；对于框架－剪力墙结构，周期折减系数可取 0.8 ～ 0.9；对于纯剪力墙结构，周期不折减。

⑩ 活荷载质量折减系数。

《高规》允许在地震力计算时对楼层活荷载予以折减（可折减 50%）。用户若考虑楼面活荷载折减，可在此填一个小于 1.0 的数。

⑪ 抗震构造措施的抗震等级。

有"不改变""提高 1 级""提高 2 级""降低 1 级"和"降低 2 级"5 个选项。在某些情况下，"抗震构造措施的抗震等级"可能与"抗震措施的抗震等级"不同，可能提高或降低。

⑫ 规定水平力的地震方向数。

按照《高规》第 3.4.5 条的规定，此处填写考虑规定水平力的地震方向的个数，一般填偶数。如果填 2，则在结构的地震方向 EX 和 EY 每个方向上增加 3 个规定水平力工况，即结果输出文件中的 LX、PX、MX、LY、PY、MY 工况；如果填 4，则再增加对应于附加地震 EX1 和 EY1 方向的 6 个工况 LX1、PX1、MX1、LY1、PY1、MY1；以此类推。规定水平力工况的名称含义是这样的：LX、PX、MX 分别为对应于 EX 的规定水平力、对应于 EX 的正偏心规定水平力、对应于 EX 的负偏心规定水平力；LY、PY、MY 分别为对应于 EY 的规定水平力、对应于 EY 的正偏心规定水平力、对应于 EY 的负偏心规定水平力；以此类推。规定水平力工况用于计算结构的位移比和框架倾覆力矩百分比，不影响构件的设计内力和配筋。

⑬ 自动考虑最不利水平地震作用 EX0、EY0。

地震沿着不同方向作用，结构的反应也不同。选中此选项，程序将自动计算最不利的地震作用方向角 alpha，并沿着 alpha 和 alpha+90° 两个方向增加一对地震作用，称作最不利地震作用（工况名为 EX0 和 EY0）。程序将把 EX0 和 EY0 自动考虑到内力组合和结构设计中。

（2）竖向地震参数。

① 竖向地震计算方式。

竖向地震计算方式有"抗震规范方法""振型叠加反应谱法""抗规和反应谱法取不利"3 种选择。规则高层建筑的竖向地震作用一般可以按照《抗规》给出的简化方法进行分析，但对于结构中的长悬臂、多塔之间的连廊、网架屋顶及各种空间大跨结构，其竖向地震作用分布往往比较复杂，简化方法有可能与实际情况出入较大。因此，除了"抗震规范方法"，程序还提供了"振型叠加反应谱法"。该方法在理论上更为严密，可以更好地适应大跨结构等复杂情形的竖向地震分析。当用户选用振型叠加反应谱法计算竖向地震作用时，程序会自动计算、考虑结构的竖向振动振型。竖向地震作用的最大影响系数取为相应水平地震作用的 65%。需要注意的是，当选用振型叠加反应谱法计算竖向地震作用时，参与振型数一定要取得足够多，以使水平和竖向地震的有效质量系数都超过 90%。

② 竖向地震作用系数（抗规法）。

当考虑竖向地震作用时，在此定义总竖向地震作用系数，比如此处填"0.2"，则相当于指定总竖向地震作用等于重力荷载代表值的 20%。当不考虑竖向地震作用或者采用振型叠加反应谱法考虑竖向地震作用时，这里的数值无意义。单击图 5.46 中的"自动计算"按钮，程序会自动计算并输入计算值。

③ 竖向地震作用系数底线值（反应谱法）。

本参数根据《高规》第 4.3.15 条规定设置。当振型分解反应谱法计算的竖向地震作用小于本参数的值时，将自动取本参数的底线值。

（3）强制修改反应谱参数。

① 规范中的地震影响系数。

这里可以输入多遇地震、中震、大震地震影响系数最大值，以及场地土特征周期，按照规范中给定的方式确定地震影响系数。

② 性能设计方法。

这里指定结构的性能设计类型，既可以对整个结构按照同一种性能目标进行结构设计，也可以对构件指定不同的性能目标进行设计。性能设计目标分为中震不屈服设计、中震弹性设计、大震不屈服设计、大震弹性设计，各自的含义如下。

a. 中震不屈服设计。地震影响系数最大值 α_{max} 按中震（2.8 倍多遇地震）取值；取消组合内力调整，即取消强柱弱梁、强剪弱弯调整；荷载作用分项系数取 1.0，即组合值系数不变；材料强度取标准值；抗震承载力调整系数 γ_{RE} 取 1.0；不考虑风荷载。

b. 中震弹性设计。地震影响系数最大值 α_{max} 按中震（2.8 倍多遇地震）取值；取消组合内力调整，即取消强柱弱梁、强剪弱弯调整；不考虑风荷载。

c. 大震不屈服设计。除地震影响系数最大值 α_{max} 按大震（4.5 ～ 6 倍多遇地震）取值外，其余参数同中震不屈服设计。

d. 大震弹性设计。除地震影响系数最大值 α_{max} 按大震（4.5 ～ 6 倍多遇地震）取值外，其余同中震弹性设计。

③ 自定义地震设计谱。

用户也可以不按照规范中指定的地震影响系数，而自定义地震设计谱，用以考虑来自安全评估报告或其他情形的、比规范设计谱更贴切的反应谱曲线。

（4）抗规（5.2.5）。

① 自动考虑抗震规范（5.2.5）条。

选中此选项，软件会自动调整地震作用，满足《抗规》第 5.2.5 条的要求。

② 按内力方式统计（5.2.5）条。

选中此选项，程序会通过统计楼层所有构件相应方向的内力分量的方式，来计算楼层剪力和上部结构总重，进而计算剪重比。对于上连多塔结构一般需要选中此选项。

③ 弱、强轴方向动位移比例。

PKPM 规定了在加速度段、位移段和速度段的 3 种调整方式，各段的调整方式如下。

a. 加速度段一般指当基本周期位于 $0 \sim T_g$ 时的情况，此时动位移比例填 0，程序对全楼各层采用统一的地震剪力放大系数。

b. 位移段一般指当基本周期大于 $5T_g$ 时的情况，此时动位移比例填 1，程序对全楼各层剪力系数采用相同的增量。

c. 速度段一般指当基本周期位于 $T_g \sim 5T_g$ 时的情况，动位移可酌情在 $0 \sim 1$ 之间取值。

要注意弱轴对应结构长周期方向，强轴对应结构短周期方向。

（5）偶然质量偏心。

① X、Y 向相对偶然质量偏心。

当需要考虑偶然偏心时，可以在此输入偏心百分比，一般为 5%。此时程序将自动增加计算 4 个地震工况 EXP、EXM、EYP、EYM，它们的具体含义如下。

a. EXP 为 X 向地震，各楼层质心沿 Y 正向偏移 x%。

b. EXM 为 X 向地震，各楼层质心沿 Y 负向偏移 x%。

c. EYP 为 Y 向地震，各楼层质心沿 X 正向偏移 x%。

d. EYM 为 Y 向地震，各楼层质心沿 X 负向偏移 x%。

② 偶然偏心计算采用精确算法。

偶然偏心计算有精确算法和近似算法，可以选择是否选中"偶然偏心计算采用精确算法"。

（6）沿斜交抗侧力构件方向的附加地震信息。

在图 5.46"水平地震信息"选项组中"地震方向与 X 轴夹角"指定的是常规的两

个地震作用方向，在 PMSAP 中称为 EX 和 EY。当结构存在斜交抗侧力构件，且交角大于 15° 时，《抗规》第 5.1.1–2 条规定应分别计算各抗侧力构件方向的水平地震作用，此时可以在此处指定附加地震方向。比如附加地震方向数填 1，相应的方向角填 20°，PMSAP 将在原有 EX、EY 的基础上新增加两个地震 EX1 和 EY1[EX1 指的是 20° 方向的地震，EY1 指的是 110°（=90°+20°）方向的地震]；如果附加地震方向数填 2，相应的方向角填 30° 和 60°，PMSAP 将在原有 EX、EY 的基础上新增加 4 个地震 EX1、EY1、EX2、EY2，它们分别指 30°、120°、60° 和 150° 方向的地震；以此类推。当不需要考虑附加地震时，附加地震方向数填 0。

3. 风荷载

在"结构计算分析参数定义"对话框中，"风荷载"选项卡主要包含"主体结构水平风荷载信息""屋面风"等选项组，如图 5.47 所示。

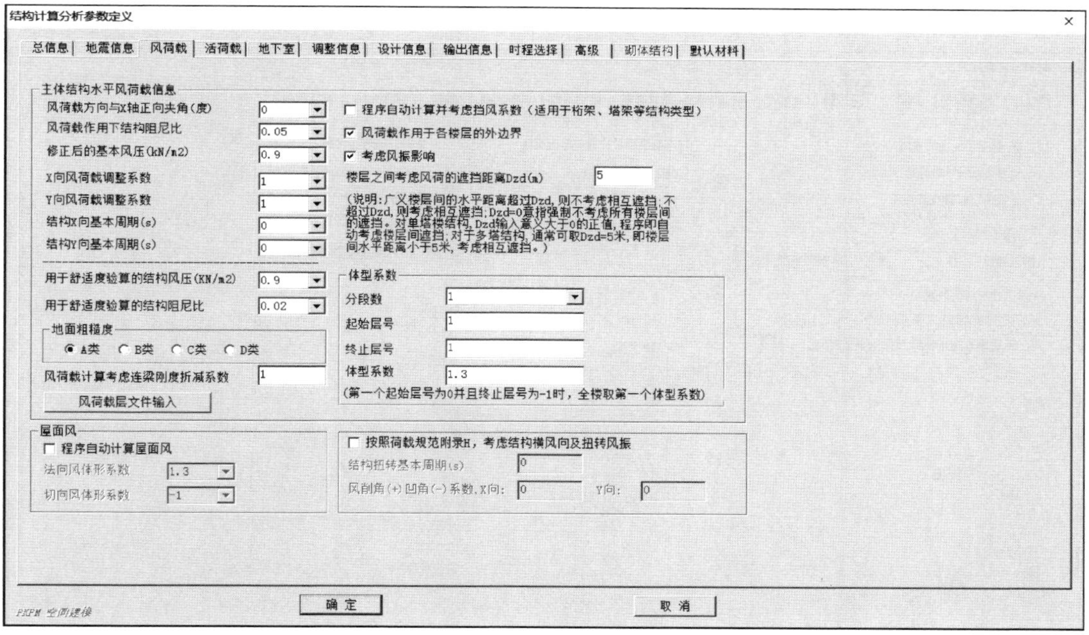

图 5.47 "风荷载"选项卡

考虑实际工程的应用，下面仅对"风荷载"选项卡中"主体结构水平风荷载信息"中的几个主要参数进行介绍。

（1）X、Y 向风荷载调整系数。

对于由于设缝而形成的多塔结构，如果在 PMSAP 中按照多塔计算，则垂直于缝方向的风荷载会被算大（因为接缝处也被算作了迎风面），这时可利用图 5.47 中的"X 向风荷载调整系数"和"Y 向风荷载调整系数"进行调整，在相应方向填写一个小于 1 的系数。例如：X 方向的风荷载被算大了一倍，则"X 向风荷载调整系数"可以填 0.5。

（2）用于舒适度验算的结构风压。

用于舒适度验算的结构风压不同于变形验算和承载力计算的基本风压，通常重现期取为 10 年。也就是说，该风压值填写 10 年一遇的数值。

（3）用于舒适度验算的结构阻尼比。

一般情况下，对混凝土结构可按 0.02 取值，对钢结构可按 0.01 取值。

（4）风荷载作用于各楼层的外边界。

选中此选项后，程序会自动搜索每个楼层的外边界，在迎风边界和背风边界上，按照每个边界节点的受风面积分配风荷载。若不选中此选项，风荷载将在所有楼层节点上平均分配。由于作用于楼层外边界更符合风荷载的实际情况，因此对于空旷结构，应该选择此选项，否则位移角的计算结果可能偏小。

4. 活荷载

在"结构计算分析参数定义"对话框中，"活荷载"选项卡主要包含"柱 / 墙 / 基础设计活荷折减""柱 / 墙 / 基础设计活荷折减系数""梁活荷不利布置计算层数""梁活荷折减控制系数""Buckling 分析信息"几个选项组，如图 5.48 所示。

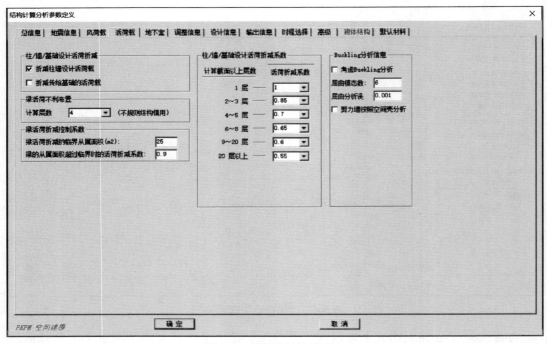

图 5.48 "活荷载"选项卡

（1）柱 / 墙 / 基础设计活荷折减。

根据《荷载规范》，有些结构在柱、墙设计时，可对承受的活荷载进行折减。在结构分析计算完成后，程序会输出一个底层柱、墙的组合内力文件，这是按照《建筑地基基础设计规范》（GB 50007—2011）要求给出的各竖向构件的各种控制组合，活荷载作为一种工况，在荷载组合计算时可进行折减。

（2）柱 / 墙 / 基础设计活荷折减系数。

这些折减系数是根据《荷载规范》给出的隐含值，用户可以修改。

（3）梁活荷不利布置计算层数。

若此处填 0，表示不考虑梁活荷载不利布置作用；若填大于 0 的数 K，则表示从第 1 层到第 K 层考虑梁活荷载不利布置，而 $K+1$ 层及以上不考虑梁活荷载不利布置；若 K 等于结构的层数，则表示对全楼所有层都考虑梁活荷载不利布置。

（4）梁活荷折减的控制参数。

根据《荷载规范》第 5.1.2 条的规定，用户可通过本参数设置梁活荷载相对于从属面积的折减系数，此折减系数并不影响柱和墙上的活荷载。不要在三维建模中设置活荷载折减，而应在 PMSAP 中分别考虑柱、墙、梁的活荷载内力折减。

（5）Buckling 分析信息。

需要做 Buckling 分析时，需要选中图 5.48 中的"考虑 Buckling 分析"选项，并指定屈曲模态数、屈曲分析数，可以选择是否选中"剪力墙按照空间壳分析"。Buckling 分析工况可以在"计算"|"参数"|"工况组合"中定义。

5. 地下室

"地下室"选项卡如图 5.49 所示，下面简要介绍一下其中的主要参数。

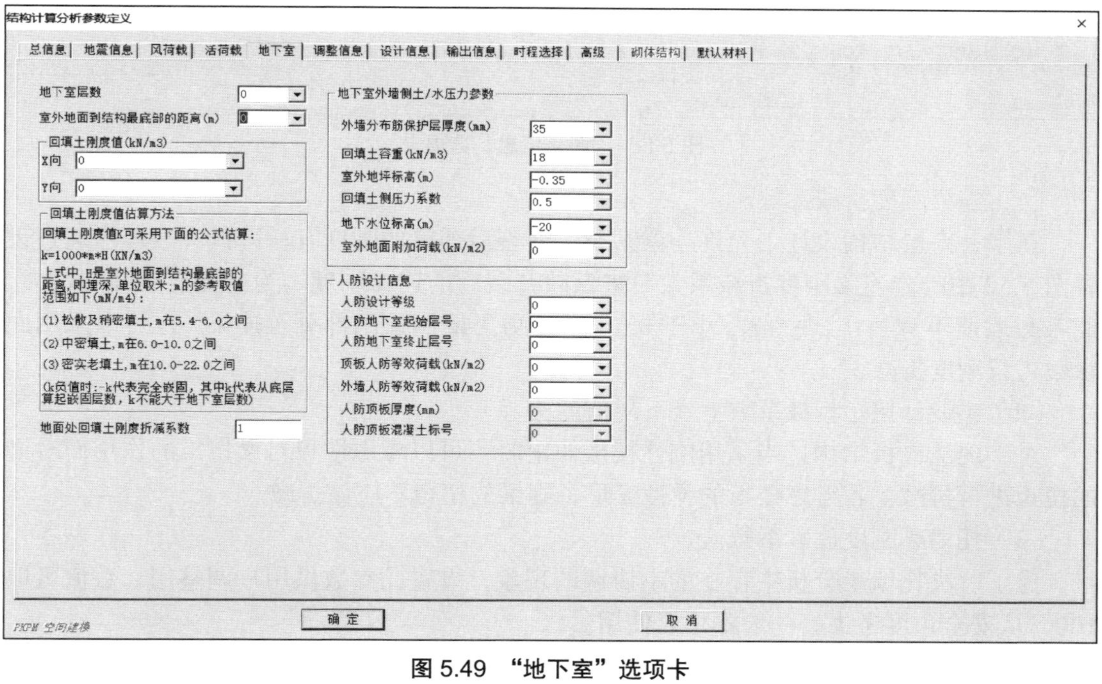

图 5.49 "地下室"选项卡

（1）室外地面到结构最底部的距离。

程序提供该选项的目的是用来导算风荷载和对地面以下的楼层施加侧向土约束。

（2）室外地坪标高、地下水位标高。

这两项在填写时，都是以结构正负零标高为基准的，高于此值为正，低于此值为负。

6. 调整信息

"调整信息"选项卡如图 5.50 所示，下面简要介绍一下其中的主要参数。

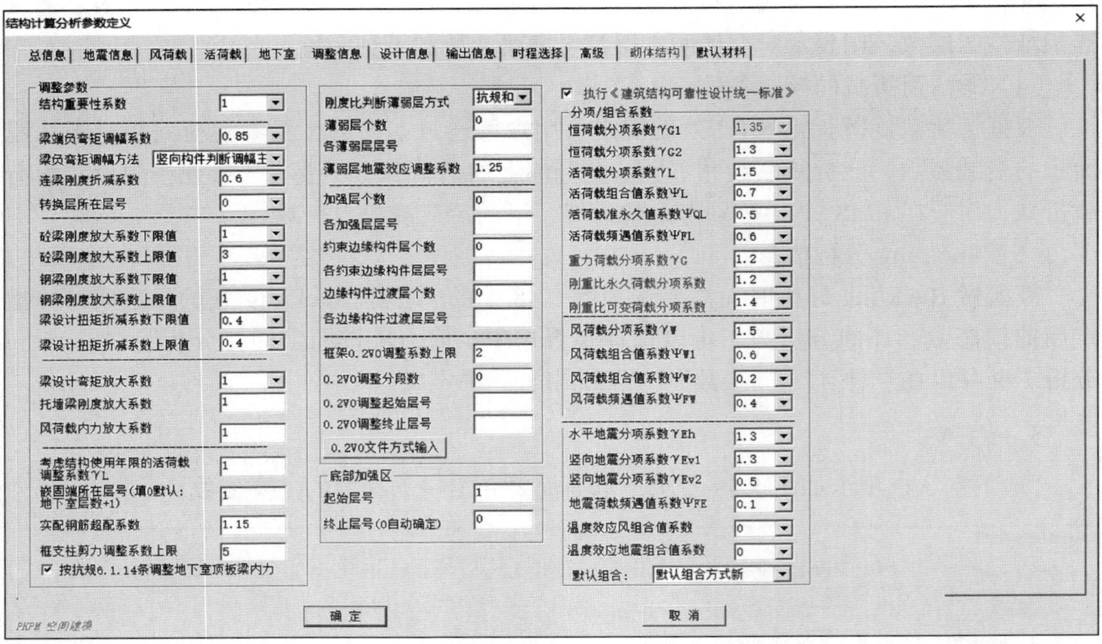

图 5.50 "调整信息"选项卡

（1）连梁刚度折减系数。

在多、高层结构设计中允许连梁开裂，开裂后连梁的刚度有所降低，故程序通过设置图 5.50 中的"连梁刚度折减系数"来反映开裂后的连梁刚度。为避免连梁开裂过大，此系数取值不宜过小，一般不小于 0.5。对于剪力墙洞口间部分（连梁）也可以采用此参数进行刚度折减。

（2）梁设计扭矩折减系数上、下限值。

对于现浇楼板结构，当采用刚性楼板假定时，可以考虑楼板对梁扭矩的作用而对梁的扭矩进行折减。若考虑楼板的弹性变形，则梁的扭矩不应该折减。

（3）托墙梁刚度放大系数。

为了解决托墙梁分析中存在的不协调的现象，设置此参数供用户调整用，数值可取 100。从安全角度考虑，一般不建议使用。

（4）风荷载内力放大系数。

根据《高规》第 4.2.2 条规定，对风荷载比较敏感的高层建筑，承载力设计时应按基本风压的 1.1 倍采用。选中此选项，则按正常使用极限状态确定基本风压值，程序将自动按本参数对风荷载效应进行放大（相当于对承载力设计时的基本风压进行了提高）。

（5）考虑结构使用年限的活荷载调整系数 γ_L。

根据《高规》第 5.6.1 条要求，当设计使用年限为 50 年时该系数取 1.0，当设计使用年限为 100 年时该系数取 1.1。

（6）实配钢筋超配系数。

对于9度设防烈度的各类框架和一级抗震等级的框架结构，框架梁和连梁端部剪力、框架柱端部弯矩、剪力调整应按实配钢筋和材料强度标准值来计算实际承载设计内力，但是在计算时因为得不到实际承载设计内力，而采用计算设计内力，所以只能通过调整计算设计内力的方法进行设计。实配钢筋超配系数就是按规范考虑材料、配筋因素的一个附加放大系数。

 注意事项

对于9度设防烈度的各类框架和一级抗震等级的框架结构，如果严格按规范要求进行设计，用一个超配系数是不全面的，不能涵盖所有构件，所以对这类结构的抗震设计还应专门进行研究。

（7）边缘构件过渡层个数及各边缘构件过渡层层号。

根据《高规》第7.2.14-3条，用户可自定义过渡层。程序可实现如下功能：①过渡层边缘构件的范围按构造边缘构件取；②过渡层剪力墙的边缘构件的箍筋配置按约束边缘构件确定一个体积配箍率（配箍特征值 λ_c），又按构造边缘构件取0.1，取这两个值的平均值。多个过渡层可用空格隔开填写。

7. 设计信息

"设计信息"选项卡如图5.51所示，下面简要介绍一下其中的主要参数。

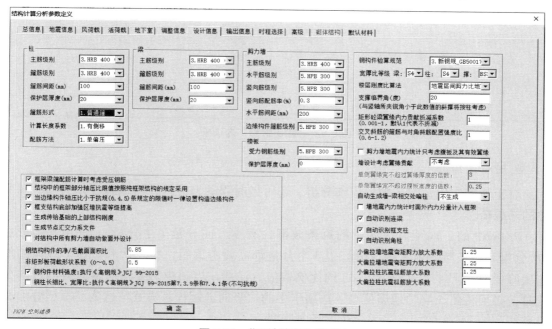

图 5.51 "设计信息"选项卡

（1）保护层厚度。

以最外层钢筋（包括箍筋、构造筋、分布筋等）的外缘为准计算保护层厚度。

（2）结构中的框架部分轴压比限值按照纯框架结构的规定采用。

根据《高规》第 8.1.3 条，框架 – 剪力墙结构，底框部分承受的地震倾覆力矩的比值在一定范围内时，框架部分的轴压比需要按框架结构的规定采用。选中此选项后，程序将按纯框架结构的规定控制结构中框架的轴压比，除轴压比外，其余设计仍遵循框架 – 剪力墙结构的规定。

8. 输出信息

"输出信息"选项卡如图 5.52 所示。通过设置该选项卡可以指定各种构件单项内力的文本文件输出。

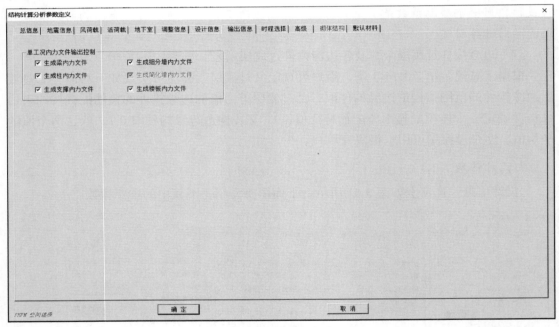

图 5.52 "输出信息"选项卡

9. 时程选择

对于地震作用，除了做反应谱分析，还可做时程动力分析，将地震波作为随时间变化的外载荷。

PMSAP 的三向地震波库中的每条波都含有本方向分量（主分量）、垂直方向分量（次分量）和竖向分量 3 种成分。当 3 个分量都需要考虑时，主、次和竖 3 个方向的加速度峰值宜按照 1 ∶ 0.85 ∶ 0.65 的比例取值。注意，当用户需要考虑地震波的竖向分量时，必须将图 5.46 "地震信息"选项卡中的"竖向地震计算方式"选为"振型叠加反应谱法"。只有这样，程序才会计算竖向振型。

用户选择的每一条波，程序都将自动将其主分量作用于结构的 X 向和 Y 向两个方向上。比如选择了一条波 EW，它的主分量、次分量和竖向分量分别记作 EW–1、EW–2 和 EW–3。当这条波的主分量作用于 X 向时（X 向地震），地震波在结构 X、Y、Z 3 个方

向的分量分别为 EW-1、EW-2、EW-3；当这条波的主分量作用于 Y 向时（Y 向地震），地震波在结构 X、Y、Z 3 个方向的分量分别为 EW-2、EW-1、EW-3。这是初用三向地震波时容易混淆之处，特予以说明。对于 X 向地震作用的多条地震波，PMSAP 程序将自动搜索出各条波产生结构反应最大的时刻，将各条波最大时刻的响应取平均，作为工况 "DX"；对于 Y 向地震作用的多条地震波，PMSAP 程序也将自动搜索出各条波产生结构反应最大的时刻，并将各条波最大时刻的响应取平均，作为工况 "DY"。时程工况 DX 和 DY，都将考虑进荷载组合和构件设计当中，考虑方式同地震工况 EX 和 EY。时程分析的主要结果，均可在 "结果" | "文本结果" | "文本查看" | "旧版文本查看" | "详细摘要" 中查看（也可以在工程目录下的 "SAP_结果" 文件夹内直接打开 "工程文件名_TB.ABS" 查看）。同时，后处理 "结果" | "特殊分析结果" | "弹性时程" 中提供了时程分析结果的图形显示。

10. 高级

"高级" 选项卡如图 5.53 所示，下面简要介绍一下其中的 "弹性板导荷" 参数。

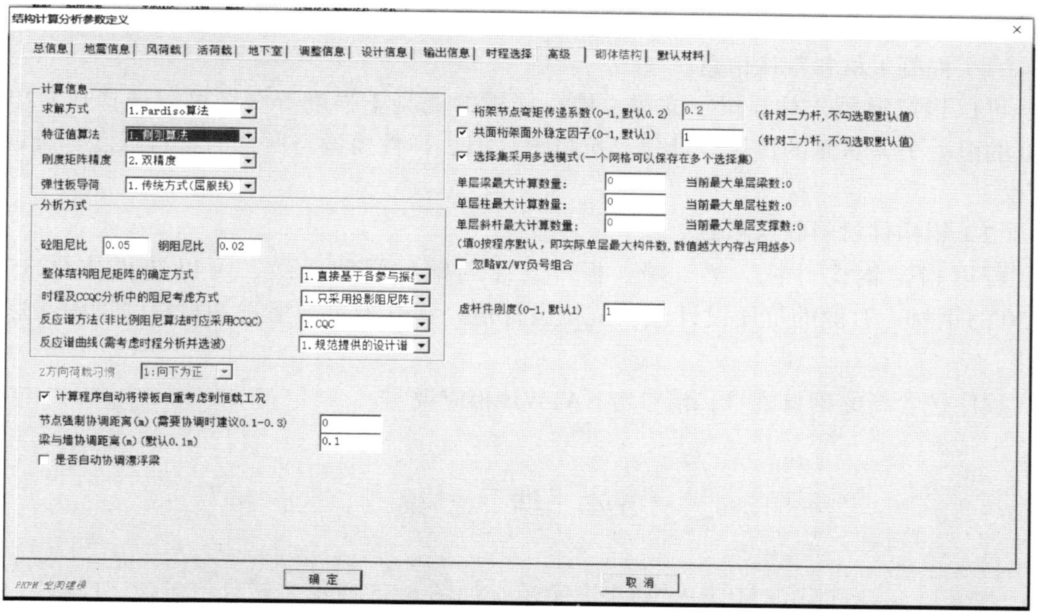

图 5.53 "高级" 选项卡

弹性板导荷方式有两种：传统方式和有限元方式。传统方式是按照塑性铰线的形状，将板上的荷载分配到周边的梁和墙上。此方式为常用的工程模式，也为默认模式。有限元方式是将定义成弹性板的楼板上的荷载，按照有限元弹性分析，向周边梁、墙传递，对于未定义成弹性板的楼板，其荷载导算方式仍旧为传统的塑性铰线方式。

11. 默认材料

"默认材料" 选项卡如图 5.54 所示，下面简要介绍一下其中的主要参数。

图 5.54 "默认材料"选项卡

（1）混凝土材料默认信息。

可以指定混凝土柱、梁、支撑、墙、楼板的混凝土强度等级，可以选择从 C20 到 C80 的混凝土，右侧的抗压设计值、抗拉设计值、弹性模量与所选的材料强度等级联动变化。

（2）钢构件材料默认信息。

可以指定钢构件柱、梁、墙、板、支撑的钢材强度等级，可以选择从 Q235 到 Q550 的钢材，右侧的抗压设计值、抗拉设计值、弹性模量与所选的材料强度等级联动变化。

程序包含新的钢材型号，请参考 SATWE 相应说明。

5.4　结　　果

结果

打开 PMSAP"结果"菜单，如图 5.55 所示，该菜单包含"模型""分析结果""设计结果""特殊分析结果""组合内力""校核""文本结果""钢筋层""工程对比""梁墙搭接局部设计""墙面外承载力设计"选项组。其中，"分析结果"选项组更侧重程序的分析功能，而"设计结果"选项组则给出的数值更为具体。下面简要介绍一下"分析结果"和"设计结果"选项组。

图 5.55 "结果"菜单

5.4.1 分析结果

在"分析结果"选项组中,有 5 个选项,分别为"振型""位移""内力""弹性挠度""楼层指标"。

5.4.2 设计结果

在"设计结果"选项组中,有 7 个选项,分别为"轴压比""配筋""边缘构件""内力包络""梁配筋包络""柱、墙控制内力""柱、墙位移角",如图 5.56 所示。下面主要介绍其中的"配筋""内力包络""梁配筋包络"选项。

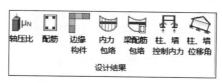

图 5.56 "设计结果"选项组

(1)配筋。

选择图 5.56 中的"配筋"选项,用户可以查看和输出结构各楼层配筋简图,如图 5.57 所示。

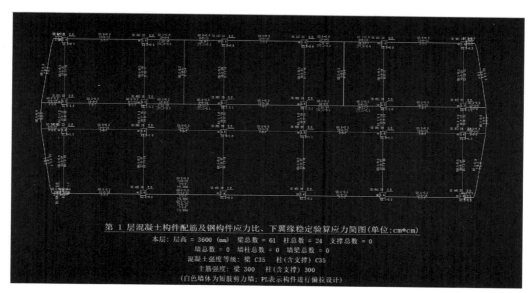

图 5.57 楼层配筋简图

注意事项

各种构件的表示方法可参照 SATWE 部分。

(2)内力包络。

选择图 5.55 中的"内力包络"选项,用户可以直接查看和输出各楼层梁、柱、墙和支撑的内力包络图,如图 5.58 所示。

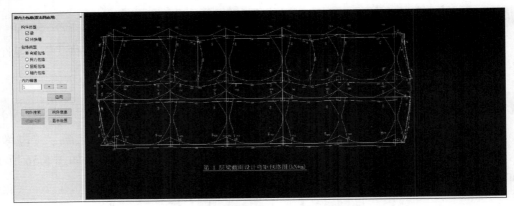

图 5.58　楼层构件内力包络图

内力包络图是指在地震、风、恒、活荷载共同作用下，各截面最大和最小内力值的图形；包络类型包括弯矩包络、剪力包络、扭矩包络、轴力包络。

（3）梁配筋包络。

选择图 5.56 中的"梁配筋包络"选项，用户可以查看和输出各层柱、梁、墙和支撑的控制配筋的设计内力包络图和配筋包络图，梁截面主筋包络图如图 5.59 所示。

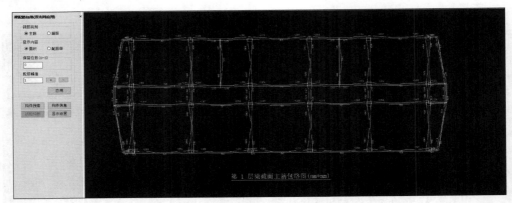

图 5.59　梁截面主筋包络图

5.5　设计实例

5.5节设计实例操作演示（上）

本节通过对一个文化中心结构进行实例分析计算，介绍应用 PMSAP 软件进行复杂结构工程计算和设计的过程。

本工程为一栋四层现浇钢筋混凝土框架结构的文化活动中心，在⑥、⑦轴之间设有一变形缝将建筑平面分为左右两个部分；由于建筑功能要求，建筑平面局部设大开洞。本工程抗震设防烈度为 8 度，建筑平面图如图 5.60 所示，⑬～①轴立面图如图 5.61 所示，放映厅剖面图如图 5.62 所示。

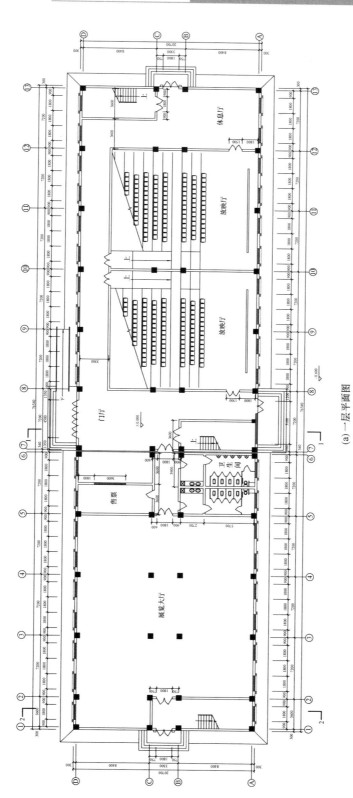

(a) 一层平面图

图 5.60 建筑平面图

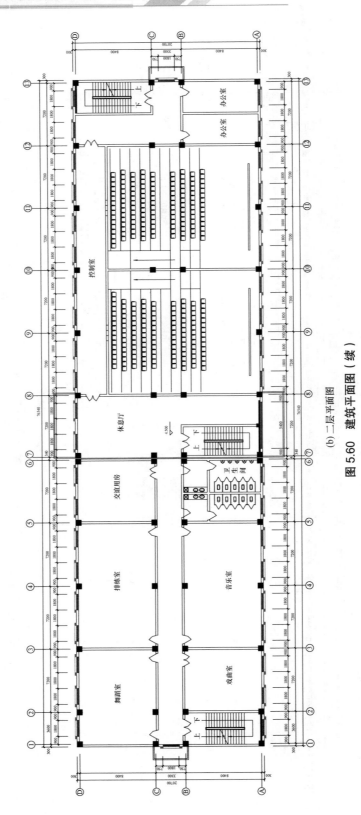

(b) 二层平面图

图 5.60　建筑平面图（续）

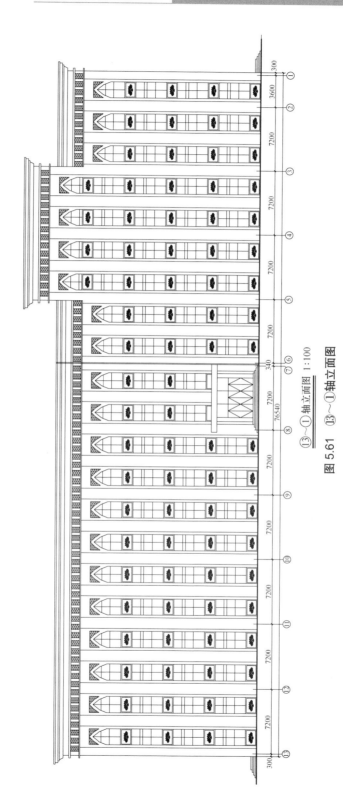

图 5.61 ⑬~①轴立面图

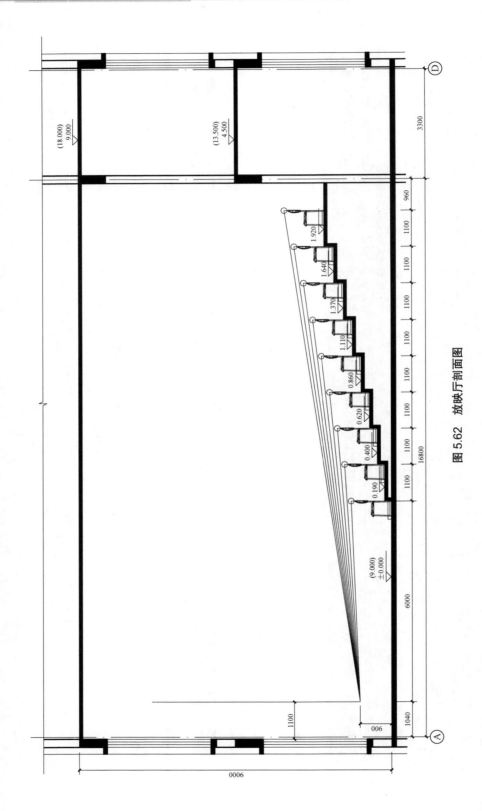

图 5.62　放映厅剖面图

由于建筑平面设有变形缝，故在结构建模时将整个结构依变形缝位置分为两个单元。程序对每个单元分别进行计算与配筋，由于右侧为放映厅，比较复杂，故以右侧单元为例进行分析与计算。

5.5.1 PMSAP 设计实例的结构 PMCAD 建模

首先根据建筑平面图应用 PMCAD 建立结构模型，具体建模过程同第 2 章，得到的结构各标准层平面图如图 5.63～图 5.66 所示，"楼层组装"对话框如图 5.67 所示。

 注意事项

在建模过程中，对于楼板开洞的处理程序提供了两种开洞的方法，本工程选用"全房间开洞"的操作方法；楼层的荷载输入均按《荷载规范》中要求的进行取值；可以通过选择 PMCAD 主菜单的"前处理及计算"|"平面荷载校核"进行输入荷载的校核。

完成输入楼板信息和输入荷载数据后，结构的 PMCAD 建模和荷载输入完成，即可以接力 PMSAP 进行计算分析。

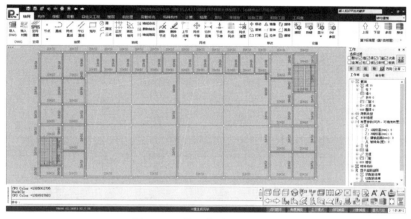

图 5.63 第 1 标准层平面图

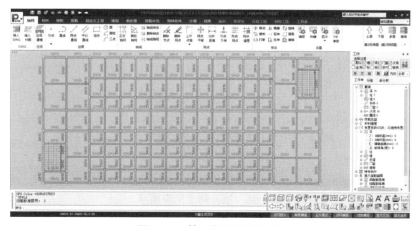

图 5.64 第 2 标准层平面图

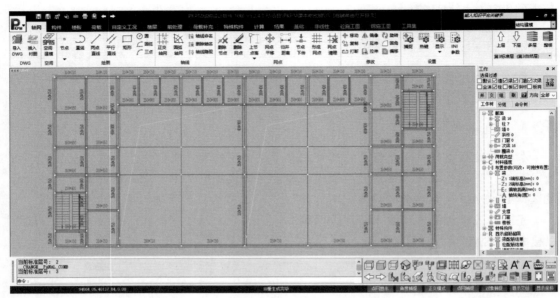

图 5.65　第 3 标准层平面图

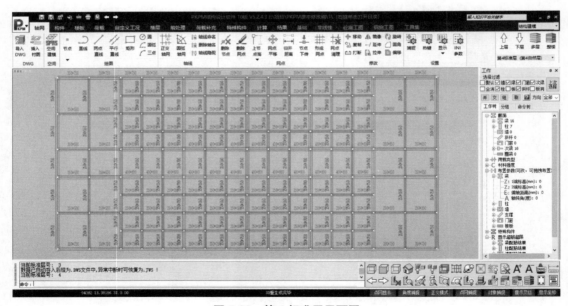

图 5.66　第 4 标准层平面图

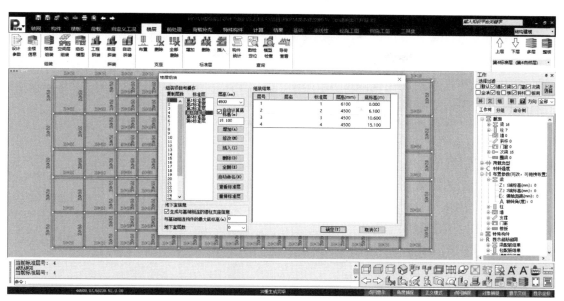

图 5.67 "楼层组装"对话框

5.5.2 设计参数

根据本工程实例的特点，在"特殊构件"菜单中主要完成弹性板的指定。由于该结构设大开洞，故需定义弹性板，本实例通过选择"特殊构件"|"特殊构件定义"|"特殊板"|"弹性膜"选项定义，其布置结果如图 5.68 所示。

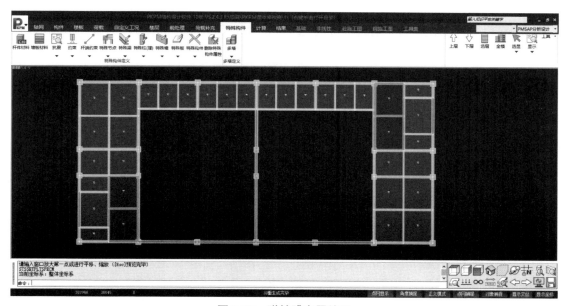

图 5.68 弹性膜布置结果

在图 5.51 "设计信息" 选项卡中，需要完成相关参数的输入，考虑结构的特点，本实例需进行多次计算与分析，其中第一次整体分析计算的参数选择如下。

（1）总信息。

选中 "采用强制刚性楼板假定"。

规则性：平面立面都不规则。

是否选中 "复杂高层"：是。

注意事项

当选中 "采用强制刚性楼板假定" 时，楼层弹性板定义不起作用。

（2）地震信息。

设计分组：第二组。

设防烈度：8 度。

场地类型：Ⅱ 类。

（3）风荷载。

修正后的基本风压：$0.35kN/m^2$。

地面粗糙度：B 类。

（4）活荷载信息

柱 / 墙 / 基础设计活荷载折减：选中 "折减柱墙设计活荷载"。

其他参数均取默认值。

完成参数输入后，单击 "确定" 按钮，即可进入下一步。

5.5.3 计算

在这里选择 "计算" | "结构计算（64）" | "生成数据＋计算（64）"，程序即进行结构分析与计算，计算过程界面如图 5.69 所示。

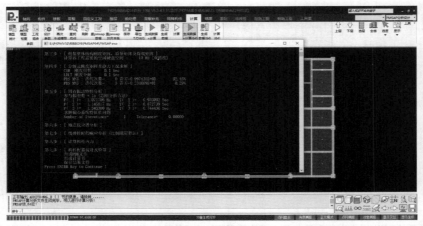

图 5.69 计算过程界面

5.5.4 结果

在这里可以通过选择"结果"|"文本结果"|"文本查看"来查看结构的整体计算情况，选择"文本查看"下拉菜单中的"新版文本查看"，可以查看结构的整体计算参数，包括结构基本自振周期、周期比、位移比、剪重比、刚重比、层间位移角等。下面仅就其中的周期比、最不利地震作用方向角及楼层刚重比做简单介绍。

（1）周期比。

周期比侧重控制的是侧向刚度和扭转刚度之间的一种相对关系，而非其绝对大小，它的目的是使抗侧力构件的布置更有效、更合理。所以一旦出现周期比不满足要求的情况，就只能通过调整平面布置来改善这一状况，这种改变一般是整体性的，局部小的调整往往收效甚微。周期比控制不是要求结构足够结实，而是要求结构方案布置合理。

5.5节设计实例操作演示（下）

（2）最不利地震作用方向角。

结构地震反应是地震作用方向角的函数，存在某个角度使得结构地震反应最大，这个地震作用方向我们就称之为最不利地震作用方向。本实例的最不利地震作用方向角 $=-0.16°$。

（3）楼层刚重比，见表5-3。

表5-3 整层屈曲模式的刚重比验算（《高规》第5.4.1条，一般用于剪切型结构）

层号	X向刚度 /（kN/m）	Y向刚度 /（kN/m）	层高 /m	上部重量 /kN	X向刚重比	Y向刚重比
4	3.95e+5	4.19e+5	4.50	18472.89	96.18	102.04
3	4.18e+5	5.01e+5	4.50	30914.99	60.84	72.97
2	4.60e+5	5.48e+5	4.50	51909.22	39.86	47.47
1	4.20e+5	4.63e+5	6.10	65244.52	39.28	43.28

注：1. 该结构最小刚重比（39.28，第1层）不小于20，可以不考虑重力二阶效应。

2. 该结构最小刚重比不小于10，能够通过《高规》第5.4.4条的整体稳定验算。

注意事项

结构经过第一次计算后，如果发现计算结果不满足要求，比如周期比、位移比、刚重比等超过规范允许值或是远小于规范允许值，则说明结构方案不合理，需要重新调整方案。

完成结构的整体分析后可以进行结构的第二次配筋计算。因为本实例的楼板局部设开大洞，所以属于竖向不规则结构，需要在楼板大开洞处定义弹性板，以准确计算结构的位移和内力，并进行配筋计算。

重复计算过程，只是在如图5.70所示的"总信息"选项卡中不选中"采用强制刚性楼板假定"，在"高级"选项卡中特征值算法选用总刚分析方法。在"特殊构件"菜单中定义弹性楼板，本实例中弹性楼板选项为"弹性膜"。完成上述各项参数的修改后，选择"计算"菜单，即可完成PMSAP的计算工作。

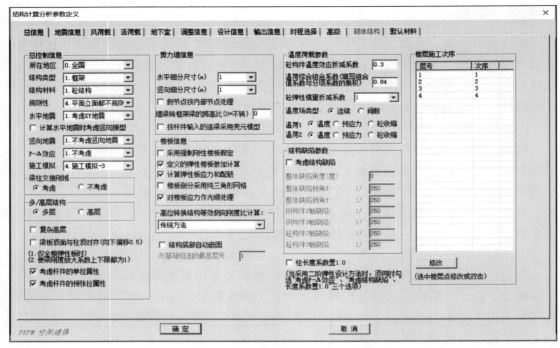

图 5.70 "总信息"选项卡中的参数修改

5.5.5 分析结果的图形显示

对于图形文件，主要查看内容包括混凝土构件配筋验算（图 5.71 和图 5.72）、柱 / 墙 / 桁架轴压比及梁柱节点验算（图 5.73）。

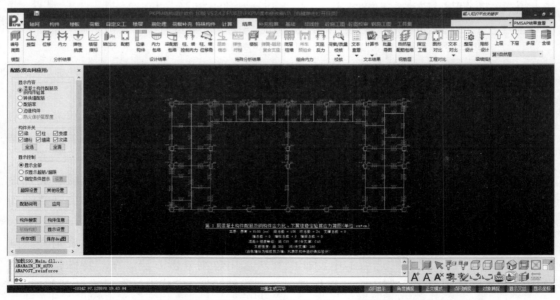

图 5.71 第 1 层混凝土构件配筋及钢构件应力比、下翼缘稳定验算应力简图

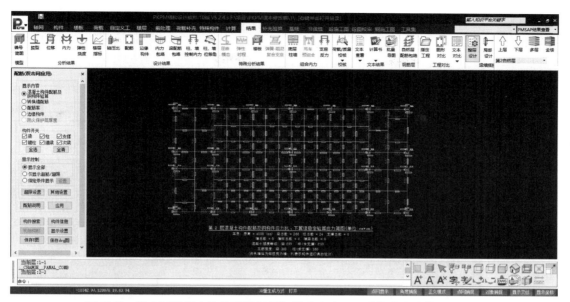

图 5.72 第 2 层混凝土构件配筋及钢构件应力比、下翼缘稳定验算应力简图

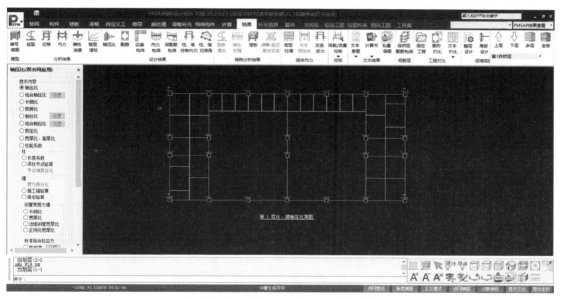

图 5.73 第 1 层柱、墙轴压比简图

注意事项

① 超筋标记，若钢筋面积前面有一符号"&"，意指超筋；画配筋简图时，超筋超限均以红色提示。

② 如果计算结果不满足要求，比如较多构件超筋、轴压比等信息超过规范或远小于规范允许值，则需要调整方案重新进行计算。此时，应回到 PMCAD 软件中修改结构布置情况，并重新进行计算，直到满足规范要求。

可以从PMSAP的分析结果中查询梁配筋包络信息，选择"结果"|"设计结果"|"梁配筋包络"，然后在屏幕右侧子菜单中单击"主筋"按钮，则屏幕显示分析得到的梁配筋包络图，如图5.74所示。另外，也可以在主菜单中分别查询反力等各项信息。

通过上述的计算结果，可以接第7章进行结构的施工图设计。

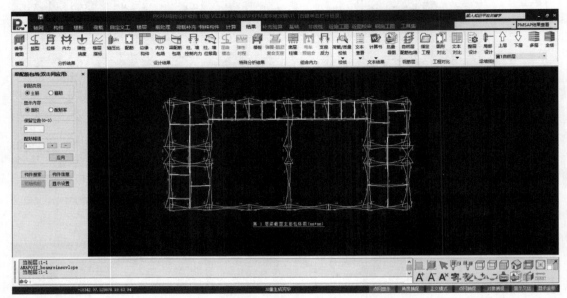

图5.74　第1层梁截面主筋包络图

思考与练习题

1. PMSAP的主要功能是什么？

2. PMSAP前处理包括哪几个步骤？

3. 对于框架结构和框架–剪力墙结构，周期折减系数怎样取值？

4. 用于舒适度验算的结构风压和阻尼比与一般的荷载计算相比取值有何不同？

5. 弹性楼板的导荷方式有哪几种？

6. PMSAP提供了哪几种方式来考虑竖向地震作用？

7. 在"地震信息"选项卡中，选择考虑扭转耦联和不考虑扭转耦联分别对结构计算有何影响？

8. 在"地震信息"选项卡中，如何选择计算振型个数？

9. 在"调整信息"选项卡中，为什么要进行温度应力的折减？温度应力折减系数怎样取值？

10. 在"风荷载"选项卡中，体型分段数和分段参数如何选择？

11. 试问PMSAP对剪力墙的洞口是如何处理的？

第6章
地基基础分析与设计软件JCCAD

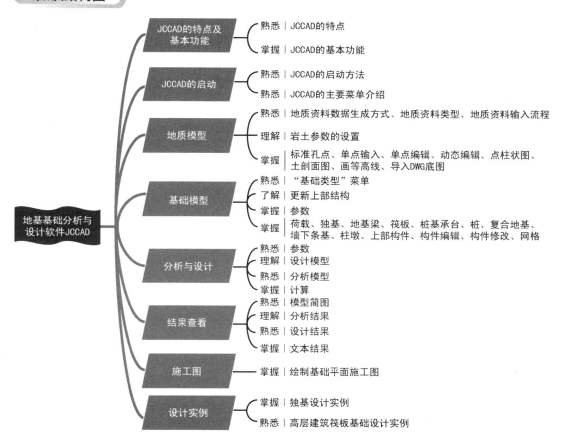

6.1 JCCAD 的特点及基本功能

6.1.1 JCCAD 的特点

JCCAD 以基于二维、三维图形平台的交互输入方式建立模型，界面友好，操作顺畅；它接力上部结构模型建立基础模型、接力上部结构计算生成基础设计的上部荷载，充分发挥了系统协同工作、集成化的优势；它系统地建立了一套设计计算体系，科学严谨地遵照相关的设计规范，适应复杂多样的多种基础形式，提供全面的解决方案；它不仅为最终的基础模型提供完整的计算结果，还注重在交互设计过程中提供辅助计算工具，以保证设计方案的经济合理；它使设计计算结果与施工图设计密切集成，极大地方便了使用。

6.1.2 JCCAD 的基本功能

（1）适应多种类型基础的设计。JCCAD 可自动或交互完成工程实践中常用的各类基础设计，包括柱下独立基础、柱下平板基础（板厚可不同）、柱下独立桩基承台、墙下条形基础、墙下筏板基础、剪力墙下独立基础、剪力墙下桩基承台、弹性地基梁基础、带肋筏板基础、桩筏基础、桩格梁基础等基础设计及单桩基础设计，还可进行由上述多类基础组合的大型混合基础设计，以及同时布置多块筏板的基础的设计。

（2）接力上部结构模型。基础的建模是接力上部结构与基础连接的楼层进行的，因此基础布置使用的轴线、网格线、轴号，基础定位参照的柱、墙等都是从上部楼层中自动传下来的，这种处理方式大大方便了用户的使用。基础程序首先自动读取上部结构中与基础相连的轴线和各层柱（包括异形柱、劲性混凝土柱和钢管混凝土柱）、墙、支撑布置信息，并可在基础交互输入和基础平面施工图中绘制出来。

（3）接力上部结构计算生成的荷载。JCCAD 可自动读取多种 PKPM 上部结构分析程序传下来的各单工况荷载 [包括平面荷载（PMCAD 建模中导算的荷载或砌体结构建模中导算的荷载）、SATWE 荷载、PMSAP 荷载、STWJ 荷载、PK 荷载等] 标准值。

（4）按照要求自动进行荷载组合。JCCAD 自动读取的基础荷载可以与交互输入的基础荷载同工况叠加。此外，JCCAD 还能够提取 PKPM "墙梁柱施工图" 软件生成的柱钢筋数据，以此绘制基础柱的插筋。

（5）按照不同的设计需要将读入的各荷载工况标准值生成各种类型荷载组合。需要注意的是，基础中用的荷载组合与上部结构计算所用的荷载组合是不完全相同的。

（6）考虑上部结构刚度的计算。在多种情况下基础的设计应考虑上部结构和地基的共同作用。JCCAD 能够较好地分析上部结构、基础与地基的共同作用。

（7）提供多样化、全面的计算功能满足不同需要。对于整体基础的计算，JCCAD 提供了多种计算模型，如交叉地基梁既可采用文克尔模型（普通弹性地基梁模型）进行分析，又可采用考虑土壤之间相互作用的广义文克尔模型进行分析。当需要考虑建筑物上部的共同作用时，JCCAD 又可提供上部结构刚度凝聚法、上部结构刚度无穷大的倒楼盖法和上部结构等代刚度法等方法，来考虑上部结构对基础的影响。

（8）设计功能自动化、灵活化。对于柱下独立基础、墙下条形基础、桩基承台等类型的基础，JCCAD 可按照规范要求及用户交互填写的相关参数自动完成全面设计；对于整体基础，JCCAD 可自动调整交叉地基梁的翼缘宽度、自动确定筏板基础中肋梁的计算翼缘宽度。同时 JCCAD 还允许用户修改程序已生成的相关结果，并提供按用户干预重新计算的功能。

（9）提供完整的计算体系。对各种基础形式可能需要依据不同的规范采用不同的计算方法，但无论是哪一种基础形式，JCCAD 都可提供承载力计算、配筋计算、沉降计算、冲切抗剪计算、局部承压计算等全面的计算功能。

（10）辅助计算设计。JCCAD 提供了各种即时计算工具，辅助用户建模、校核。

（11）提供大量简单实用的计算模式。针对基础设计中不同方面的内容，结合用户多年的工程应用，JCCAD 提供了大量简单实用的计算模式。

（12）导入 AutoCAD 各种基础平面图，辅助建模。对于地质资料输入和基础平面建模等工作，JCCAD 既可以 AutoCAD 的各种基础平面图为底图参照进行建模，又可自动读取转换 AutoCAD 的 DWG 格式的文件，充分利用周围数据接口资源，操作简便，工作效率高。

（13）施工图辅助设计。JCCAD 可以完成其设计的各种类型基础的施工图，包括平面图、详图及剖面图。其施工图管理风格、绘制操作与上部结构施工图相同。

（14）输入地质资料。JCCAD 提供直观快捷的交互方式输入地质资料，可以充分利用勘察设计单位提供的地质资料，完成基础沉降计算和桩的各类计算。

6.2　JCCAD 的启动

6.2.1　JCCAD 的启动方法

与 PMCAD 的启动相似，最新版的 PKPM2010（V5.2.4.3，2021 年版）中，JCCAD 也不再以单独的模块出现，而是需要进入 PKPM 软件主界面，先双击打开"SATWE 核心的集成设计"模块（图2.1），再在程序上方的菜单分类中选择"基础"菜单（图4.1），然后进入 JCCAD 主界面，如图6.1所示。

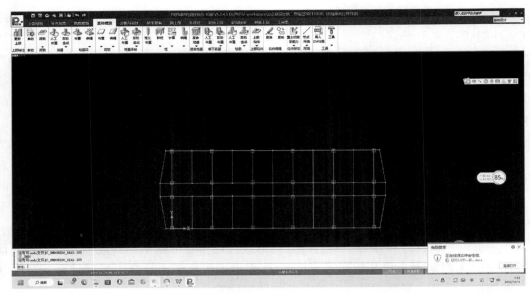

图 6.1　JCCAD 主界面

6.2.2　JCCAD 的主要菜单介绍

进入 JCCAD 前，必须完成结构、砌体结构或钢结构的建筑建模与荷载输入。如果要接力上部结构分析软件（如 SATWE、PMSAP、PK 等）的计算结果，还应该运行完成相应程序的内力计算。

JCCAD 主界面上方有"地质模型""基础模型""分析与设计""结果查看""施工图"等菜单。

在"地质模型"菜单中，根据输入或导入的建筑场地的勘测孔数据，程序可自动生成基础上任一处的土层标高和物理力学指标，打造与工程地质情况最吻合的柱状图、剖面图和三维可视化模型。

在"基础模型"菜单中，可以根据荷载和相应参数自动生成柱下独立基础、墙下条形基础及桩基承台，也可以交互输入筏板、地基梁、桩基础的信息。柱下独立基础、墙下条形基础、桩基承台等在本菜单中即可完成全部的建模、计算、设计工作；弹性地基梁基础、桩基础、筏板基础可在此菜单中完成模型布置，再用"分析与设计"菜单进行基础设计。

在"分析与设计"菜单中，既可以完成弹性地基梁基础、平板基础等的设计及独立基础、弹性地基梁基础等的内力配筋计算，又可以完成桩基承台的设计及桩基承台和独立基础的沉降计算，还可以完成各类有桩基础、平板基础、梁板基础、地基梁基础的有限元分析及设计。

在"结果查看"菜单中，可查看各类分析结果、设计结果、文本结果，并且可以输出详细的计算书及工程量统计结果。

最后，在"施工图"菜单中，可以完成以上各类基础的施工图。

6.3　地质模型

6.3.1　概述

1. 地质资料数据生成方式

地质资料是建筑物周围场地地基状况的描述，是基础设计的重要信息。如果要进行沉降计算，就必须有地质资料数据。通常情况下，在进行桩基础设计时也需要地质资料数据。在使用 JCCAD 进行基础设计时，用户必须提供建筑物场地的各个勘测孔的平面坐标、竖向土层标高和各个土层的物理力学指标等信息，此类信息应在地质资料文件（文件扩展名为 ".dz"）中描述清楚。

2. 地质资料类型

是否设置桩基础，对土的物理力学指标要求不同，因此可以将 JCCAD 地质资料分成两类：有桩地质资料和无桩地质资料。有桩地质资料包括每层土的压缩模量、重度、土层厚度、状态参数、内摩擦角和黏聚力 6 个参数；而无桩地质资料只包括每层土的压缩模量、重度、土层厚度 3 个参数。

3. 地质资料输入流程

地质资料输入的一般流程如下。

（1）归纳出能够包容大多数孔点的土层的分布情况的标准孔点土层，并选择 "地质模型" | "标准孔点" | "标准孔点"，再根据实际的勘测报告输入或修改各土层的物理力学指标、承载力等参数。

（2）选择 "地质模型" | "孔点输入" | "单点输入"，将标准孔点土层布置到各个孔点。

（3）选择 "地质模型" | "孔点编辑" | "动态编辑"，对各个孔点已经布置土层的物理力学指标、承载力、土层厚度、顶层土标高、孔点坐标、水头标高等参数进行细部调节，也可以通过添加、删除土层补充修改各个孔点的土层布置信息。

因程序数据结构的需要，程序要求各个孔点的土层从上到下其分布必须一致，在实际情况中，当某孔点处没有某种土层时，需将这种土层的厚度设为 "0" 来处理，因此，在孔点的土层布置信息中，会有 "0" 厚度土层存在，程序允许对 "0" 厚度土层进行编辑。

（4）对地质资料输入的结果的正确性，可以通过 "地质模型" | "土层查看" | "点柱状图" 或 "土剖面图" 和 "地质模型" | "等高线" | "画等高线" 等选项进行校核。

（5）重复步骤（3）、步骤（4），完成地质资料输入的全部工作。

6.3.2　岩土参数的设置

"岩土参数" 选项用于设定各类土的物理力学指标。选择 "地质模型" | "岩土参数" | "岩土参数" 后，屏幕会弹出 "默认岩土参数表" 对话框，如图 6.2 所示。图 6.2

中列出了 19 类常见的岩土的土层类型、压缩模量、重度、内摩擦角、黏聚力、状态参数和状态参数含义。

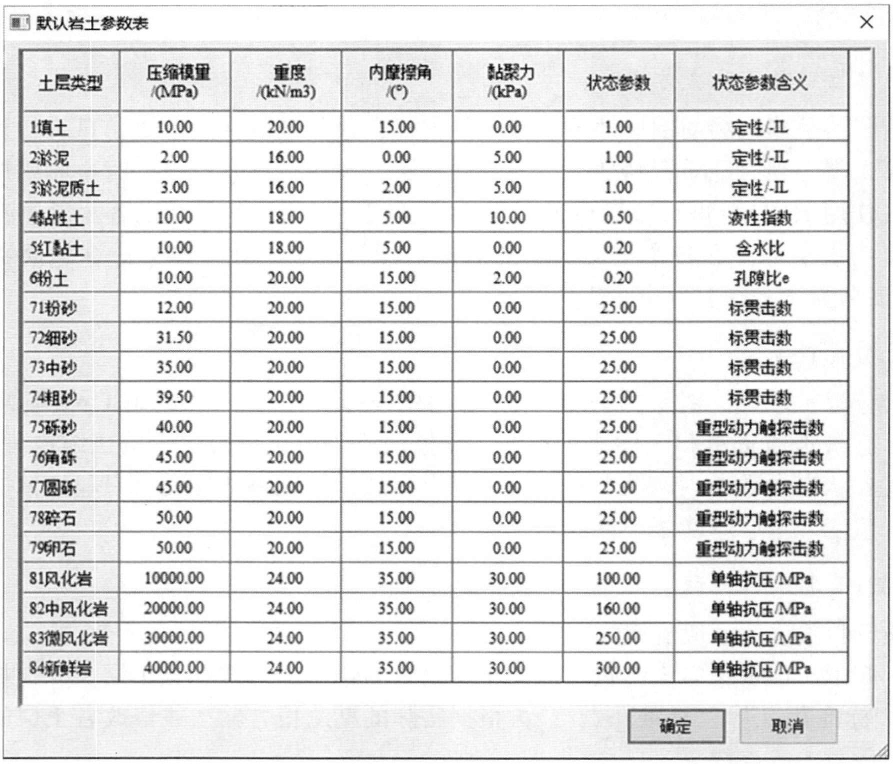

土层类型	压缩模量/(MPa)	重度/(kN/m3)	内摩擦角/(°)	黏聚力/(kPa)	状态参数	状态参数含义
1填土	10.00	20.00	15.00	0.00	1.00	定性/-IL
2淤泥	2.00	16.00	0.00	5.00	1.00	定性/-IL
3淤泥质土	3.00	16.00	2.00	5.00	1.00	定性/-IL
4黏性土	10.00	18.00	5.00	10.00	0.50	液性指数
5红黏土	10.00	18.00	5.00	0.00	0.20	含水比
6粉土	10.00	20.00	15.00	2.00	0.20	孔隙比e
71粉砂	12.00	20.00	15.00	0.00	25.00	标贯击数
72细砂	31.50	20.00	15.00	0.00	25.00	标贯击数
73中砂	35.00	20.00	15.00	0.00	25.00	标贯击数
74粗砂	39.50	20.00	15.00	0.00	25.00	标贯击数
75砾砂	40.00	20.00	15.00	0.00	25.00	重型动力触探击数
76角砾	45.00	20.00	15.00	0.00	25.00	重型动力触探击数
77圆砾	45.00	20.00	15.00	0.00	25.00	重型动力触探击数
78碎石	50.00	20.00	15.00	0.00	25.00	重型动力触探击数
79卵石	50.00	20.00	15.00	0.00	25.00	重型动力触探击数
81风化岩	10000.00	24.00	35.00	30.00	100.00	单轴抗压/MPa
82中风化岩	20000.00	24.00	35.00	30.00	160.00	单轴抗压/MPa
83微风化岩	30000.00	24.00	35.00	30.00	250.00	单轴抗压/MPa
84新鲜岩	40000.00	24.00	35.00	30.00	300.00	单轴抗压/MPa

图 6.2 “默认岩土参数表”对话框

用户应根据工程实际的土质情况对默认岩土参数进行修改，特别是工程所需的岩土类型的土层参数。程序给出“默认岩土参数表”，是为了方便用户在此基础上进行修改。用户修改完相应参数后，单击“确定”按钮即可使修改数据有效。

6.3.3 标准孔点

“标准孔点”选项用于生成土层参数表，以描述建筑物场地地基土的总体分层信息，作为生成各个勘察孔柱状图的地基土分层数据的模板。

选择“地质模型”|“标准孔点”|“标准孔点”后，屏幕会弹出“标准地层层序”对话框，如图 6.3 所示。图 6.3 中列出了已有的或初始化的土层的参数表。单击图 6.3 中的“标高说明”按钮，屏幕会弹出图 6.4 所示的“标高说明”提示对话框。

某层土的参数输入完后，可通过单击图 6.3 中的“添加”按钮输入其他层的参数，也可通过单击“插入”或“删除”按钮进行土层的调整。

按实际工程的地基土分层表的次序层层输入，最终形成土层参数表。

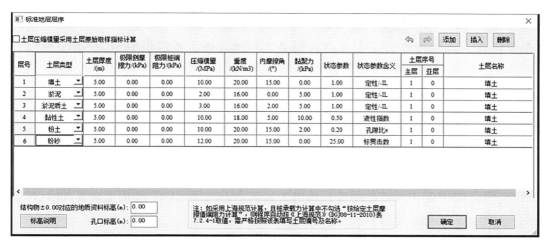

图 6.3　"标准地层层序"对话框

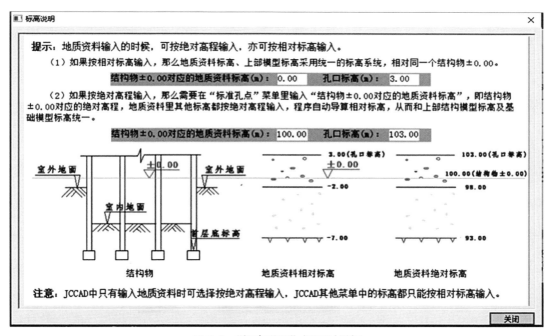

图 6.4　"标高说明"提示对话框

6.3.4　单点输入

选择"地质模型"|"孔点输入"|"单点输入"后，用户可用光标依次输入各孔点的相对位置（相对于屏幕左下角点）。孔点的精确定位方法与 PMCAD 相同。孔点一旦生成，其土层分层数据将自动调取图 6.3 所示的"标准地层层序"对话框中的内容。

6.3.5 单点编辑

选择"地质模型"|"孔点编辑"|"单点编辑"后，只能选取一个孔点进行土层参数修改。若要修改另一个孔点，则必须再次选择"地质模型"|"孔点编辑"|"单点编辑"。如果某土层物理参数修改后的结果适用于其他所有孔点，那么，可选中"用于所有点"来操作完成。

6.3.6 动态编辑

JCCAD 允许用户选择要编辑的孔点，选择"地质模型"|"孔点编辑"|"动态编辑"，在弹出的"动态编辑"对话框中可以选择多点柱状图（"剖面类型 1"）和多点剖面图（"剖面类型 2"）两种显示方式编辑土层信息，用户可以在图面上选择要修改的土层进行编辑，编辑的结果将直观地反映在图面上。

6.3.7 点柱状图

"点柱状图"用于观看场地上任意点的土层柱状图。

选择"地质模型"|"土层查看"|"点柱状图"后，用光标连续点取平面位置上的点，按 Esc 键退出后，屏幕上将显示这些点的土层柱状图，如图 6.5 所示。

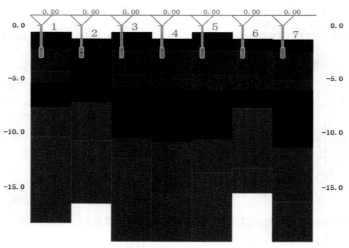

图 6.5　土层柱状图

6.3.8 土剖面图

"土剖面图"用于观看场地上任意剖面的地基土剖面图。

选择"地质模型"|"土层查看"|"土剖面图"后，用光标点取一个剖面后，屏幕上将显示此剖面的地基土剖面图，如图 6.6 所示。

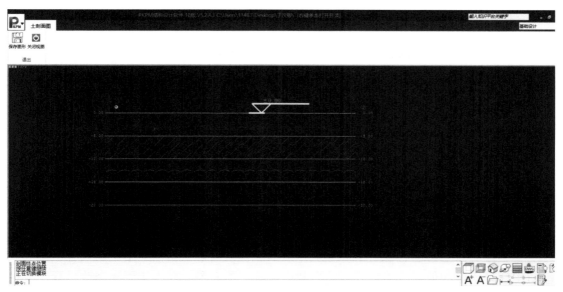

图 6.6　地基土剖面图

6.3.9　画等高线

"画等高线"用于查看场地上的任一土层、地表或水头标高的等高线图。

选择"地质模型"|"等高线"|"画等高线"后，屏幕上将显示已有的孔点及网格。图 6.7 所示"选择土层"下拉列表框显示的条目区有地表、土层 1 底、土层 2 底……水头等条目，光标选择所要绘制等高线的条目即可。同时，用户可通过修改第一条等值线值、相邻等值线差值对等高线的绘制方式进行修改，如图 6.8 所示。单击图 6.8 中的"应用"按钮，屏幕上将显示等高线图。

图 6.7　"选择土层"下拉列表框

图 6.8　"图形输出选择"对话框

6.3.10　导入 DWG 底图

选择"地质模型"|"导图"|"导入 DWG 底图"，可以插入底层结构平面图，然后参照结构平面图中的节点、网格、构件信息确定孔点坐标。

6.4　基础模型

JCCAD"基础模型"菜单的主要功能为：接力上部结构与基础相连接的柱墙布置信息及荷载信息，补充输入基础面荷载或附加柱墙荷载，交互输入基础模型数据等信息，是后续基础计算与设计的基础。

6.4.1　概述

"基础模型"菜单根据用户提供的上部结构荷载及相关地基资料的数据，完成以下计算与设计。

（1）交互布置各类基础，主要有柱下独立基础、墙下条形基础、桩基承台、弹性地基梁基础、筏板基础、梁板基础、桩筏基础等。

（2）柱下独立基础、墙下条形基础和桩基承台的设计根据用户给定的设计参数和上部结构计算传递的荷载自动计算，给出截面尺寸、配筋等。在人工干预修改后程序可进行基础验算、碰撞检查。

（3）桩长计算。

（4）弹性地基梁基础、筏板基础、桩筏基础由用户指定截面尺寸并布置在基础平面上。这类基础的配筋计算和其他验算须由 JCCAD 的其他菜单完成。

（5）可对柱下独立基础、墙下条形基础、桩基承台进行碰撞检查，并根据需要自动生成双柱或多柱基础、剪力墙下独立基础。

（6）可人工布置柱墩或者自动生成柱墩。

（7）可以在筏板基础下布置复合地基，复合地基可以不布置复合地基桩。如果有需要，也可以输入复合地基桩进行相关计算。

（8）可由人工定义和布置拉梁和圈梁、基础的柱插筋、填充墙、平板基础上的柱墩等，以便最后汇总生成画基础施工图所需的全部数据。

（9）可以通过导入 DWG 底图的方式输入各种基础模型。

6.4.2　更新上部结构

当已经存在基础模型数据，上部模型构件或荷载信息发生变更，需要重新读取时，可以选择"基础模型"|"上部结构"|"更新上部"（图 6.9），程序会在更新上部模型信息（包括构件、网格节点、荷载等）的同时，保留已有的基础模型和基础中布置的节点、网格信息。

图 6.9　"更新上部"选项

6.4.3　参数

选择"基础模型"|"参数"|"参数",弹出如图 6.10 所示的"分析和设计参数补充定义"对话框。在后续的"分析与设计"菜单里也有"参数"选项,但"分析与设计"菜单中的"参数"选项打开后不包含荷载、独立基础[①]、条形基础[②]、桩基承台[③]参数设置项,其他功能则与"基础模型"菜单中"参数"选项的功能完全一致,而且这两个菜单的内容是联动的,即同一个参数无论是在"基础模型"菜单中设置还是在"分析与设计"菜单中设置,效果都是一样的。

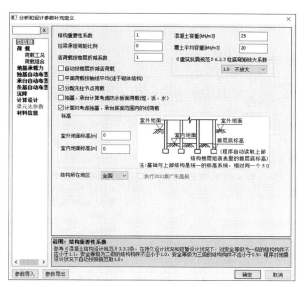

参数和荷载

图 6.10　"分析和设计参数补充定义"对话框

下面对"分析和设计参数补充定义"对话框中常用的几种选项卡进行介绍。

1. 总信息

"总信息"选项卡用于输入基础设计时的一些全局性参数。其中部分参数含义及其用途叙述如下。

结构重要性系数:参考《混凝土规范》第 3.3.2 条,在持久设计状况和短暂设计状况下,对安全等级为一级的结构构件不应小于 1.1,对安全等级为二级的结构构件不应小于 1.0,对安全等级为三级的结构构件不应小于 0.9;对地震设计状况下应取 1.0。

拉梁承担弯矩比例:指由拉梁来承受独基或承台沿梁方向上的弯矩,以减小基础底面积。基础承担的弯矩按照 1.0– 拉梁承担比例进行折减,即填 0 时拉梁不承担弯矩、填 0.2 时拉梁承担 20% 弯矩、填 1.0 时拉梁承担 100% 弯矩。该参数只对与拉梁相连的独基、承台有效,拉梁布置通过选择"基础模型"|"上部构件"|"上部构件"下拉菜单中的"拉梁"选项完成。

---

① 为与软件界面中显示一致,独立基础以下简称"独基"。
② 为与软件界面中显示一致,条形基础以下简称"条基"。
③ 为与软件界面中显示一致,桩基承台以下简称"承台"。

"执行2021版广东高规"：相关计算参考广东规范，主要是独基抗剪计算、桩承载力校核等。该选项只有在SATWE参数里选中"《广东高规》（2021版）"才可选。

2. 荷载

（1）荷载工况。

"荷载工况"选项卡如图6.11所示。其中"选择荷载来源"用于选择本模块采用哪一种上部结构传递给基础的荷载来源，程序可读取平面荷载（包括PMCAD导荷和砌体结构荷载）、SATWE荷载、PMSAP荷载、STWJ荷载、PK/STS-PK3D荷载。JCCAD读取上部结构分析程序传来的与基础相连的柱、墙、支撑内力，作为基础设计的外荷载。

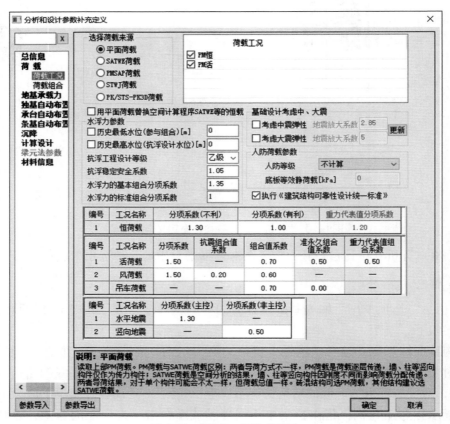

图6.11 "荷载工况"选项卡

（2）荷载组合。

如图6.12所示，"荷载组合"选项卡中的所有组合公式既可以手动编辑，也可以通过"添加荷载组合"按钮添加新的荷载组合，还可以通过"删除荷载组合"按钮对程序默认的荷载组合进行删除。

图 6.12 "荷载组合"选项卡

3. 地基承载力

"地基承载力"选项卡用于输入地基承载力的确定方式及相关系数。

程序提供了 5 种确定承载力的规范依据，如图 6.13 所示，用户可根据实际情况选择。

中华人民共和国国家标准GB50007-2011[综合法]
中华人民共和国国家标准GB50007-2011[抗剪强度指标法]
上海市工程建设规范DGJ08-11-2010[静桩试验法]
上海市工程建设规范DGJ08-11-2010[抗剪强度指标法]
北京地区建筑地基基础勘察设计规范DBJ11-501-2009

图 6.13 规范依据选择列表

4. 独基自动布置

"独基自动布置"选项卡用于输入独基自动布置的相关参数，如图 6.14 所示。

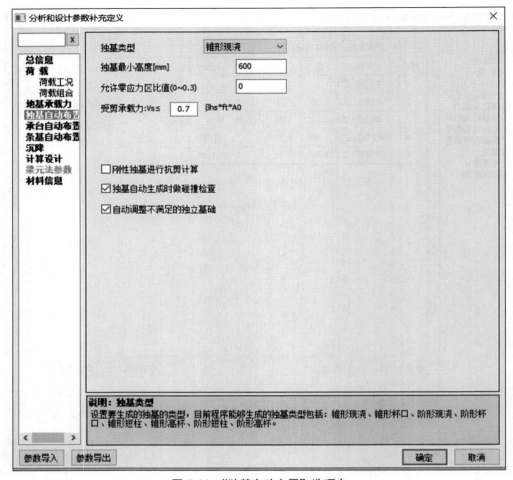

图 6.14 "独基自动布置"选项卡

独基类型：设置要生成的独基的类型，目前程序能够生成的独基类型包括锥形现浇独基、锥形预制独基、阶形现浇独基、阶形预制独基、锥形短柱独基、锥形高杯独基、阶形短柱独基、阶形高杯独基。

独基最小高度：程序确定独基尺寸的起算高度。当冲切计算不能满足要求时，程序将自动增加基础各阶的高度。其默认值为 600mm。

允许零应力区比值（0～0.3）：程序在计算基础底面积时，允许基础底面局部不受压。该值默认为 0，表示不允许出现基底压力为 0 的区域。有些独基底面积受弯矩控制，那么在这里输入一基础底面受拉面积占总面积的比值，独基的底面积会减小。

5. 计算设计

"计算设计"选项卡用于输入基础分析和设计的主要参数，如图 6.15 所示。

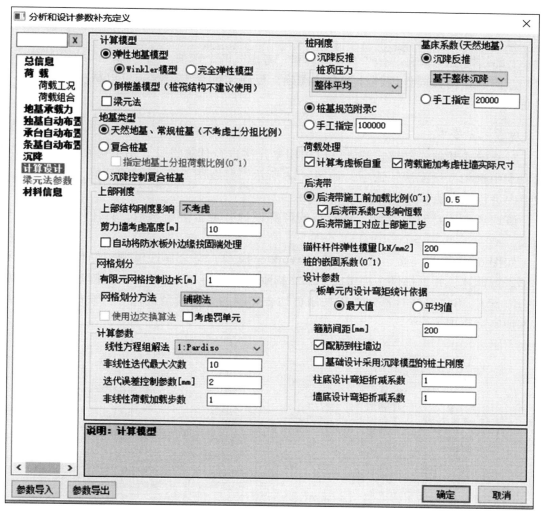

图 6.15 "计算设计"选项卡

（1）计算模型。

弹性地基模型：适用于上部结构刚度较低的结构（如框架结构、多层框架–剪力墙结构）。

倒楼盖模型：假定墙柱为基础支座进行后续计算。因为假定竖向构件为支座，所以该模型下没有桩、土反力，一般而言，该模型不适用于桩筏基础，仅适用于天然地基条件下一些满足倒楼盖计算条件的基础的内力分析计算。

梁元法：如果希望按梁元法计算基础，则选中该选项。目前软件的梁元法仅适用于布置了地基梁的工程。

（2）地基类型。

指定基础按照图 6.15 中的"天然地基、常规桩基（不考虑土分担比例）""复合桩基"或"沉降控制复合桩基"计算。

（3）上部刚度。

上部结构刚度影响：有"不考虑"和"考虑"两个选项。当考虑上部结构刚度影响时，上下部结构共同作用，计算比较准确，反映实际受力情况，可以减少内力、节省钢筋。

6. 梁元法参数

对于梁式基础、梁板式基础可以采用梁元法进行计算设计。用户可在"计算设计"选项卡中选中"梁元法"选项，如图6.16所示，并在图6.17所示的"梁元法参数"选项卡中进行梁元法参数输入。

该选项卡还针对基础梁、基础板的计算设计开放了多组参数，方便用户调节设计结果。

如图6.18所示，梁元法支持采用Winkler模型、完全弹性模型、倒楼盖模型3种模型进行计算，并且提供多种考虑上部结构刚度影响的方法（SATWE刚度、等代刚度、完全刚性），用户可针对不同工程采用更切合实际的计算模型进行分析设计，使设计结果更加经济合理。

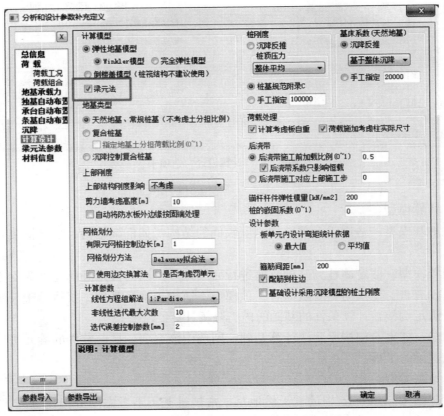

图6.16 在"计算设计"选项卡选中"梁元法"

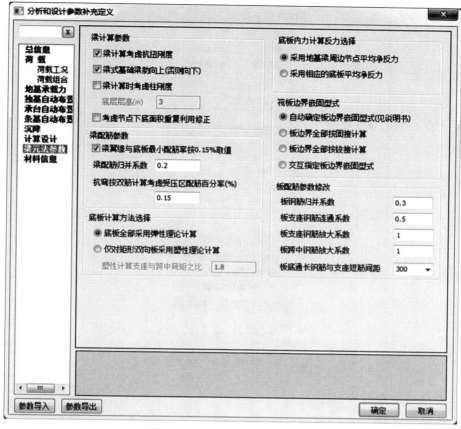

图 6.17 "梁元法参数"选项卡

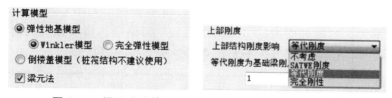

图 6.18 梁元法计算模型、考虑上部结构刚度影响方法

6.4.4 荷载

1. 上部荷载显示校核

选择"基础模型"|"荷载"|"荷载",在弹出的下拉菜单中选择"上部荷载显示校核"选项,弹出"荷载显示"停靠面板,如图 6.19 所示。该停靠面板用于显示校核 JCCAD 读取的上部结构柱墙荷载及 JCCAD 输入的附加柱墙荷载。当用户选择某种荷载组合或荷载工况后,程序会在图形区显示出该组合的荷载图,同时在左下角命令栏会显示该组合或工况下的荷载总值、弯矩总值、荷载作用点坐标,便于用户查询或打印。

图 6.19　"荷载显示"停靠面板

2. 上部结构荷载编辑

（1）编辑点荷载。

在"荷载"下拉菜单中选择"上部结构荷载编辑"选项，在弹出的停靠面板中选择"编辑点荷载"选项后，再点取要修改的节点，屏幕会弹出如图 6.20 所示的显示此节点各工况荷载的轴力、弯矩和剪力的"编辑点荷载"对话框。修改相应的荷载值后，用户切换到"布置荷载"选项，即可在平面布置图上按节点布置荷载。

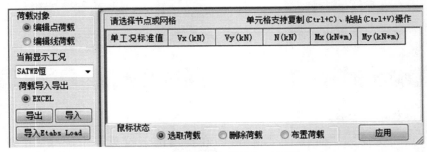

图 6.20　"编辑点荷载"对话框

（2）编辑线荷载。

选择图 6.20 中的"编辑线荷载"选项后，再点取要修改的网格线，屏幕会弹出对话框，显示此网格线现行各工况荷载的线荷载 q 和弯矩 M，点取相应的荷载数值即可进行修改。

6.4.5　独基

独基是独立基础的简称，它是一种分离式的浅基础。它承受柱（一根或多根）或墙传来的荷载，基础之间可用拉梁连接在一起，以增加其整体性。

"独基"选项组用于独基模型的输入，并提供根据设计参数和输入的荷载自动计算独基几何尺寸的功能，也可人工定义布置。

本选项组可实现的功能如下。

独基布置和计算

（1）可自动将所有读入的上部荷载效应生成按《建筑地基基础设计规范》（GB 50007—2011）（以下简称《地基规范》）要求选择基础设计时需要的各种荷载组合值，并根据输入的参数和荷载信息自动生成独基数据。程序自动生成的基础设计内容包括地基承载力计算、冲剪计算、底板配筋计算。

（2）当程序生成的基础角度和偏心与用户的期望不一致时，程序可按照用户修改的基础角度和偏心或者基础底面尺寸重新验算。

（3）剪力墙下自动生成独基时，程序会将剪力墙简化为柱子，再按柱下自动生成独基的方式生成独基，柱子的截面形状取剪力墙的外接矩形。

（4）可为布置的独基提供图形、文本两种验算结果的方式。

（5）可为多柱独基提供上部钢筋计算功能。

独基类型可以是用户选择"基础模型"|"独基"|"人工布置"手动定义的，也可以是用户选择"基础模型"|"独基"|"自动生成"而生成的。

1．人工布置

"人工布置"选项可对独基进行人工布置，在布置之前，要保证需布置的独基类型已经在类型列表中。选择"人工布置"选项，屏幕会弹出"基础构件定义管理"和"布置参数"停靠面板，如图6.21所示。

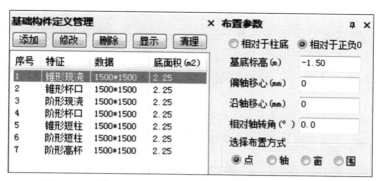

图6.21　"基础构件定义管理"和"布置参数"停靠面板

2．自动生成

（1）自动优化布置。

"自动优化布置"选项支持自动确定单柱、双柱、多柱墙独基。选择"基础模型"|"独基"|"自动生成"，在弹出的下拉菜单中选择"自动优化布置"选项，弹出"自

动分组布置"停靠面板，如图 6.22 所示。

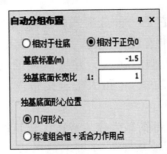

图 6.22 "自动分组布置"停靠面板

（2）单柱基础、双柱基础、多柱墙基础。

这些选项用于独基的自动设计。可在平面图上选取需要程序自动生成基础的柱、墙进行独基自动设计。

图 6.23 所示为基底标高设置相关参数。基底标高是相对标高，其相对标准有两个：一个是"相对于柱底"，即输入的基底标高是相对于柱底标高而言的，假如在 PMCAD 里，柱底标高输入值为 –6m，生成基础时选择"相对于柱底"，且基底标高设置为 –1.5m，则此时真实的基底标高应为 –7.5m；另一个是"相对于正负 0"，若生成基础时基底标高选择"相对于正负 0"，且输入 –6.5 m，那么此时真实的基底标高就是 –6.5m。

图 6.23 基底标高设置相关参数

6.4.6 地基梁

地基梁（也称基础梁或柱下条基）是整体式基础。地基梁的设计过程是先由用户定义基础尺寸，然后再到后面的"分析与设计"菜单进行计算，从而判断基础截面是否合理。在选择基础尺寸时，不但要满足承载力要求，而且要保证基础的内力和配筋应合理。

"地基梁"选项组用于输入各种钢筋混凝土地基梁，包括普通交叉地基梁、有桩或无桩筏板上的肋梁、墙下筏板上的墙折算梁、承台梁等。

6.4.7 筏板

"筏板"选项组用于布置筏板基础，并进行有关筏板的计算。

本选项组可以完成如下功能：定义并布置筏板和子筏板、修改板边挑出尺寸、定义并布置相应荷载。

子筏板：在已有筏板范围内嵌套布置一块筏板，嵌套布置筏板的厚度、标高、板上荷载等的定义与常规筏板一致，嵌套布置范围内筏板的属性是替代关系。

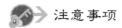 注意事项

（1）筏板可以是有桩筏板、无桩筏板、带肋筏板、墙下筏板和柱下平板。

（2）在图上常规筏板以白色边线围成的多边形表示，防水板以蓝色边线围成的多边形表示。

（3）大筏板与子筏板间的关系尽量是包含与被包含的全集和子集的关系。

（4）筏板内的加厚区、下沉的积水坑和电梯井统称为子筏板。子筏板应该在大筏板的内部。在每块筏板内，允许设置加厚区。

（5）加厚区、下沉的积水坑、电梯井的设置采用与布置筏板相同的方法输入。

6.4.8　桩基承台

承台类型可以是用户手动定义的基础类型，也可以是用户通过"自动布置"方式生成的基础类型。

1. 人工布置

"人工布置"选项可对承台进行人工布置，在布置之前，要保证需布置的承台类型应该已经在类型列表中。选择"人工布置"选项，屏幕会弹出"基础构件定义管理"和"布置参数"停靠面板，如图6.24所示。

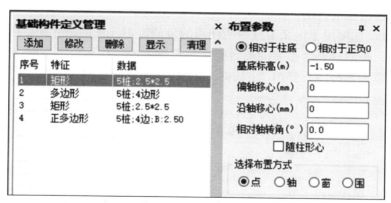

图6.24　"基础构件定义管理"和"布置参数"停靠面板

2. 自动生成

（1）单柱承台、多柱墙承台。

"单柱承台"和"多柱墙承台"这两个选项用于承台自动设计。选择相应选项后，在平面图上用户可用围区布置、窗口布置、轴线布置、直接布置等方式选取需要程序自动生成基础的柱、墙，选定后，在屏幕弹出的"布置信息"对话框中可输入相应的布置信息。

（2）围桩承台。

"围桩承台"选项可以把非承台下的群桩或几个独立桩围栏而生成一个承台。

选择"围桩承台"选项，弹出"围桩承台"停靠面板，如图6.25所示。把已经布

置的单桩或群桩，按围区方式选取将要生成承台的桩，即可形成承台。

生成的承台，既可以是按桩的外轮廓线自动生成（程序自动按"参数"菜单里设定的桩边距生成）的承台，也可以是按用户手动围区的多边形生成的承台。

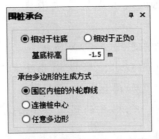

图 6.25 "围桩承台"停靠面板

6.4.9 桩

1. 定义布置

无论是有承台桩还是无承台桩，均可在生成相应基础形式前对选用的桩进行定义。选择"基础模型"|"桩"|"定义布置"后，屏幕会弹出"基础构件定义管理"和"布置参数"停靠面板，如图 6.26 所示。用户可用"添加""修改""删除""显示""清理"按钮来定义和修改桩的类型。

"定义布置"选项用于定义工程中所使用的桩的类型、桩的尺寸和单桩承载力。

在程序中，桩的这几个重要的参数是由用户给出的。在承台定义前一定要先进行桩定义。选择"添加"按钮，弹出"[基桩 / 锚杆] 定义"对话框，如图 6.27 所示。

图 6.26 "基础构件定义管理"和"布置参数"停靠面板

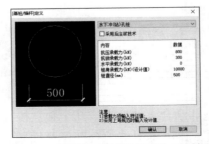

图 6.27 "[基桩 / 锚杆] 定义"对话框

2. 群桩

"群桩"选项用于自动布置地基梁下的桩。选择"基础模型"|"桩"|"群桩"|"梁下布桩",首先在图 6.27 所示对话框中选择要选用的桩,然后选择地基梁下桩的排数(单排、交错或双排),最后点取地基梁,程序将根据地基梁的荷载及地基梁的布置情况自动选取桩数布置于地基梁下。但因尚未进行有限元的整体分析计算,所以此时布桩是否合理还必须经过桩筏有限元计算才能确定。

选择"基础模型"|"桩"|"群桩"|"群桩布置",用户可以批量输入多排桩,进行群桩布置。用户可以分别设定 X、Y 方向的桩间距,指定群桩布置角度及单根桩的角度。图 6.28 所示为"群桩输入"对话框。

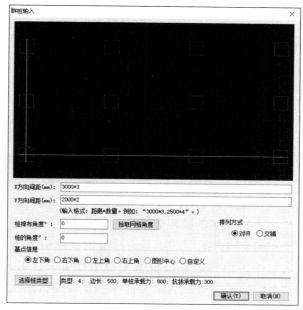

图 6.28 "群桩输入"对话框

3. 编辑

选择"基础模型"|"桩"|"编辑",在弹出的下拉菜单中包括"复制""替换""移动""镜像""删除"5 个命令。

(1)复制。

本命令用于复制图面上已有的单桩(锚杆)或者群桩(锚杆),布置到需要布置的位置上。操作时,首先应选取要复制的桩(锚杆)目标,程序可自动捕捉某根桩(锚杆)的中心为定位点,然后,被复制的桩(锚杆)体将随光标移动,并可适时捕捉图面上的某一点为目标点,也可在命令栏中输入相对坐标值进行定位,同时也可利用屏幕已有点进行精确定位,方法同节点输入。

(2)替换。

本命令用于将已经布置的桩(锚杆)替换为另外的桩(锚杆)类型。操作时,单击

"替换"按钮，弹出"基础构件定义管理"对话框，在对话框列表中选择需要替换成的目标桩（锚杆）类型，然后直接在基础平面图上选择需要被替换的桩（锚杆）即可。

（3）移动。

本命令用于移动已经布置好的一根或多根桩（锚杆）的位置，可通过光标、窗口、围栏等捕捉方式进行操作。选桩（锚杆）时，程序可自动捕捉某根桩（锚杆）的中心为定位点，移动时可适时捕捉图面上的某一点为目标点，也可在命令栏中输入相对坐标值进行定位，还可利用屏幕上的已有点进行精确定位，方法同节点输入。

（4）镜像。

本命令可通过镜像方式布置桩（锚杆）。

（5）删除。

本命令用于删除已布置在图面上的一根或多根桩（锚杆），可通过光标、窗口、围栏等捕捉方式进行操作，利用 Tab 键可切换捕捉方式。

4. 计算

（1）桩长计算。

选择"基础模型"｜"桩"｜"计算"｜"桩长计算"，可根据地质资料和每根桩的单桩承载力计算出桩长。

如图 6.29 所示，软件提供了 3 种标准值确定及计算方式。

按桩基规范 JGJ 94—2008 查表确定并计算：这种方式程序会根据地质资料输入的土层名称查《建筑桩基技术规范》（JGJ 94—2008）（以下简称《桩基规范》）表 5.3.5-1及表 5.3.5-2，得到桩所在土层的桩的极限侧阻力标准值及桩的极限端阻力标准值，并根据《桩基规范》的计算公式及输入的桩的承载力标准值反算桩长。

按"地质资料输入"给定值确定并按桩基规范 JGJ 94—2008 计算：这种方式程序会根据地质资料输入的土层的桩的极限侧阻力标准值及桩的极限端阻力标准值，并根据《桩基规范》的计算公式及输入的桩的承载力标准值反算桩长。

按"地质资料输入"给定值确定并按上海地基规范 DGJ08—11—2010 计算：这种方式程序会根据地质资料输入的土层的桩的极限侧阻力标准值及桩的极限端阻力标准值，并根据上海市工程建设规范《地基基础设计规范》（DGJ08—11—2010）[1]（以下简称《上海规范》）的计算公式及输入的桩的承载力标准值反算桩长。

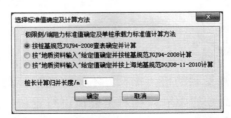

图 6.29 "选择标准值确定及计算方法"对话框

---

[1] 该规范目前已被《地基基础设计规范》（DGJ08—11—2018）代替，但 2010 版软件中仍采用的是该规范。

在图 6.29 中输入"桩长计算归并长度"，单击"确定"按钮，屏幕会显示每根桩计算后的桩长值。

注意事项

（1）运行本菜单前必须先执行过"地质模型"菜单，并输入地质数据资料。

（2）同一承台下桩的长度取相同的值。

（3）为了减少桩长的种类，程序会将桩长差在"桩长计算归并长度"参数中设定的数值之内的桩处理为同一长度。

（2）桩长修改。

选择"基础模型"|"桩"|"计算"|"桩长修改"，弹出"桩长修改"停靠面板，如图 6.30 所示，"桩长修改"停靠面板用于修改或输入桩长。该停靠面板既可修改已有桩长实现人工归并，也可对尚未计算桩长的桩直接输入桩长；既可选择"全部"修改，也可选择"单一"修改（"单一"修改是指单独修改某一类桩的桩长，而不是修改某一根桩的桩长）。

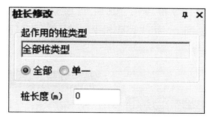

图 6.30　"桩长修改"停靠面板

注意事项

（1）无论是有承台桩还是无承台桩，都必须给定桩长值，否则会导致后续程序计算校核错误。

（2）给定桩长值可通过"桩长计算"和"桩长修改"两个选项来完成。

6.4.10　复合地基

1. 布置

选择"基础模型"|"复合地基"|"复合地基"|"布置"，弹出图 6.31 所示的"布置复合地基"停靠面板。该停靠面板用于指定布置复合地基的范围，布置方式既可以筏板为单位，按"指定筏板"布置，也可按任意范围"自由围区"布置。"自由围区"可以在平面图的任意范围内围区自定义复合地基处理范围，之后在该范围内布置的独基、地基梁基础、墙下条基、筏板基础等基础形式，后续程序将自动按复合地基相关要求计算基础的沉降、反力、内力。

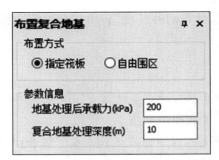

图 6.31 "布置复合地基"停靠面板

2. 自动布桩

JCCAD 对于复合地基工程，可以不输入复合地基桩，而直接按处理地基计算。如果需要按复合地基桩计算，则需要通过选择"基础模型"|"桩"|"定义布置"来定义复合地基桩，然后将复合地基桩布置在筏板下。复合地基桩的布置既可按常规桩基通过选择"基础模型"|"桩"|"群桩"|"群桩布置"下的各种布桩方式来布桩（注意："筏板布桩"不适用于复合地基桩的布置），也可通过选择"基础模型"|"工具"|"导入DWG 图"导入桩位。图 6.32 所示为"[基桩 / 锚杆] 定义"对话框。

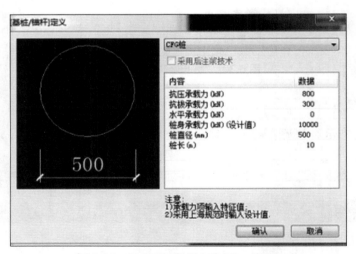

图 6.32 "[基桩 / 锚杆] 定义"对话框

6.4.11 墙下条基

墙下条基是墙下条形基础的简称，它是按单位长度线荷载进行计算的浅基础，因此适用于砌体结构的基础设计。

本菜单功能如下。

（1）程序可以根据用户输入的参数和荷载信息自动生成墙下条基。墙下条基的截面尺寸和布置可以进行人为调整。

（2）人工交互调整完毕后，当存在平行、两端对齐且距离很近的两个墙体，且墙下已经布置了条基时，用户可以再次选中该两个墙体自动生成条基，则该区域符合条件的单墙条基会自动合并为双墙条基。

（3）墙下条基自动设计内容包括地基承载力计算、底面积重叠影响计算、素混凝土基础的抗剪计算、钢筋混凝土基础的底板配筋计算。

墙下条基的生成方式有两种，一种是人工布置，另一种是由程序自动生成。

1. 人工布置

本菜单用于修改自动生成的墙下条基或用户自动输入墙下条基尺寸及布置。选择"基础模型"｜"墙下条基"｜"人工布置"，屏幕会弹出"基础构件定义管理"及"布置参数"停靠面板，用户可单击"添加"和"修改"按钮来定义和修改墙下条基类型。在类型列表框中，选择空白条或已有条基类型后，再单击"添加"或"修改"按钮，则屏幕会弹出图6.33所示的"墙下条形基础定义"对话框。在对话框中可输入或修改基础材料、基础底面宽度、基础高度、基底挑出宽、基础相对墙体移心等参数。单击"确认"按钮，可生成或修改了一种墙下条基类型。

墙下条基

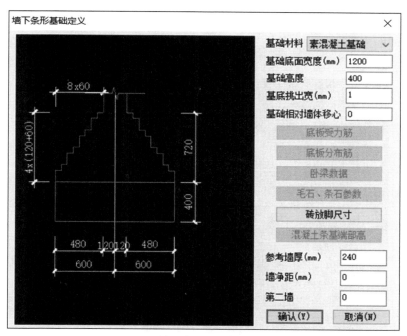

图6.33 "墙下条形基础定义"对话框

2. 自动布置

（1）单墙布置。

本选项用于在单墙下自动生成条基。

（2）无基础柱。

本选项通常与图 6.10 所示对话框中的"总信息"选项卡中的"分配无柱节点荷载"选项配合使用：选中"分配无柱节点荷载"选项后，程序可将墙间节点荷载或被设置成"无基础柱"的柱子的荷载分配到节点周围的墙上，从而使墙下条基不会产生丢荷载情况。分配荷载的原则为按周围墙的长度加权分配，长墙分配的荷载多，短墙分配的荷载少。本选项主要适用于砌体结构中的构造柱不单独布置基础，同时还能保证构造柱荷载不丢失的情况。

（3）单条基计算书。

本选项用于输出单个条基的详细计算过程，计算书的内容包括条基基底反力验算过程、基础底面积确定过程及条基冲剪验算过程。

6.4.12 柱墩

柱墩输入的方式有两种，一种是人工布置，另一种是由程序自动生成。

1. 人工布置

本选项用于手动输入平板基础的柱墩。手动输入柱墩，选择"基础模型"|"柱墩"|"人工布置"后，屏幕会弹出"基础构件定义管理"及"布置参数"停靠面板，单击"添加"按钮，屏幕会弹出图 6.34 所示的"柱墩尺寸"对话框。

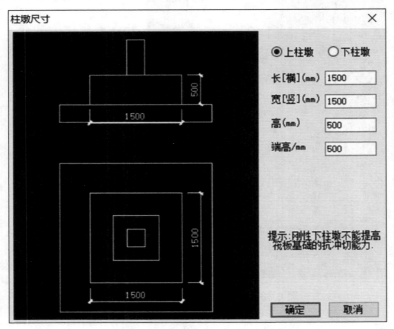

图 6.34 "柱墩尺寸"对话框

2. 自动生成

（1）单柱柱墩、双柱柱墩。

执行图 6.35（a）所示的"自动生成"下拉菜单中的"双柱柱墩"命令，屏幕会弹出图 6.35（b）所示的"柱墩自动生成"停靠面板。

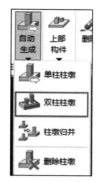

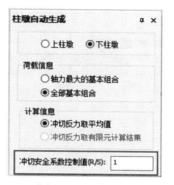

(a)"自动生成"下拉菜单　　　　(b)"柱墩自动生成"停靠面板

图 6.35　柱墩自动生成

用户可以指定柱墩的类型是"上柱墩"还是"下柱墩"，然后选择柱墩自动布置时计算的荷载是"轴力最大的基本组合"还是"全部基本组合"。一般来说，应该选"全部基本组合"进行计算，但考虑到有些工程复杂，选"全部基本组合"的话计算时间较长，所以，初步确定基础方案时可以选择"轴力最大的基本组合"进行计算。冲切计算反力如果是初步方案阶段，此时还没有进行后续计算，那么选"冲切反力取平均值"；如果已经在后续的"分析与设计"菜单中计算过基础，那么一般选"冲切反力取有限元计算结果"。

（2）柱墩归并。

本选项用于将满足归并条件的柱墩自动归并成一类。

6.4.13　上部构件

本选项组用于输入基础上的一些附加构件，以便程序自动生成相关基础或者绘制相应施工图。

"上部构件"下拉菜单如图 6.36 所示。

图 6.36 "上部构件"下拉菜单

1. 拉梁

"拉梁"选项用于两个独立基础或独立桩基承台之间设置拉接连系梁。选择"基础模型"|"上部构件"|"上部构件"|"拉梁"，屏幕会弹出图 6.37 所示的"基础构件定义管理"和"布置参数"停靠面板。拉梁输入方法同填充墙，如果拉梁上有填充墙，其荷载应按点荷载输入到拉梁两端基础所在的节点上。

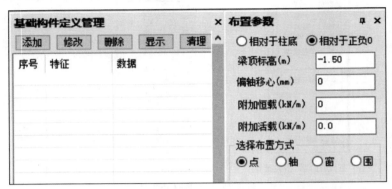

图 6.37 "基础构件定义管理"和"布置参数"停靠面板

用户可用"添加""修改"按钮和图 6.36 中的"复制"选项来定义拉梁类型。单击"添加"按钮后，屏幕会弹出图 6.38 所示的"拉梁定义"对话框。

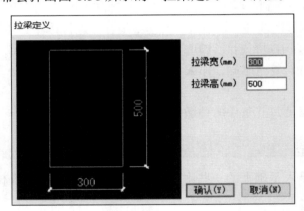

图 6.38 "拉梁定义"对话框

输入拉梁宽、拉梁高，单击"确认"按钮，即可生成一种拉梁类型。布置拉梁时，可选取一种拉梁类型，单击"布置"按钮，在弹出的"输入移心值"对话框中，需要输入偏轴移心值，再在平面图上选取相关网格线；此外，还可以定义拉梁上的荷载，布置拉梁。

程序可以自动将拉梁荷载导算到相连的柱或者墙上，布置基础时，程序会自动考虑导算后的拉梁荷载。

2. 填充墙

"填充墙"选项用于输入基础上面的底层填充墙。执行图 6.36 中的"填充墙"命令，屏幕会弹出图6.39所示"基础构件定义管理"和"布置参数"停靠面板。用户在此布置完填充墙并在附加荷载中布置完相应的荷载后，程序则可在后续的菜单中自动生成墙下条基。

用户可单击"添加"和"修改"按钮来定义和修改填充墙类型。单击"添加"按钮，即可输入填充墙宽度，单击"确认"按钮，即可生成或修改一种填充墙类型。还可单击"删除"按钮来删除已有的某类填充墙。

图6.39　"基础构件定义管理"和"布置参数"停靠面板

当要布置填充墙时，可在图6.39中选取一种已经设置好的填充墙类型，单击"布置"按钮，在弹出的"输入移心值"对话框中，需要输入偏轴移心值，再在平面图上选取相关网格线，布置填充墙。

 注意事项

布置完填充墙后，在其网格线位置双击填充墙可快速编辑已有填充墙信息。

（1）在基础平面图上填充墙以白线显示。

（2）对于框架结构，如底层填充墙下需设置条基，则应先输入填充墙，再在"荷载输入"中用"附加荷载"菜单将填充墙荷载布置到相应位置上，这样程序会画出该部分完整的施工图。

3. 导入柱筋、定义柱筋

这两个选项用于导入上部施工形成的柱插筋和定义各类柱筋的数据并布置柱筋，作为柱下独基施工图绘制之用。执行图6.36中的"定义柱筋"命令，屏幕会弹出图6.40所示的"基础构件定义管理"停靠面板。

序号	特征	数据
1		4B25, 3B25, 4B25
2		4B25, 3B25, 2B25
3		4B25, 1B25+2B22, ...
4		4B22, 3B22, 3B22
5		4B22, 3B22, 3B22

图6.40　"基础构件定义管理"停靠面板

用户可单击"添加"和"修改"按钮来定义和修改柱筋类型。单击"添加"按钮后，屏幕会弹出图6.41所示的"框架柱钢筋定义"对话框。

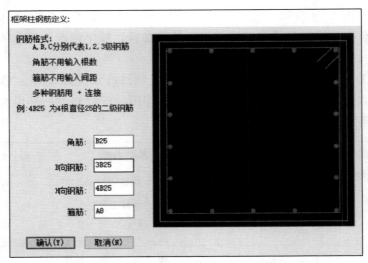

图 6.41 "框架柱钢筋定义"对话框

输入柱的 B 和 H 边的主筋（直径、根数和钢筋级别）、箍筋（直径和钢筋级别）后，单击"确认"按钮，即可生成或修改一种框架柱钢筋类型。

注意事项

（1）在基础平面图上已布置柱筋的柱会标有"S-*"的柱筋类型号。

（2）若用户已完成了柱施工图绘制并将结果存入钢筋库，则这里可自动读取已存的柱钢筋数据。

6.4.14 构件编辑

本选项组用于删除基础构件及对基础构件复制布置。

1. 删除

本选项用于删除已经布置的基础构件。选择"基础模型"|"构件编辑"|"删除"，弹出图 6.42 所示的"删除构件"停靠面板，删除的时候可以通过弹出的对话框指定删除的构件类型。

2. 复制

本选项用于对已经布置的基础进行复制布置。选择"基础模型"|"构件编辑"|"复制"，然后在基础平面图上选择需要复制布置的基础，接着在相应的位置布置被选中的基础类型。布置基础的时候，如果布置的位置已经有基础，则程序会先将已有基础删除再布置新的基础，本选项的功能类似于拾取布置。

图 6.42　"删除构件"停靠面板

 注意事项

筏板的复制需要在"基础模型"|"筏板"|"编辑"|"综合编辑"选项中完成。

6.4.15　构件修改

"构件修改"选项组用于调整布置的基础构件计算设计参数（覆土重、标高、承载力等）。本选项组中"覆土标高承载力"下拉菜单如图 6.43 所示。

1. 改覆土重

本选项用于修改已经布置基础的覆土重。执行图 6.43 中的"改覆土重"命令，屏幕会弹出图 6.44 所示的停靠面板。

图 6.43　"覆土标高承载力"下拉菜单

图 6.44　"改覆土重"停靠面板

执行"改覆土重"命令后，程序会在基础平面图上显示单位面积覆土重，同时有文字提示该覆土重在程序中是否为手动输入。

2. 修改标高

本选项用于修改基础底标高、顶标高。选择"基础模型"|"构件修改"|"覆土标高承载力"|"修改标高"，屏幕会弹出图 6.45 所示的停靠面板。

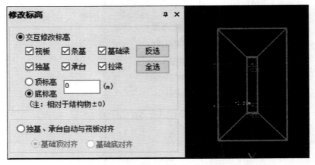

图 6.45 "修改标高"停靠面板

其中"独基、承台自动与筏板对齐"选项主要是针对独基、承台加防水板的工程。JCCAD 对于独基、承台加防水板的工程，要求独基、承台总高度必须大于或等于板的厚度，且独基、承台底标高必须小于或等于板底标高，独基、承台顶标高应该大于或等于板顶标高。

3. 改承载力

本选项用于修改修正前地基承载力特征值及用于深度修正的基础埋深。图 6.46 所示为"改承载力"停靠面板。

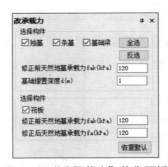

图 6.46 "改承载力"停靠面板

如果在图 6.46 所示的停靠面板中输入修正前天然地基承载力特征值 f_{ak} 及修正用的基础埋置深度 d，并选择需要修改的基础，那么被选中基础的修正前天然地基承载力特征值就会修改，并且自动做深度修正；否则程序默认取"基础模型"|"参数"|"参数"中"地基承载力"选项卡的承载力参数作为相应地基的承载力特征值。执行"改承载力"命令时，程序会显示基础修正前天然地基承载力特征值及修正深度，并会提示该值是随总参数还是用户手动修改。

注意事项

此处的"基础埋置深度"参数仅用于地基承载力修正，不影响其他计算。

6.4.16 网格

本选项组用于增加、编辑PMCAD传下来的平面网格、轴线和节点，以满足基础布置的需要。例如，增加弹性地基梁挑出部位的网格、筏板加厚区域部位的网格及删除没有用的网格对筏板基础的有限元划分很重要。选择"基础模型"|"网格"|"节点网格"，弹出"节点网格"下拉菜单，如图6.47所示。"节点网格"下拉菜单各命令功能说明如下。

图6.47 "节点网格"下拉菜单

1. 加节点

执行图6.47中的"加节点"命令，根据屏幕下方窗口提示框的命令，用户可在基础平面网格上增加节点。用户既可在屏幕下方命令栏中输入节点坐标（即可精确增加所需节点），也可利用屏幕上已有的节点进行定位。

点输入法：当需要将屏幕上已有的节点作为精确定位的参照点时，只需将光标停留在屏幕上已有的节点上，程序将自动捕捉该节点为参照基点，并在屏幕上显示引出线，用户可以此节点作为原点输入相对坐标，即可实现精确定位。

注意事项

这种利用屏幕上已有的节点进行精确定位的方法适用于所有需要定位的命令，如执行桩移动、桩布置等命令。

2. 删节点

本选项用于删除一些不需要的节点，在删除节点的同时会删除或者合并一些网格。

程序会按照以下原则来判断节点是否可以删除。

（1）有柱的节点（包括有墙的网格）不能删除，该条优先于其他判断条件。

（2）当只有两根同轴线网格与要删除节点相连时，则该节点删除，并且两个网格合并为一个网格。

（3）当只有两根不同轴线网格与要删除节点相连时，则该节点删除，并且同时删除相连的网格线。

（4）当要删除节点是某轴线最外端节点时，先删除该轴线外端网格，然后再用其他条件判断是否可以删除。删除网格的条件可以参见后面"删除网格"选项的内容。

3. 加网格

本选项用于在基础平面网格的基础上增加网格。一般按照屏幕下方提示进行操作即可增加所需要的网格。

4. 删除网格

本选项用于删除不需要的网格。程序会按照以下原则来判断网格是否可以删除。

（1）有墙的不能删除，该条优先于其他判断条件。

（2）只有轴线的端网格才可以删除。

（3）如果轴线上的网格不连续（即个别段没有网格线），则以连续的网格为依据判断端网格。

5. 网格延伸

本选项用于将网格线延伸到指定位置。

操作步骤：

执行图 6.47 中的"网格延伸"命令，在屏幕下方命令栏中输入需要延伸的距离，然后按 Enter 键，在基础平面网格中选择需要延伸的网格即可。

注意事项

"节点网格"下拉菜单的调用应在荷载输入和基础布置之前，否则可能会导致荷载或基础构件错位。由于在基础中进行网格输入时必须保持从上部结构传来的网格节点编号不变，因此有许多限制条件。所以建议有些网格可以在上部建模程序中预先布置完善，程序可将 PMCAD 中与基础相联的各层网格全部传下来，并合并为统一的网点。

6.5　分析与设计

"分析与设计"菜单的主要功能如下。

① 生成设计模型：读取建模数据进行处理生成设计模型，并提供设计模型的查看与修改。

② 生成分析模型：对设计模型进行网格划分并生成进行有限元计算所需的数据。

③ 查看与处理分析模型：查看分析模型的单元、节点、荷载等；查看与修改桩土刚度。

④ 有限元计算：进行有限元分析，计算位移、内力、桩土反力、沉降等。

⑤ 基础设计：对独基、承台按照规范方法设计；对各类采用有限元方法计算的构件和有限元结果进行设计。

"分析与设计"菜单如图6.48所示。

图6.48 "分析与设计"菜单

6.5.1 参数

"分析与设计"菜单中的"参数"选项与"基础模型"菜单中的"参数"选项功能一样，只是保留了与计算相关的参数，而去掉了与计算无关的内容。图6.49所示为"分析和设计参数补充定义"对话框的内容。由于其内容与"基础模型"菜单中完全一致，因此各项参数的具体含义此处不做赘述。

注意事项

为了方便用户在"计算与分析"菜单设置与计算相关的参数，程序在此设计了与"基础模型"一样的"参数"选项。所以，这里设置的参数与"基础模型"中设置的参数是等效的，两个菜单之中设置的参数可以联动。

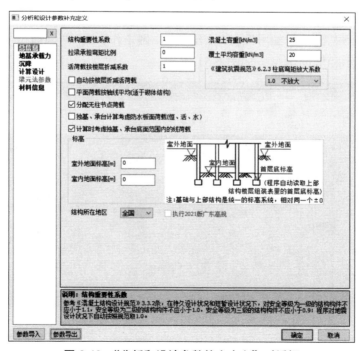

图6.49 "分析和设计参数补充定义"对话框

6.5.2 设计模型

"设计模型"选项组的作用是查看基础模型一些基本的基础类型信息、尺寸信息、材料信息，校核基础模型输入是否正确。

1. 模型信息

选择"分析与设计"|"设计模型"|"模型信息"，屏幕左侧弹出"模型信息"停靠面板，如图 6.50 所示。

图 6.50 "模型信息"停靠面板

选中对应类型基础的"编号""节点编号""做（作）法""截面尺寸"等参数之后，在屏幕中间会显示相应的信息，如图 6.51 所示。

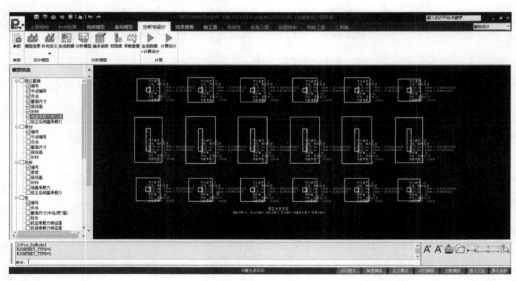

图 6.51 模型信息显示

2．补充定义

（1）计算方法。

对于单柱下的独基或承台，程序默认按规范算法计算和设计，即此时将独基或承台本身视为刚性体，在各种荷载及效应作用下本身不变形，做刚体运动。对于多柱墙下独基或承台，可能基础很难保证本身不变形，即刚性体假定可能不成立，此时可能按有限元算法计算更为合理（有限元算法中独基或者桩承台按照板单元进行计算与设计）。通过本选项可以指定独基或承台是按规范算法计算还是按有限元算法计算。选择"分析与设计"|"设计模型"|"补充定义"，弹出下拉菜单，选择"计算方法"选项，弹出如图6.52所示停靠面板。

图6.52 "请选择有限元方法计算的独基、承台"停靠面板

程序默认单柱下独基或承台按规范算法计算，多柱墙下独基或承台按有限元算法计算，防水板范围内独基或承台程序同时提供两种算法的计算结果，用户可以通过"结果查看"|"设计结果"中各选项弹出的对话框中的"构件计算结果"及"有限元计算结果"两个选项，分别查看不同算法的计算结果。

（2）布筋方向。

图6.53所示为"配筋角度"停靠面板。用户可通过"拾取边"（即拾取边线的角度）、"拾取两点"（即拾取两点间直线的角度）、"指定角度"对板内配筋角度进行修改。

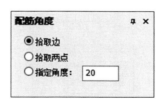

图6.53 "配筋角度"停靠面板

6.5.3 分析模型

1．生成数据

软件可根据用户选项自动生成弹性地基模型、倒楼盖模型、防水板模型，以供后续计算设计使用。选择"分析与设计"|"分析模型"|"生成数据"后，程序会生成分析模型。

2．分析模型

"分析模型"选项可用于查看分析模型下的一些模型信息。选择"分析模型"选项，屏幕会弹出"分析模型"停靠面板，如图6.54所示。

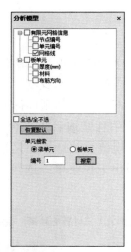

图 6.54 "分析模型"停靠面板

有限元网格信息：用于查看有限元网格划分结果，包括节点编号、单元编号及网格线。

板单元：用于查看每个单元格里的板的厚度、材料及布筋方向。

3. 基床系数

本选项用于查看、定义、修改基础基床系数。

基础基床系数修改操作过程：选择"分析与设计"|"分析模型"|"基床系数"，弹出如图 6.55 所示的停靠面板。先在"基床系数"本文框中输入要修改的基床系数，然后单击"添加"按钮，这时在基床系数列表中会显示刚刚添加的基床系数。修改时首先在列表中选择相应的基床系数，然后在"布置方式"选项组可以选择"按有限元单元布置"，最后直接框选单元布置即可；也可以选择"按构件布置"并选择相应的构件进行布置。

图 6.55 "基床系数"停靠面板

4. 桩刚度

本选项用于查看和修改桩（锚杆）刚度、群桩放大系数。图 6.56 所示为"桩刚度"和"群桩系数编辑"停靠面板。

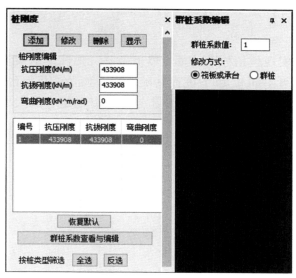

图 6.56 "桩刚度"和"群桩系数编辑"停靠面板

单桩弹性约束刚度 K 包含抗压刚度、抗拔刚度及弯曲刚度，程序将根据地质资料计算单桩刚度。如果输入了地质资料，则程序会自动计算刚度值（具体计算方法请参照技术条件）；如果没有输入地质资料，则程序将按默认值 100000 kN/m 确定桩的刚度。

5. 荷载查看

本选项用于查看校核基础模型的荷载是否读取正确。图 6.57 所示为"荷载简图"停靠面板。"设计模型"会根据用户选择显示所有上部构件的荷载、自重等信息，"分析模型"会显示每个单元网格里的荷载信息及每个单元节点的荷载信息。通过"荷载查看"选项，可以校核程序对于荷载的处理是否异常。如选择"分析模型"选项，则既可以显示单工况荷载总值及每个竖向构件的荷载值，也可以校核分析模型荷载是否有遗漏或者异常。

图 6.57 "荷载简图"停靠面板

6.5.4　计算

1. 生成数据 + 计算设计

本选项整合了生成数据与计算设计两个功能，可减少用户操作，提高效率。

2. 计算设计

本选项主要用于实现包括柱下独基、墙下条基、弹性地基梁基础、带肋筏板基础、柱下平板基础（板厚可不同）、墙下筏板基础、柱下独立桩基承台基础、桩筏基础、桩格梁基础等在内的分析设计，还可进行由上述多类基础组合的大型混合基础分析设计，以及同时布置多块筏板的基础分析设计。

其主要流程如下。

（1）整体刚度组装。

（2）有限元位移计算。

（3）有限元内力计算。

（4）沉降计算。

（5）承载力验算。

（6）有限元配筋设计。

（7）独基、承台规范方法设计。

当布置拉梁时，程序首先会进行拉梁导荷，再进行防水板模型、弹性地基模型或倒楼盖模型计算。当存在防水板时，程序将自动生成弹性地基模型与防水板模型，并同时计算设计。在后处理中，可以通过切换模型分别查看弹性地基模型与防水板模型的分析设计结果。

6.6　结　果　查　看

"结果查看"菜单主要包括"模型简图""分析结果""设计结果"及"文本结果"等选项组。该菜单可用于查看各种有限元计算结果，包括"位移""反力""弯矩""剪力"；同时，可根据规范的要求提供各种设计结果，主要包括"承载力校核""设计内力""配筋""沉降""冲剪局压""实配裂缝""构件信息""设计简图"；另外，还提供了文本结果显示功能，包括"文本查看""计算书""工程量统计"。

6.6.1　模型简图

本选项组可以查看计算模型的参数信息及基础构件信息。选择"结果查看"|"模型简图"|"模型简图"，弹出图 6.58 所示"计算模型"停靠面板。

"计算模型"停靠面板中"模型选择"选项组包括"基本模型"与"沉降模型"两个单选按钮，这里的"基本模型"是指有限元计算的初始模型，其基床系数、桩刚度与前处理一致；"沉降模型"是指计算沉降的模型，其基床系数、桩刚度是最终沉降计算的结果。

图6.58　"计算模型"停靠面板

6.6.2　分析结果

1. 位移

"位移"用于查看单工况下及所有荷载组合下的基础位移图。用户通过查看位移图，判断基础变形是否合理。对于基础计算，内力大小与变形差大小有关，所以基础位移是评判基础分析结果合理性的重要指标。选择"结果查看"|"分析结果"|"位移"，弹出图6.59所示的"位移查看"停靠面板。

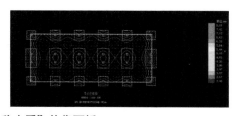

图6.59　"位移查看"停靠面板

2. 剪力

"剪力"用于查看所有单工况下及荷载组合下的基础剪力。选择"剪力"选项，弹出图 6.60 所示的"剪力查看"停靠面板。

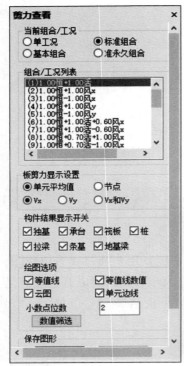
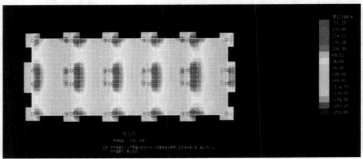

图 6.60 "剪力查看"停靠面板

6.6.3 设计结果

1. 承载力校核

程序根据规范要求给出了地基与桩的承载力验算结果，支持国家规范与广东规范，用户可以在"基础模型"|"参数"|"总信息"中设置执行的规范标准，如图 6.61 所示。

图 6.61 规范选择

选择"结果查看"|"设计结果"|"承载力校核"，弹出图 6.62 所示的"承载力校核"停靠面板。目前程序在验算桩在地震作用组合下抗拔承载力的时候，出于安全考虑承载力特征值没有乘以 1.25 的调整系数。桩身承载力验算：软件根据《地基规范》第 8.5.11 条进行桩身承载力验算。用户需要在"基础模型"|"桩"|"定义布置"中输入桩身承载力，程序会自动验算所有基本组合桩反力作用下桩身承载力是否满足要求。如果不满足要求，则程序会显红提示；如果满足要求，则程序仅输出所有基本组合下的最大桩反力值。

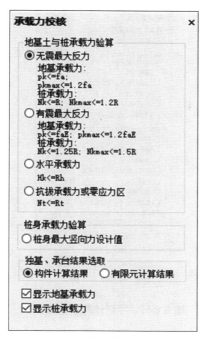

图 6.62　"承载力校核"停靠面板

2. 设计内力

"设计内力"选项用于查看起控制作用的基础内力。选择"结果查看"|"设计结果"|"设计内力"，弹出如图 6.63 所示的"内力查看"停靠面板。

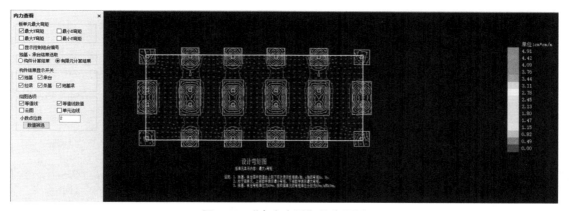

图 6.63　"内力查看"停靠面板

3. 冲剪局压

"冲剪局压"选项用于验算已经布置基础的冲切剪切结果，以校核布置基础的厚度是否满足规范要求，如果布置有柱墩，同时还可验算柱墩加筏板的厚度是否满足要求及柱墩本身对筏板冲切剪切是否满足要求。此外，该选项还提供局压验算功能。选择"结果查看"|"设计结果"|"冲剪局压"，弹出图 6.64 所示的"冲切计算"停靠面板。

图 6.64 "冲切计算"停靠面板

4. 实配裂缝

程序采取分区均匀配筋方式对计算配筋进行处理，进行裂缝验算，并给出实配钢筋。选择"结果查看"|"设计结果"|"实配裂缝"，弹出图 6.65 所示的"实配钢筋"停靠面板。单击图 6.65 中的"参数设置"按钮，弹出图 6.66 所示的"配筋参数设置"对话框，用于钢筋级配设置。

图 6.65 "实配钢筋"停靠面板

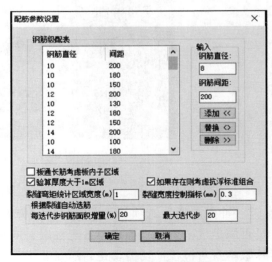

图 6.66 "配筋参数设置"对话框

"实配区域布置与编辑"用于添加、删除配筋区域。如果筏板的某一局部区域希望单独配筋（子筏板程序默认为单独区域），可以通过单击"区域补强"按钮，在筏板里绘制该区域，设置完成后，则程序将按新的配筋区域进行钢筋实配。

"修改钢筋"用于对筏板区域配筋结果进行编辑修改。单击"修改钢筋"按钮后，用户可以修改已设置区域补强的各个区域的实配钢筋。

6.6.4　文本结果

1. 文本查看

新版软件在"结果查看"｜"文本结果"中增加了"文本查看"选项，方便用户在计算完成后，查看前期已生成的文本。目前，可查看的文本结果有"基础基本参数"和"抗浮验算"，如图 6.67 所示。

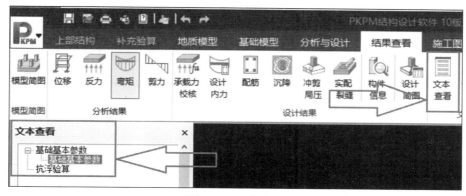

图 6.67　文本查看

2. 计算书

本选项以文本方式输出所有计算过程。

由于各个设计院的计算书格式不尽相同，因此软件提供了模板定制功能。每个设计院都可以定制自己的模板，然后导出到各台计算机上，以后需要用到该模板时，便可以直接导入，不需要重复进行设置。对于需要进行特殊定制的高级用户，可以在"计算书设置"对话框（图 6.68）中进行详细设置，这样就可以输出最符合项目需求的计算书。

3. 工程量统计

目前的工程量统计是基于计算配筋的，方便用户在计算完成后，进行简单的工程量统计。选择"结果查看"｜"文本结果"｜"工程量统计"，弹出图 6.69 所示对话框，用户可在此对话框对工程量统计进行设置。

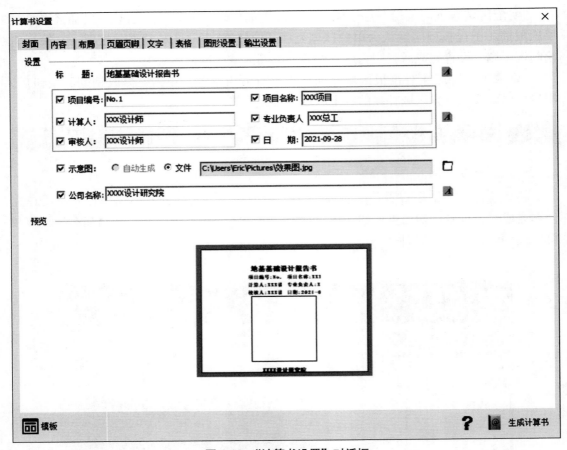

图 6.68 "计算书设置"对话框

图 6.69 "工程量统计设置"对话框

（1）构件类型。

"构件类型"用于选择参与工程量统计的构件类型，没有选择的构件类型将不出现在统计结果中。

（2）输出内容。

技术条件：工程量统计所使用的统计方法和假设条件，具体内容参考统计结果文档。

构件数量：各构件类型的数量。

模型总工程量：工程总的钢筋和混凝土用量。

各构件类型工程量：各构件类型的钢筋和混凝土用量。

6.7　施　工　图

"施工图"菜单可以承接基础建模程序中的构件数据绘制基础平面施工图，也可以承接 JCCAD 基础计算程序绘制地基梁平法施工图、地基梁立剖面施工图、筏板施工图、基础大样图（承台、独基、墙下条基）、桩位平面图等施工图。程序将基础施工图的各个模块（基础平面施工图、地基梁平法施工图、筏板和基础详图）整合在同一程序中，实现在一张施工图上绘制平面施工图、平法施工图、基础详图的功能，减少了用户逐一切换各个模块的操作，并且采用了全新的菜单组织，程序界面更友好。选择图 6.1 所示的 JCCAD 菜单栏中的"施工图"后，显示图 6.70 所示的"施工图"窗口。

独基施工图绘制

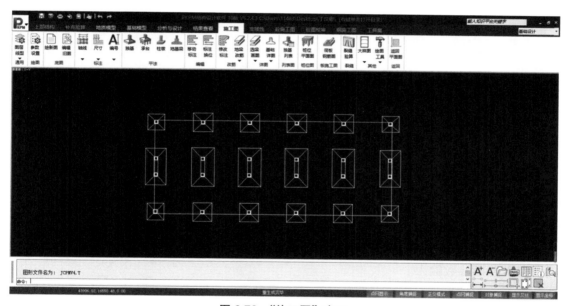

图 6.70　"施工图"窗口

选择图 6.70 所示的"施工图"|"绘图"|"参数设置"，弹出"参数设置"对话框，该对话框包括两个选项卡：图 6.71 所示的"平面图参数"选项卡和图 6.72 所示的"独基设置"选项卡。选择适当的参数后单击"确定"按钮，程序将会根据最新的参数信息，重新生成地基梁平法施工图，并根据修改后的参数重绘当前的基础平面图。

其他施工图绘制则可单击相应的菜单，根据提示即可完成。

条基施工图绘制

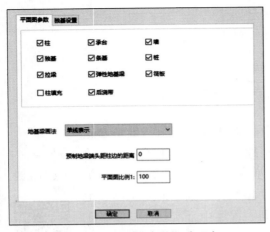

图 6.71 "平面图参数"选项卡   图 6.72 "独基设置"选项卡

6.8　设　计　实　例

6.8.1　独基设计实例

本实例选择 2.4 节的实例，上部结构各项参数参照 2.4 节。结构类型为框架结构，采用独基。

1. 分析步骤

独基的分析步骤如下。

基础参数输入→网格节点（补充绘图）→荷载输入→上部构件→柱下独基分析→自动生成→计算结果显示→独基布置查改（略）。

2. 分析过程

依据分析步骤，本算例的分析过程如下。

（1）基础参数输入。

选择"基础模型"|"参数"|"参数"，弹出"分析和设计参数补充定义"对话框。根据本工程具体情况调整参数，如图 6.73 和图 6.74 所示，其他参数选项卡取默认值。

（2）网格节点（补充绘图）。

本实例不涉及网格节点的修改，可以跳过本步骤。

（3）荷载输入。

本实例中，"荷载工况"选项卡中的数值不做修改，取默认值。荷载工况取值如图 6.75 所示，荷载组合取值如图 6.76 所示。考虑实际工程，本实例在独基上设置拉梁，拉梁上又有填充墙，则应将填充墙上荷载作为节点荷载输入，考虑拉梁自重，选择"荷载"|"附加柱墙荷载编辑"，各节点荷载输入如图 6.77 所示。

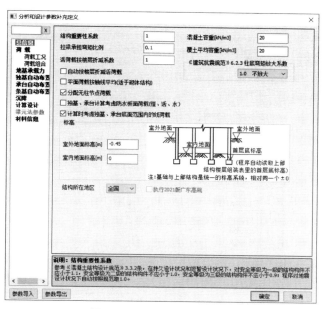

图 6.73 "总信息"选项卡

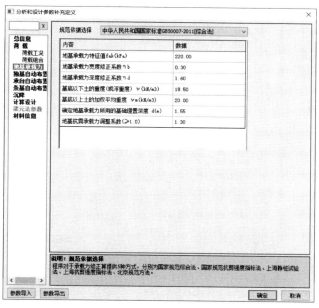

图 6.74 "地基承载力"选项卡

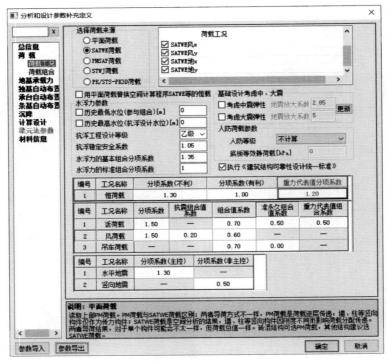

图 6.75　荷载工况取值

图 6.76　荷载组合取值

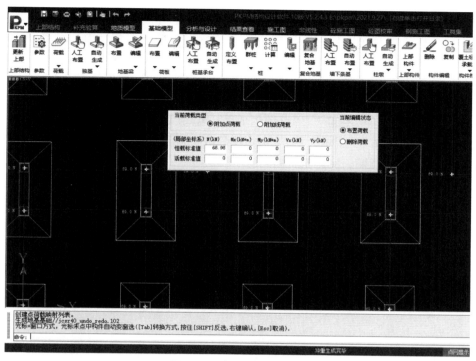

图 6.77　各节点荷载输入

（4）上部构件。

在本实例中，柱下独基间设置拉梁，拉梁截面尺寸为 300mm×600mm。拉梁的布置如图 6.78 所示。

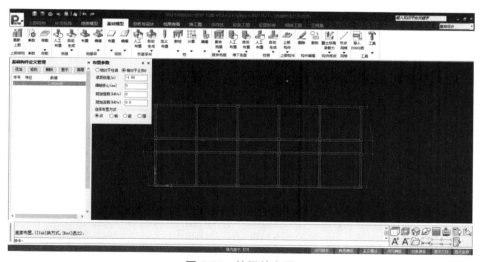

图 6.78　拉梁的布置

（5）柱下独基分析。

略。

（6）自动生成。

首先选择要生成独基的柱，然后输入地基承载力计算参数和柱下独基参数，参数输入完成后，单击"确定"按钮，程序会自动在所选择的柱下自动进行独立基础设计。柱下独基布置图如图 6.79 所示。

（7）计算结果显示。

选择"基础模型"|"独基"|"自动生成"|"总验算、计算书"，弹出"独基总计算书"文本文件，如图 6.80 所示，内容包括各荷载工况组合、每个柱在各组荷载下求出的底面积、冲切计算结果、实际选筋等。

（8）独基布置查改。

略。

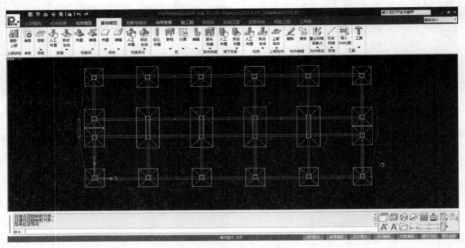

图 6.79　柱下独基布置图

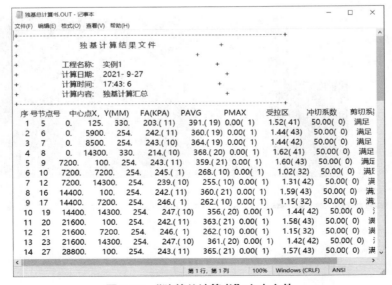

图 6.80　"独基总计算书"文本文件

6.8.2 高层建筑筏板基础设计实例

在本实例中，选用第 4 章 4.4 节 18 层高层建筑设计实例，结构各参数同 4.4 节，结构类型为剪力墙结构，采用筏板基础。

高层建筑筏
板基础设计
实例

1. 分析步骤

高层建筑筏板基础的分析步骤如下。

地质资料输入→参数输入→筏板布置→桩筏筏板有限元计算→绘制施工图。

2. 分析过程

（1）地质资料输入。

启动基础设计模块，选择"地质模型"|"文件管理"|"打开 DZ 文件"，弹出图 6.81 所示的窗口。

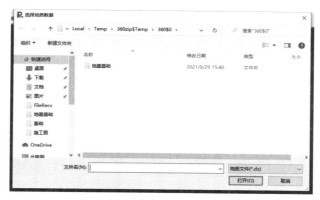

图 6.81 "选择地质数据"窗口

输入文件名后，进入"地质模型"的"标准地层层序"对话框，如图 6.82 所示。地质资料是计算地基承载力和地基沉降变形必需的数据，要求根据工程地质勘察报告提供的孔点坐标、土层各项参数进行准确输入。

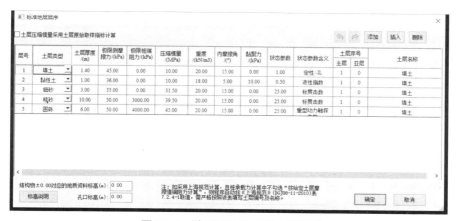

图 6.82 "标准地层层序"对话框

本实例地质条件如下。

填土，土层厚1.40m；黏性土，土层厚1.00m；细砂，土层厚3.00m；粗砂，土层厚10.00m；圆砾，土层厚6.00m。

根据该工程地质勘察报告提供的孔点坐标和土层各项参数，输入标准孔参数，同时可以利用"地质模型"|"孔点编辑"|"单点编辑"来修改各孔点的土层各项参数、孔口标高、孔口坐标等参数，如图6.83所示。也可以查看土层剖面图，如图6.84所示。

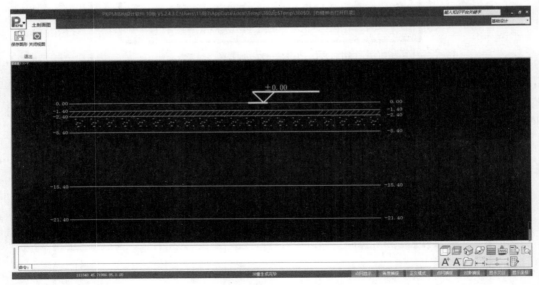

层号	土层类型	土层底标高/(m)	压缩模量/(MPa)	重度/(kN/m3)	内摩擦角/(°)	黏聚力/(kPa)	状态参数	状态参数含义	主层	亚层
1	填土	-5.00	10.00	20.00	15.00	0.00	1.00	定性/-IL	1	0
2	黏性土	-10.00	10.00	18.00	5.00	10.00	0.50	液性指数	1	0
3	细砂	-15.00	31.50	20.00	15.00	0.00	25.00	标贯击数	1	0
4	粗砂	-20.00	39.50	20.00	15.00	0.00	25.00	标贯击数	1	0
5	圆砾	-25.00	45.00	20.00	15.00	0.00	25.00	重型动力触探击数	1	0

图6.83　1号孔点土层参数表

图6.84　土层剖面图

（2）参数输入。

选择"基础模型"|"参数"|"参数"，然后输入各项参数，分别如图6.85～图6.88所示。

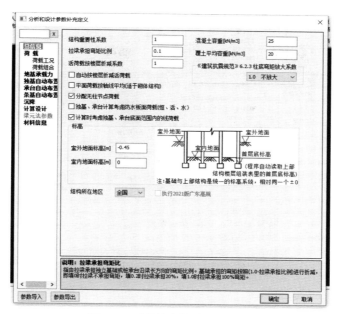

图 6.85 "总信息"选项卡参数

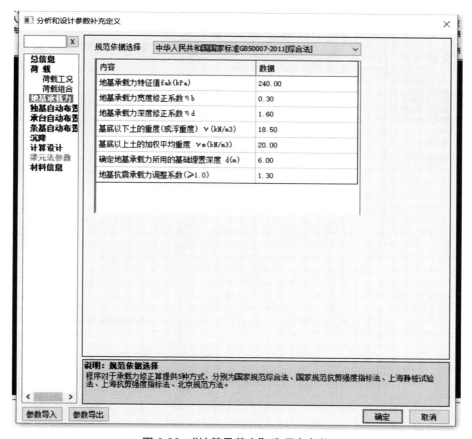

图 6.86 "地基承载力"选项卡参数

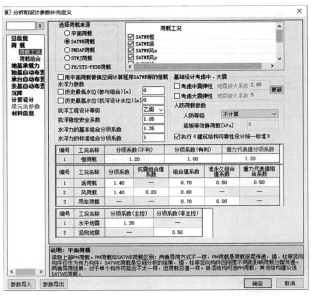

图 6.87 "荷载工况"选项卡参数

图 6.88 "荷载组合"选项卡参数

（3）筏板布置。

选择"基础模型"|"筏板"|"布置"，弹出图 6.89 所示的"筏板布置"停靠面板，依次修改筏板信息，输入完成选择围栏后即完成布板，如图 6.90 所示。

图 6.89　"筏板布置"停靠面板

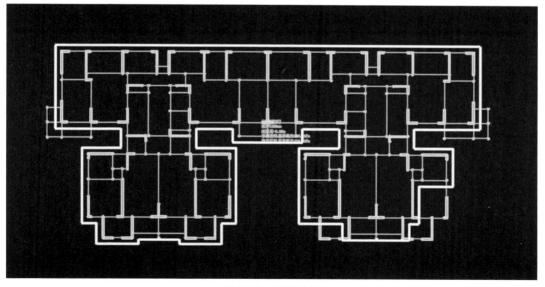

图 6.90　筏板布置

选择"基础模型"|"筏板"|"编辑"|"重心校核"，弹出"重心校核"停靠面板，如图 6.91 所示，用户通过该停靠面板可以进行地基承载力极限状态验算。本实例地基

反力小于地基承载力；在标准组合状态下，可以多选择几组荷载组合进行筏板重心计算和地基承载力极限状态验算。

图 6.91　"重心校核"停靠面板

（4）桩筏筏板有限元计算。

①计算参数。

由于本实例为平板筏板，所以可以直接选择"分析与设计"｜"参数"｜"参数"，对参数选项进行选择，并输入相关参数值（图 6.92），然后回到上级菜单选择"分析与设计"｜"计算"｜"生成数据＋计算设计"。

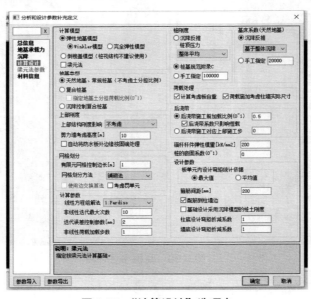

图 6.92　"计算设计"选项卡

② 结果查看。

选择"结果查看"菜单，弹出图 6.93 所示的"结果查看"菜单。

图 6.93　"结果查看"菜单

a. 位移

选择"结果查看"|"分析结果"|"位移"，可显示节点位移图，如图 6.94 所示。

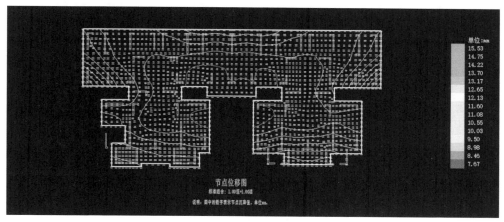

图 6.94　节点位移图

b. 承载力校核。

选择"结果查看"|"设计结果"|"承载力校核"，可显示承载力图，如图 6.95 所示。

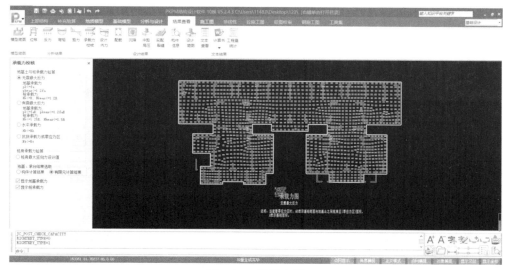

图 6.95　承载力图

（5）绘制施工图。

选择"施工图"菜单，弹出图 6.96 所示的界面。

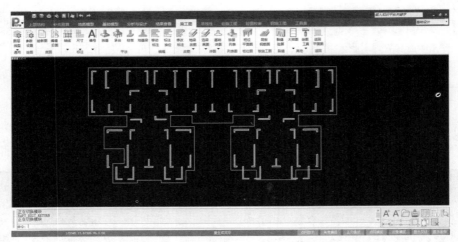

图 6.96 "施工图"菜单及屏幕显示

选择"施工图"|"板施工图"|"筏板钢筋图"，弹出"提示"对话框，如图 6.97 所示，选择"建立新数据文件"选项，然后单击"确定"按钮，弹出图 6.98 所示的界面。

桩筏基础施工图绘制

图 6.97 "提示"对话框

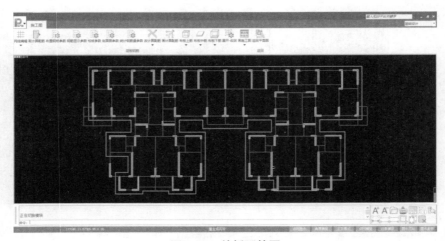

图 6.98 筏板配筋图

选择图 6.98 中的"施工图"|"筏板钢筋"|"取计算配筋"，弹出图 6.99 所示的对话框，单击"是"按钮，然后选择图 6.98 中"改计算配筋"选项，完成钢筋的局部修改，如图 6.100 所示。

图 6.99　"JC_RAFT"对话框

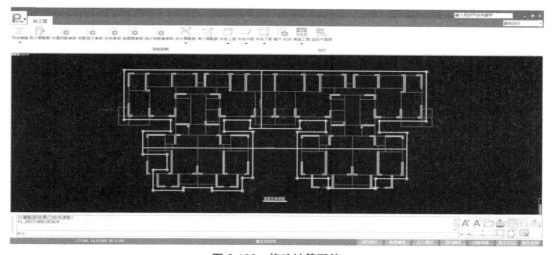

图 6.100　修改计算配筋

选择图 6.98 中的"画计算配筋"选项，弹出 6.101 所示的对话框，选中"各区域的通长筋展开表示"选项，单击"确定"按钮，完成筏板计算配筋图，如图 6.102 所示。

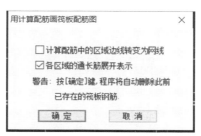

图 6.101　"用计算配筋画筏板配筋图"对话框

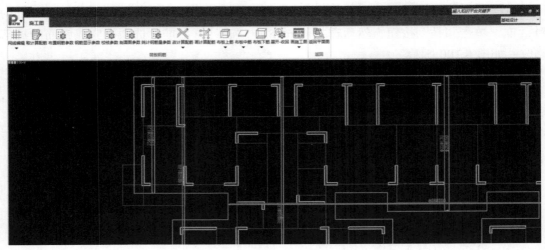

图 6.102　筏板计算配筋图

选择图 6.98 中的"画施工图"选项，弹出图 6.103 所示的下拉菜单，可以通过下拉菜单中的命令对配筋进行局部的调整，即完成筏板基础施工图的绘制。

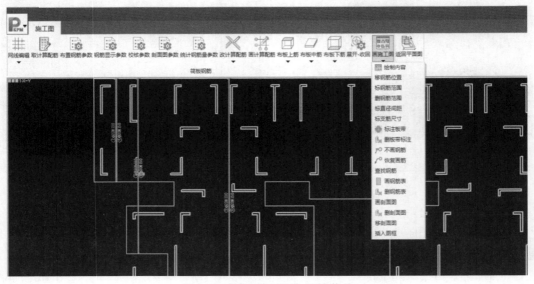

图 6.103　"画施工图"下拉菜单

思考与练习题

1. JCCAD 的主要功能与特点是什么？

2. 试述采用 JCCAD 分别完成独基、梁筏基础、平筏基础和桩筏基础的操作流程，对比其不同。

3. 地质资料文件是否可以不填写？

4. 有桩地质资料和无桩地质资料的输入有何不同？分别阐述采用交互方式输入有桩与无桩地质资料的具体步骤。

5. "基础交互输入"的主要工作内容是什么？

6. 为什么按弹性地基梁元法计算节点底面积会产生重复利用问题？

7. 基床反力系数如何取值？

8. 筏板基础的操作步骤包括哪些内容？

9. 如何设置筏板加厚区域？如何利用"网格调整"完成JCCAD构件的增减。

10. 筏板上包括了哪些荷载？

11. 有承台桩和无承台桩的区别是什么？分别可以计算哪些类型的基础形式？

12. 弹性地基梁的计算模式有哪些？怎样选用？

13. 筏板有限元计算有哪些计算模型？

第7章
混凝土结构施工图

知识结构图

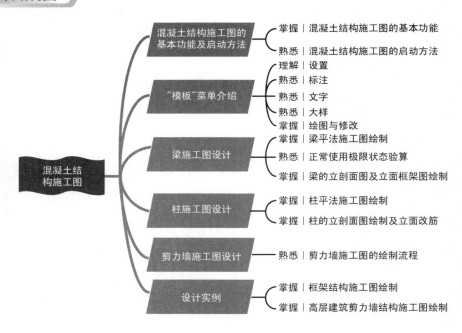

混凝土结构施工图的基本功能及启动方法	掌握	混凝土结构施工图的基本功能
	熟悉	混凝土结构施工图的启动方法
"模板"菜单介绍	理解	设置
	熟悉	标注
	熟悉	文字
	熟悉	大样
	掌握	绘图与修改
梁施工图设计	掌握	梁平法施工图绘制
	熟悉	正常使用极限状态验算
	掌握	梁的立剖面图及立面框架图绘制
柱施工图设计	掌握	柱平法施工图绘制
	掌握	柱的立剖面图绘制及立面改筋
剪力墙施工图设计	熟悉	剪力墙施工图的绘制流程
设计实例	掌握	框架结构施工图绘制
	掌握	高层建筑剪力墙结构施工图绘制

（混凝土结构施工图）

7.1　混凝土结构施工图的基本功能及启动方法

1. 混凝土结构施工图的基本功能

（1）为简化出图可做全楼归并，一般包括竖向楼层的归并和水平平面内的归并。

（2）考虑相关规范、规程和构造手册的要求，自动选配构件钢筋。

（3）节点详图设计。

（4）正常使用极限状态验算。

（5）人工干预修改配筋设计。

（6）施工图的绘制表示方法。

（7）可通过菜单标注尺寸、字符等，并可通过图形平台对程序生成的施工图进行编辑、修改、补充等。

2. 混凝土结构施工图的启动方法

打开 PKPM，其主界面如图 7.1 所示，选择"混凝土（砼）结构施工图"并双击工作目录进入混凝土结构施工图绘制主程序。在混凝土结构施工图绘制主程序顶部菜单栏中选择"梁"菜单。

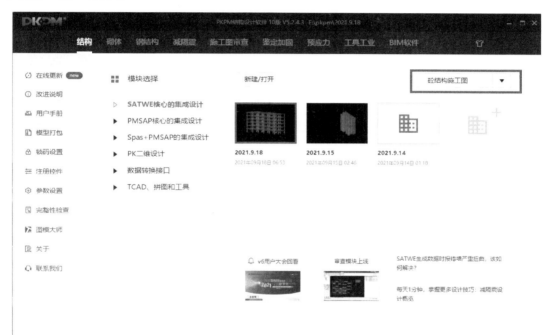

图7.1　PKPM主界面

7.2 "模板"菜单介绍

"模板"菜单主要提供施工图绘制过程中的图形绘制、模板详图、图形编辑等内容。图 7.2 所示为"模板"菜单，该菜单整合了这些功能，并将其与梁、柱、墙、板等施工图绘制分离开来并单独显示。

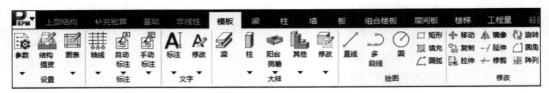

图7.2　"模板"菜单

　　"模板"菜单的内容主要分为两类：第一类是通用的图形绘制、编辑、打印等内容，其操作与 PKPM 通用菜单中的图形编辑、打印及转换相同，具体内容详见第 2.3 节；第二类是更接近专业模块的功能，包括施工图设置、平面图轴线标注、平面图上的构件标注和构件的尺寸标注、大样详图等。

　　以下将对该菜单内的主要内容做简要介绍。

7.2.1　设置

1. 参数设置

　　选择图 7.2 所示的"模板"|"设置"|"参数"，弹出"参数"下拉菜单，该下拉菜单主要包括"图层设置""文字设置""线型设置""构件显示"等命令。

　　PKPM 安装目录的" \CFG\ "目录下有两个数据库文件"绘图参数 .MDB"和"用户绘图参数 .MDB"，其中"绘图参数 .MDB"是系统设计参数文件，"用户绘图参数 .MDB"是用户设计参数文件。

　　（1）图层设置。

　　"图层设置"命令可以根据设计需要更改各图层的颜色、线型、线宽等参数。"图层设置"对话框如图 7.3 所示。

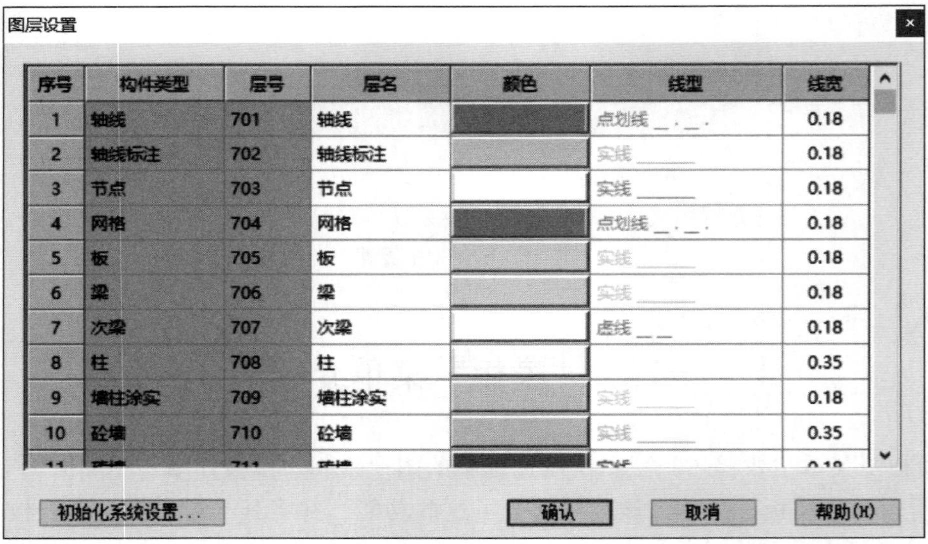

图层设置

序号	构件类型	层号	层名	颜色	线型	线宽
1	轴线	701	轴线		点划线 _ . _ .	0.18
2	轴线标注	702	轴线标注		实线	0.18
3	节点	703	节点		实线	0.18
4	网格	704	网格		点划线 _ . _ .	0.18
5	板	705	板		实线	0.18
6	梁	706	梁		实线	0.18
7	次梁	707	次梁		虚线 _ _	0.18
8	柱	708	柱			0.35
9	墙柱涂实	709	墙柱涂实		实线	0.18
10	砼墙	710	砼墙		实线	0.35
11	砖墙	711	砖墙		实线	0.18

初始化系统设置 ...　　　　确认　　取消　　帮助(X)

图7.3　"图层设置"对话框

（2）文字设置。

"文字设置"命令可以设置施工图各种文字标注的样式及字体、字高与字宽等。执行"文字设置"命令，弹出"标注设置"对话框，如图7.4所示。其中，"文字标注"选项卡包括轴线标注、轴线号、构件尺寸等内容；"尺寸标注"选项卡包括尺寸标注起止符号长度、尺寸外伸线长、轴线标注线间的距离等内容。

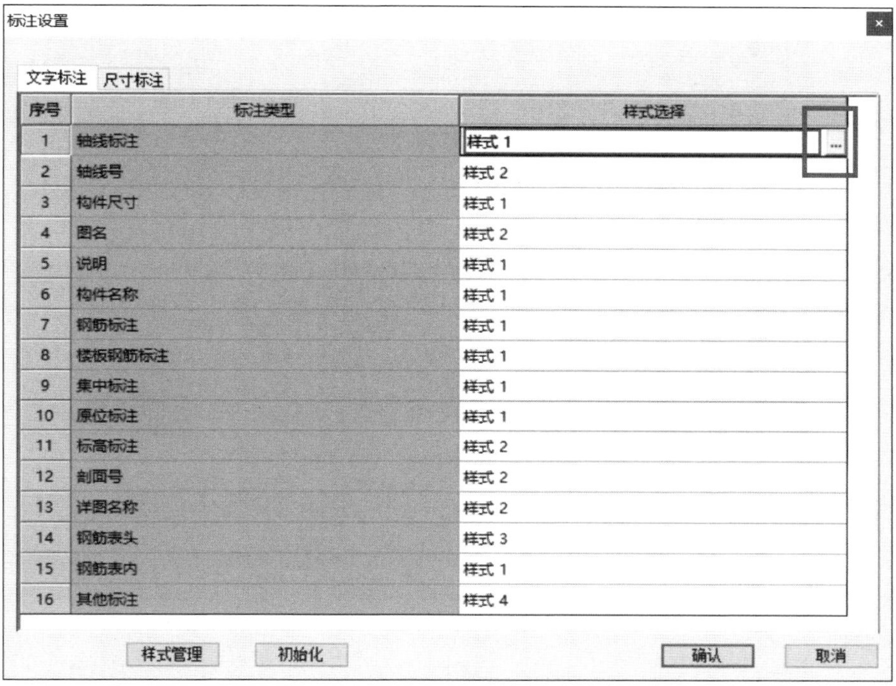

图7.4 "标注设置"对话框

单击图7.4所示的"样式选择"列表框中的⋯，即可弹出图7.5所示的"样式管理"对话框，在此对话框中可以修改该样式字体的高度、宽高比等参数。

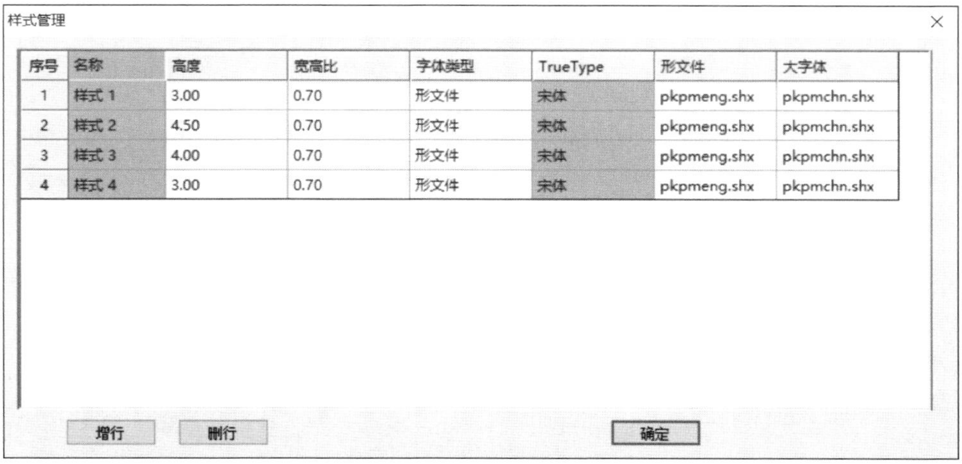

图7.5 "样式管理"对话框

（3）线型设置。

"线型设置"命令的功能是设置当前图面各种构件要显示的线型。"线型设置"对话框如图 7.6 所示。

图7.6　"线型设置"对话框

若要修改线型参数，可通过右击"线型描述"一栏，在弹出的快捷菜单中选择"导入 Access 数据"选项进行修改。其中"线型描述"中数字的含义为：正数表示实线段长度，负数表示空白段长度，0 表示一个点。

（4）构件显示。

"构件显示"命令用于控制当前施工图平面构件的显示开关。执行"构件显示"命令，弹出图 7.7 所示的"绘图参数"对话框。当屏幕显示过于繁杂时，为了消除无关构件的干扰，可以在"绘图参数"对话框中取消选中无关构件的显示。

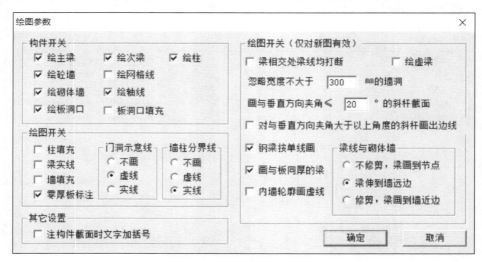

图7.7　"绘图参数"对话框

2. 结构提资

选择"模板"|"设置"|"结构提资",可以将结构的设计资料以 DWG 文件的形式导出到工程目录。图 7.8 所示为"结构提资"对话框,可方便用户拷贝该设计文件。

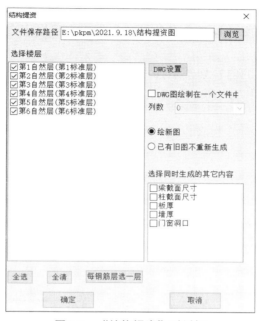

图7.8　"结构提资"对话框

可以选择对各标准层生成单独的结构模板图文件,也可将各模板图纳入单一的DWG 文件。如果选择"DWG 图绘制在一个文件中"选项,提资图将保存在对话框中指定的文件位置。如不选择该选项,程序将在工程文件夹下级的"结构提资"子文件夹内生成一系列按自然层号编号的 DWG 文件。

属于同一结构标准层的各自然层仅绘制一份结构模板图。程序在模板图下方标注其适用的标高范围。

3. 图表

"图表"选项的功能是简化绘图工作,该选项很人性化地提供了"图框""图名""修改图签""楼层表""标高"等功能,用户只需单击相应的按钮,并进行简单的设置就可以插入预设的图形与图表。其操作步骤与一般绘图软件相似,因而此处不做赘述。

7.2.2 标注

"标注"选项组中的标注功能可分为两类,一类为轴线标注,另一类为构件标注。其中轴线标注与第 2 章建立轴网时相似,但更为简单便捷。构件标注则为本章新增的部分。

1. 轴线标注

"轴线"下拉菜单如图7.9所示，包括"自动""交互""逐根""弧长"与"半径"5个命令。

（1）自动。

"自动"命令仅对正交的且已命名的轴线生效，它根据用户所选择的信息自动画出轴线与总尺寸线。

"轴线标注"对话框的内容如图7.10所示。通过"轴线标注"对话框，用户可以方便地调整标注的位置。图7.11所示为自动标注的结果显示。

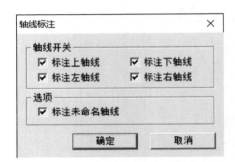

图7.9　"轴线"下拉菜单　　　　图7.10　"轴线标注"对话框

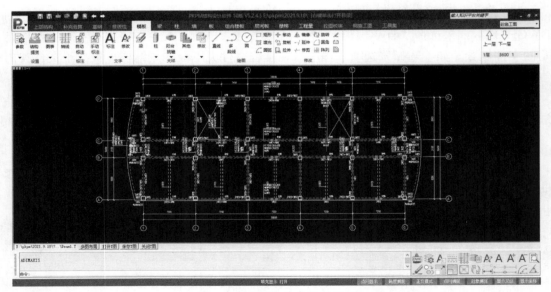

图7.11　自动标注的结果显示

（2）交互与逐根。

在"交互"命令下，用户需要根据命令提示框的指示，首先选择起始轴线与终止轴线并去掉不需要标注的轴线，再以交互的方式对标注后的结果进行修改。"交互"命令的操作与第 2 章中的"轴线命名"命令类似，因而此处不做赘述。

"逐根"命令可每次标注一批平行的轴线，但每根需要标注的轴线都必须点取，按屏幕提示指示这些点取轴线在平面图上的位置，这批轴线的轴线号和总尺寸可以标注，也可以不标注。

（3）弧长与半径。

"弧长"与"半径"命令用于标注圆弧轴网下建立的弧形结构的尺寸，其操作步骤大致如下。

① 指定起止轴线，程序将自动识别起止轴线间的轴线，并用红色线显示。

② 挑出不标注的轴线。

③ 指定需要标注弧长的弧网格。

④ 指定标注位置。

⑤ 指定引出线长度。

其余步骤与第 2 章轴网标注相同。

2. 构件标注

构件标注的内容也分为两类，一类为自动标注，另一类为手动标注。其中，手动标注需要用户选择要标注的构件进行标注，用户在选择构件的同时也指定了标注位置。"自动标注"与"手动标注"下拉菜单如图 7.12 所示。

（1）自动标注。

以梁的尺寸标注为例，当需要标注该楼层内所有的梁的尺寸或者仅个别梁的尺寸不需标注时，选择"自动标注"|"梁尺寸"，程序会自动标注全部的梁的尺寸，再删去不用的少量标注即可。

（2）手动标注。

同样以梁的尺寸标注为例，若仅需进行少量梁构件的尺寸标注，则选择手动标注更为快捷。选择"手动标注"|"梁尺寸"，选择需要标注的梁，并将光标停留在标注尺寸的位置，单击即可完成该梁的尺寸标注。

(a)"自动标注"　　(b)"手动标注"
　下拉菜单　　　　　下拉菜单

图7.12　"自动标注"与"手动标注"下拉菜单

7.2.3　文字

"文字"选项组主要用于对结构内的内容做特殊标注说明及内容注释，该选项组包括"标注"与"修改"两个选项。"标注"与"修改"下拉菜单如图 7.13 所示。其中"标注"可以引出文字的方式对结构做注释说明。"修改"则提供了调整文字注释的位置、修改已添加注释的内容、文字对齐、文字合并等功能。

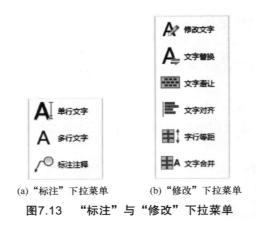

(a) "标注"下拉菜单　　　　(b) "修改"下拉菜单

图7.13　　"标注"与"修改"下拉菜单

7.2.4　大样

　　"大样"选项组的主要作用是绘制结构图中常用的各种形式的大样图，当其他程序不能提供构件详图时，可在此处补充需要添加的构件详图。

　　对于不同构件的详图，用户只需输入参数，定义大样尺寸、钢筋等信息，程序就会自动绘制构件详图，并标注截面尺寸、钢筋、剖面号和绘图比例等。

　　以梁的大样图为例，选择"模板"｜"大样"｜"梁"，屏幕会弹出图7.14所示的"绘制梁截面"对话框，用户可在此对话框内选择梁的截面类型，并修改截面尺寸、显示比例等内容，然后单击"确认"按钮便可插入梁的大样图。

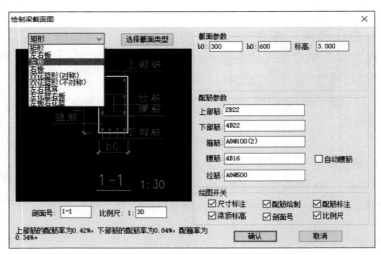

图7.14　　"绘制梁截面图"对话框

7.2.5　绘图与修改

　　"绘图"与"修改"选项组的内容与第2章PMCAD建模部分相似，其作用是对现有的图素进行部分添加与修改，因而此处不做赘述。

7.3 梁施工图设计

选择图 7.2 所示的"模板"|"大样"|"梁",完成梁截面绘制后,进入梁的施工图绘制菜单。梁平法施工图示意如图 7.15 所示。

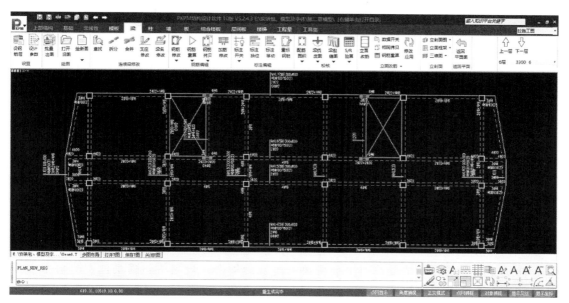

图7.15 梁平法施工图示意

7.3.1 梁平法施工图绘制

1. 钢筋标准层划分

实际设计中,存在若干楼层的构件布置和配筋完全相同的情况,可以将不同的结构标准层归并到同一钢筋层上。选择"梁"|"设置"|"设钢筋层",弹出图 7.16 所示的对话框。

该对话框提供了钢筋层的增加、更名、清理、合并等选项。若要实现钢筋层的归并既可以通过左侧的"钢筋标准层定义"实现,也可以通过右侧的"钢筋标准层分配表"实现。

(1)按住 Ctrl 键,选择需要归并的钢筋层,再单击"合并"按钮,即可完成钢筋层的归并。

(2)在右侧的"钢筋标准层分配表"中,将需要归并的结构标准层选在同一钢筋层下,即可完成钢筋层的归并。

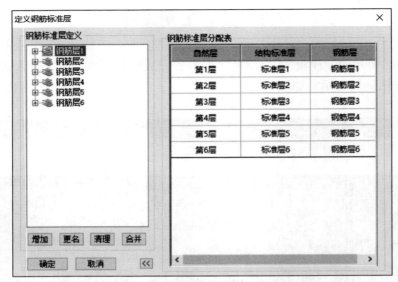

图7.16　"定义钢筋标准层"对话框

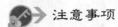 注意事项

（1）钢筋标准层。

钢筋标准层是为适应竖向归并的需要而建立的概念。对同一钢筋层包含的若干自然层，程序会为各层同样位置的连续梁给出相同的名称，配置相同的钢筋。读取配筋面积时，程序会在各层位置的配筋面积数据中取大值作为配筋依据。默认情况下，程序会自动参照结构标准层来划分钢筋标准层，用户可以自行将不同的钢筋标准层合并。

特别强调的是：与结构标准层和建筑自然层不同，钢筋标准层是针对梁、柱、剪力墙施工图设计而建立的另一个概念。

（2）程序根据以下两条标准进行梁钢筋标准层的自动划分。

① 两个自然层所属结构标准层相同。

② 两个自然层上层对应的结构标准层也相同。

符合上述条件的自然层将被划分为同一钢筋标准层：本层相同，保证了各层中同样位置上的梁有相同的几何形状；上层相同，保证了各层中同样位置上的梁有相同的性质。

2. 设计参数修改

完成上述钢筋标准层定义后，即可进行设计参数的设定。

选择"梁"|"设置"|"设计参数"，弹出"参数修改"对话框，如图7.17所示。该对话框包括绘图参数、通用参数、梁名称前缀、纵筋选筋参数、箍筋选筋参数、裂缝、挠度计算参数和其他参数等内容，用户可根据工程实际情况进行相关参数的调整。

图7.17 "参数修改"对话框

下面对一些重要的参数做简要介绍。

（1）归并系数：取值范围从 0 到 1，默认值为 0.2。归并系数的大小将影响连续梁的归并数量，归并系数越小，则连续梁的种类越多。

（2）梁名称前缀：考虑到不同用户的习惯，程序允许用户自行修改构件名称。

（3）上、下筋放大系数：考虑到一些用户习惯将计算面积放大后进行配筋，以留出足够的安全储备，程序给出了配筋的放大系数，设置此参数后程序会将纵筋计算面积乘以放大系数后再进行选筋。

（4）主筋选筋库、下主筋优选直径、上主筋优选直径：程序在选择纵筋时仅从"主筋选筋库"中挑选钢筋直径，而不会选出"主筋选筋库"中没有的钢筋直径作为纵筋；而对于"主筋选筋库"中的多种钢筋直径，程序在选筋时会优先选择用户定义的"下主筋优选直径"和"上主筋优选直径"钢筋。

（5）至少两根通长上筋：《混凝土规范》对于非抗震梁和非框架梁并没有要求配置通长上筋，而是使用较小直径的架立筋代替。如果选择"所有梁"，则全部梁均配置通长上筋；如果选择"仅抗震框架梁"，则对非抗震梁和非框架梁不配通长上筋。

（6）12mm 以上箍筋等级：若在 PMCAD 中将梁箍筋等级设为 HPB300，考虑到直径大于 12mm 的箍筋实际应用较少，程序提供了代换的可能性，可将 12mm 以上的箍筋换用为 HRB400 或 HRB500 级钢筋等。

（7）根据裂缝选筋：如果选择"是"，则程序在选完主筋后会计算相应位置的裂缝，如果所得裂缝大于允许裂缝宽度，则程序会将原始计算面积放大 1.1 倍后重新选筋，并再次进行计算，如果仍不满足，则程序会将原始计算面积放大 1.2 倍重新选筋，重复这一过程直到满足。如果选择"否"，则程序不会计算相应位置的裂缝。

注意事项

通过增大配筋面积减小裂缝不是一种有效的做法。事实上，可以选用更有效的方法，如增大梁高等措施。因此对于实际工程，应尽量通过合理的截面设计使裂缝宽度满足限值要求。

3. 连续梁生成与合并

梁是以连续梁为基本单位进行配筋的，因此在配筋之前首先应将建模时逐网格布置的梁段串成连续梁。默认情况下，程序会自动生成连续梁。对于连续梁的各种操作可以通过选择图 7.15 所示的"梁"|"连续梁修改"选项组来完成。

（1）连续梁查找。

选择图 7.15 所示的"梁"|"连续梁修改"|"查找"，弹出图 7.18 所示"梁查询"窗口的停靠面板。通过"梁查询"功能，用户可以根据名称快速找到需要修改的连续梁。

图 7.18 所示"梁查询"窗口左侧停靠面板中列表对不同尺寸和类型的梁做了分类归并，选择相应的梁，在右侧的绘图区中被选中的梁会高亮显示。

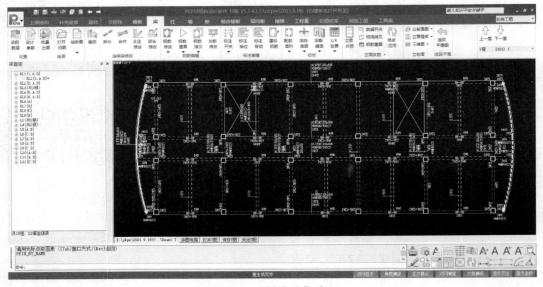

图7.18　"梁查询"窗口

（2）连续梁拆分与合并。

程序按下列标准将相邻的梁段串成连续梁。

① 两个梁段有共同的端节点。

② 两个梁段在共同端节点处的高差不大于梁高。

③ 两个梁段在共同端节点处的偏心不大于梁宽。

④ 两个梁段在同一直线上，即两个梁段在共同端节点处的方向角（弧梁取切线方向角）相差 180° ± 10°。

⑤ 直梁段与弧梁段不串成同一个连续梁。

选择"梁"|"连续梁修改"|"合并",程序会自动生成当前连续梁合并的结果。程序用亮黄色的实线或虚线表达连续梁的走向,实线表示有详细标注的连续梁,虚线表示简略标注的连续梁。如果对自动生成的连续梁结果不满意,可以通过"梁"|"连续梁修改"|"拆分"选项对连续梁的合并结果进行修改。

根据屏幕下方的命令栏内的提示,选择待合并或者拆分的连续梁,再选择要合并或者拆分的节点,即可完成连续梁的合并与拆分。

(3)支座修改。

对于连续梁,梁跨的划分会对配筋产生很大的影响。默认情况下,程序会自动生成梁支座,用户可以选择"梁"|"连续梁修改"|"支座查看"来修改程序自动生成的支座,此时屏幕会显示各个支座的情况,如图7.19所示。其中,三角形表示梁支座,圆圈表示连续梁的内部节点。

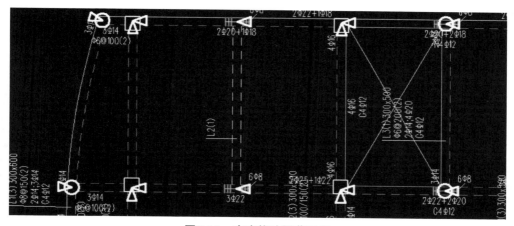

图7.19　支座修改屏幕显示

注意事项

对连续梁支座的调整只影响配筋构造,并不会影响其构件的内力计算和配筋面积计算。

(4)梁名修改。

选择图7.1所示的"梁"|"连续梁修改"|"梁名修改",可以更改连续梁的名称。选择"连续梁修改"|"梁名修改",然后选择需要修改的连续梁,会弹出图7.20所示的对话框,在对话框中输入连续梁的新名称,单击"确定"按钮即可完成连续梁名称的修改。

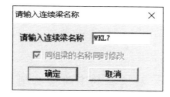

图7.20　"请输入连续梁名称"对话框

注意事项

PKPM 中对梁进行了分类，不同的梁具有不同的配筋性质。

使用"梁名修改"选项还可以将不同组的连续梁归并成同一组。只要将其中一组梁的名称改成与另一组梁的名称相同即可。程序在执行梁名修改操作前会先检查是否有同名连续梁。

4. 钢筋选配

连续梁生成并归并后，施工图模块将根据计算软件提供的配筋面积计算结果选择符合规范构造要求的钢筋。

程序按下列步骤自动选择钢筋：选择箍筋→选择腰筋→选择上部通长钢筋和支座负筋→选择下筋→根据实配纵筋调整箍筋→选择次梁附加箍筋→选择构造钢筋。该操作过程均可由程序自动完成。

5. 施工图绘制与出图

（1）钢筋编辑。

① 钢筋修改。

选择"梁"|"钢筋编辑"|"钢筋修改"，弹出下拉菜单，此下拉菜单包括"单跨修改"与"成批修改"两个命令。若执行"单跨修改"命令，则一次只能修改一跨梁的配筋。执行"单跨修改"命令后，再选中需要修改的梁，屏幕会弹出图 7.21 所示的"编辑原位标注"对话框，在此对话框内可以方便地修改该跨梁的配筋。若执行"成批修改"命令，则可同时修改多跨梁的配筋。执行"成批修改"命令后，再选中需要修改的多跨梁，屏幕会弹出图 7.22 所示的"请编辑需要修改的钢筋"对话框，在此对话框内可以修改选中的梁的配筋。

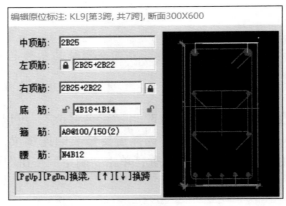

图7.21 "编辑原位标注"对话框

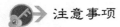 注意事项

当执行"成批修改"命令时，被选择的多跨梁必须在"中顶筋""左顶筋""右顶筋""底筋""箍筋""腰筋"等参数中拥有相同的配置，否则无法同时选中。

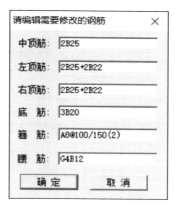

图7.22 "请编辑需要修改的钢筋"对话框

② 钢筋重算。

当修改了配筋设置之后，需要选择"梁"|"钢筋编辑"|"钢筋重算，"重新生成配筋。"钢筋重算"下拉菜单包括"钢筋重算""重新归并"两个命令。其中，"重新归并"命令的功能是将重算后的钢筋重新归并。

③ 加筋修改。

考虑到主次梁相交处集中力较大，一般要求在相交处的主梁位置布置箍筋或吊筋，使集中力完全由其承担，程序提供了对该部位钢筋进行修改的功能，选择"梁"|"钢筋编辑"|"加筋修改"，弹出图7.23所示的"修改连续梁"对话框。

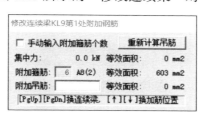

图7.23 "修改连续梁"对话框

集中力和附加箍筋的等效面积均指等效成一级钢筋的截面面积，附加吊筋的等效面积还要乘以角度。工程实际应用中只要保证附加箍筋的等效面积加上附加吊筋的等效面积大于集中力的等效面积即可。

（2）施工图绘制。

在默认状态下，进入"梁"菜单时程序会自动生成梁平法施工图。若修改了部分参数，则应选择"梁"|"钢筋编辑"|"钢筋重算"，再选择"梁"|"绘图"|"绘新图"|"重新归并选筋并绘制新图"，即可完成施工图的重绘。

（3）批量出图。

选择"梁"|"绘图"|"批量出图"，弹出图7.24所示的"批量出图"对话框，用户可在此对话框内选择出图的输出路径、绘制的钢筋层等信息。

其中"全选""全清"与"每钢筋层选一层"按钮对应左侧列表框内钢筋层的选择，选择好需要输出图纸的钢筋层后，可以在右侧列表框选择同时生成的其他内容，在这里每选中一个选项，程序将为选定的楼层生成一个对应的 T 图文件。

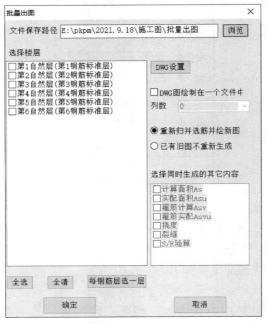

图7.24　"批量出图"对话框

"DWG 设置"按钮用于设定将 PKPM 文件（扩展名为".T"）转化为 DWG 文件的参数。

7.3.2　正常使用极限状态验算

钢筋混凝土结构的正常使用极限状态验算主要包括两种指标的计算，即挠度和裂缝。

1. 挠度验算

新版软件增加了"计算书"的功能，用户除了可以通过图形界面直观地查看构件的挠度变形之外，还可以通过查看该构件的挠度验算计算书来更为细致精确地查看挠度计算结果。其中，"挠度计算参数"对话框如图 7.25 所示，"挠度验算"屏幕显示如图 7.26 所示。

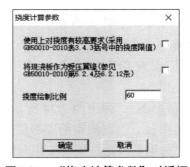

图7.25　"挠度计算参数"对话框

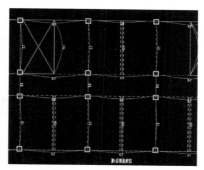

图7.26　"挠度验算"屏幕显示

用户在查看挠度验算结果时，若发现有个别构件的挠度变形过大或异常，可通过选择"梁"|"校核"|"梁挠度图"|"计算书"，再根据屏幕下方的命令提示选中需要查看的梁，即可弹出该梁的挠度计算结果。

选中待查看的梁之后，程序会弹出以记事本窗口显示的挠度验算计算书，计算书中会给出从荷载计算到挠度计算的结果，并显示该构件的挠度验算是否满足规范的限值。

"挠度验算计算书"结果显示如图 7.27 所示。

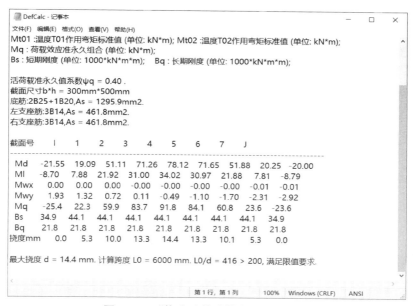

图7.27　"挠度验算计算书"结果显示

2. 裂缝验算

与挠度验算的过程类似，程序可以计算并查询各连续梁的裂缝情况。图 7.28 所示为"裂缝计算参数"对话框，此对话框可进行参数设置。图 7.29 所示为"裂缝计算结果"屏幕显示，图中标明了各跨支座及跨中的裂缝计算值，超限则用红色显示。

与挠度图类似，软件同样提供了裂缝计算书的查询功能，可以使用计算书对有问题的梁跨进行复核。"裂缝验算计算书"结果显示如图 7.30 所示。

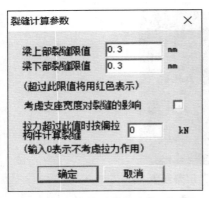

图7.28 "裂缝计算参数"对话框

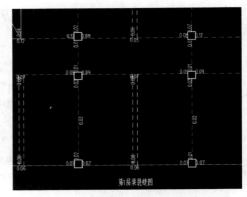

图7.29 "裂缝计算结果"屏幕显示

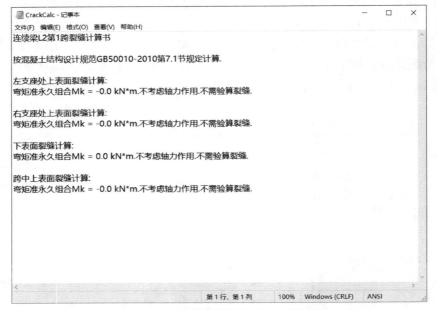

图7.30 "裂缝验算计算书"结果显示

梁的立剖面图及立面框架图绘制

立剖面图表示法是传统的施工图表示法，现在虽因其绘制烦琐而逐渐减少使用，但其钢筋混凝土构造表达直接详细的优点是平法图无法取代的。

1. 绘制立剖面图

若要绘制连续梁的立剖面图，则要用到图7.31所示的"立剖面"选项组。

操作步骤：

选择"梁"｜"立剖面"｜"立剖面图"｜"绘立剖面"，根据屏幕下方的命令提示选择需要绘制的连续梁，选择完毕后按Esc键结束选择，屏幕会弹出文件存储窗口，单击"保存"按钮，屏幕会弹出"立剖面图绘图参数"对话框，如图7.32所示。根据需要设定绘图参数后，单击"OK"按钮，程序会默认将图纸保存在工程目录下的"施工图"目录中，用户可在输入绘图参数时决定是否给梁钢筋编号并给出钢筋表，默认不选中。绘制的立剖面图示意如图7.33所示。

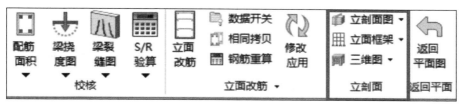

图7.31　"立剖面"选项组

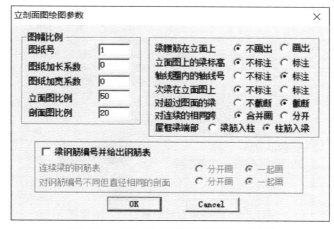

图7.32　"立剖面图绘图参数"对话框

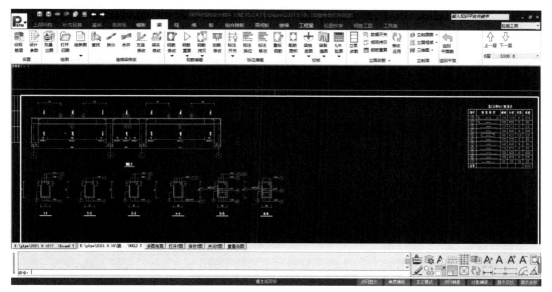

图7.33　绘制的立剖面图示意

2. 绘制立面框架图

连续梁分别绘图的方式不能表现出各根连续梁的空间关系，尤其是对工业厂房结构或者立面变化复杂的结构。因此，可通过选择图 7.31 所示的"梁"|"立剖面"|"立面框架"绘制整榀框架的立面轮廓，图中可详细绘制出该榀框架包含的各根连续梁的配筋，表达直观。

绘制立面框架图的操作步骤与绘制连续梁的立剖面图的操作步骤大致相似，因而此处不做赘述。图 7.34 所示为"框架立面绘图参数"对话框，设置完成后单击"OK"按钮即可。绘制的立面框架图示意如图 7.35 所示。

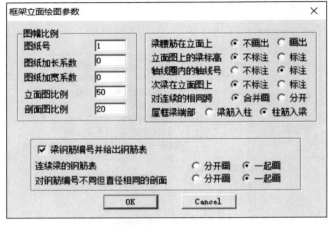

图7.34 "框架立面绘图参数"对话框

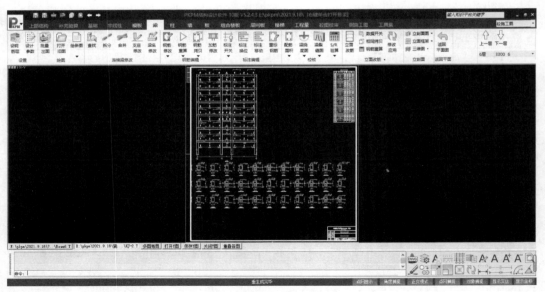

图7.35 绘制的立面框架图示意

7.4 柱施工图设计

7.4.1 柱平法施工图绘制

柱平法施工图的绘制步骤与连续梁平法施工图的绘制步骤相似。绘制柱平法施工图的步骤大致为：钢筋标准层划分→设计参数修改→施工图表示方法设置→钢筋编辑→柱表绘制→配筋面积计算与校核→施工图绘制与出图。

1. 钢筋标准层划分

在7.3.1节中对梁平法施工图钢筋标准层的概念进行了说明，柱平法施工图模块中的"设钢筋层"界面与梁施工图模块中的"设钢筋层"界面完全相同，具体操作详见7.3.1节相关内容。

 注意事项

程序把水平位置重合、柱顶和柱底彼此相连的柱段串起来，形成连续柱，连续柱是柱配筋的基本单位。在完成结构计算、进行柱施工图设计前，程序首先要形成连续的柱串，而后根据计算配筋结果对各连续柱串进行归并配筋。

2. 设计参数修改

图7.36所示为"柱"菜单。选择"柱"|"设置"|"设计参数"，屏幕会弹出"参数修改"对话框，如图7.37所示，其中的重要参数介绍如下。

图7.36　"柱"菜单

图7.37　"参数修改"对话框

（1）选筋归并参数。

① 归并系数：是对不同连续柱列做归并的一个系数。归并系数大，则柱配筋种类少；归并系数小，则柱配筋种类相对较多。具体取值应根据实际情况确定。

② 主筋放大系数、箍筋放大系数：程序默认值为1.00；也可以根据需要输入一个大于1.00的数值，程序在选择钢筋时，会把读到的计算配筋面积乘以放大系数后再进行实配钢筋的选取。

③ 箍筋形式：对于矩形截面程序提供了4种箍筋形式，即菱形箍、矩形井字箍、矩形箍和拉筋井字箍，程序默认的是矩形井字箍。对于其他非矩形、圆形的异形截面，程序将自动判断应该采取何种箍筋形式，一般为矩形箍或是拉筋井字箍。

④ 是否考虑上层柱下端配筋面积：该项内容主要是针对实际工程中上柱的计算面积大于下柱的情况而提出的。如果选择"考虑"，则在选择本层柱纵筋时，程序将自动考虑相邻上层柱计算配筋的影响，取本层柱下端截面面积、上端截面配筋面积及上层柱下端截面配筋面积三者的较大值作为本层柱的配筋面积。

⑤ 是否包括边框柱配筋：该项内容是为了考虑在柱施工图中是否包括剪力墙边框柱的配筋而提出的。如果选择"不包括"，则剪力墙边框柱将不参与归并及施工图的绘制。

⑥ 归并是否考虑柱偏心：如果选择"考虑"，则在归并时，当判断几何条件是否相同的因素中包括柱偏心数据；否则，柱偏心将不作为几何条件考虑。

（2）选筋库。

通过选筋库，用户可以对常用的钢筋进行定义与修改。

① 是否考虑优选钢筋直径：如果选择"否"，则选筋时程序将按照钢筋间距较大和直径较大优先的原则选筋；如果选择"是"，并且优选影响系数大于0，则程序将按照设定的优选直径顺序并考虑优选影响系数选筋。

② 优选影响系数：该系数如果为0，则选择实配钢筋面积最小的那组；如果该系数大于0，则考虑纵筋库的优先顺序，该系数越大，配筋可能越大。

③ 纵筋库：用户可以考虑工程的实际情况，设定选用的钢筋直径，如果采用考虑优选钢筋直径，则程序可以根据用户输入的数据顺序优先选用排在前面的钢筋直径。

④ 箍筋库：箍筋的选用首先应满足相应的规范条文，在满足规范条文有关规定的前提下，程序将按照箍筋库设定的箍筋直径的先后顺序，优先选用排在前面的箍筋直径。

注意事项

"参数修改"对话框中的"选筋归并参数"和"选筋库"修改后，用户应重新选择图7.36中的"柱"|"立面改筋"|"重新归并"，将重算后的钢筋重新归并。

3. 施工图表示方法设置

程序提供的施工图表示方法有4种，分别为"平法原位截面注写""平法集中截面注写""平法列表注写""截面列表注写"。用户可以根据需要选择其中的一种施工图表示方法。

（1）平法原位截面注写：按照《混凝土结构施工图平面整体表示方法制图规则和构造详图（现浇混凝土框架、剪力墙、梁、板）》（22G101—1）的要求绘制，分别在同一个编号的柱中选择其中一个截面，用比平面图放大的比例在该截面上直接注写截面尺寸、具体配筋数值的方式来表达柱配筋。平法原位截面注写如图7.38所示。

（2）平法集中截面注写：是指在平面图上只标注柱编号和柱的定位尺寸，并将当前层的各柱剖面大样集中起来绘制在平面图侧方，使图纸看起来简洁，而且方便柱详图与平面图的相互对照。平法集中截面注写如图7.39所示。

图7.38　平法原位截面注写

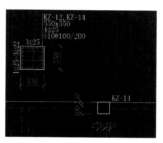

图7.39　平法集中截面注写

（3）平法列表注写：由平面图和表格组成，平面图上只显示柱子的标号信息，表格中则注写每一种归并截面柱的配筋结果，包括该柱各钢筋标准层的结果、标高范围、尺寸、偏心、角筋、纵筋、箍筋等。程序还增加了L形、T形和十字形截面的表示方法，适用范围更广。

（4）截面列表注写：是指在平面图上只标注柱的编号和定位尺寸，然后将当前层的各柱剖面大样集中起来绘制在平法柱表中，使图纸看起来更加简洁，但平面图显示的信息有限，需要通过选择"柱"|"截表"|"截面柱表"查看当前层各柱的大样和配筋信息。

4. 钢筋编辑

（1）查询。

与7.3.1节中"连续梁修改"选项组中的"查找"功能相似，因而此处不做赘述。

（2）柱名修改。

"柱名修改"修改的操作步骤与"梁名修改"的操作步骤相似，不同的是"柱名修改"需要先输入新的柱名再选定待修改的柱子。

（3）平法录入。

"平法录入"为用户提供了一种钢筋的修改方式。选择"柱"|"钢筋编辑"|"平法录入"，根据屏幕下方的命令提示选择待修改钢筋的柱子，弹出"柱子特性"对话框，用户可在此对话框内查看和修改钢筋信息以及查看柱子的几何信息。

（4）钢筋拷贝。

选择"柱"|"钢筋编辑"|"钢筋拷贝"|"层间拷贝"，会弹出"层间钢筋复制"对话框，如图7.40所示。该选项的操作逻辑类似于第2章PMCAD中的"层间拷贝"功能，使用该功能可以批量将本层的钢筋修改覆盖到其他钢筋层上。

图7.40　"层间钢筋复制"对话框

（5）钢筋重算。

当修改了配筋设置之后，需要重新生成配筋，"钢筋重算"下拉菜单包括"钢筋重算""重新归并"两个命令。其中，"重新归并"的功能是将重算后的钢筋重新归并。

5. 柱表绘制

柱表绘制是计算钢筋面积的前期工作，也是查看平法施工图柱子配筋信息的窗口。"柱表"选项组包括"平法柱表""截面柱表""PKPM柱表""广东柱表"4个选项，用户可根据需要选择柱表的类型。

6. 钢筋面积计算与校核

（1）配筋面积。

① 计算配筋面积：显示柱的计算配筋面积。其标注的各项参数如图7.41所示。

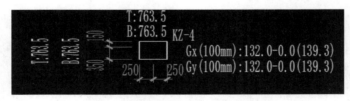

图7.41　柱的计算配筋面积标注

下面以图7.41所示柱的计算配筋面积标注为例，介绍各标注内容的含义。

"T:763.5"表示 X（或 Y）方向柱上端纵筋面积，单位为 mm^2。

"B:763.5"表示 X（或 Y）方向柱下端纵筋面积，单位为 mm^2。

"Gx（100mm）:132.0-0.0（139.3）"表示 X 方向加密区和非加密区的箍筋面积，单位为 mm^2。

"Gy（100mm）:132.0-0.0（139.3）"表示 Y 方向加密区和非加密区的箍筋面积，单位为 mm^2。

② 实际配筋面积：显示柱的实际配筋面积。其标注的各项参数如图7.42所示。

下面以图 7.42 所示柱的实际配筋面积标注为例，介绍各标注内容的含义。

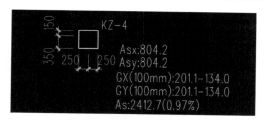

图7.42 柱的实际配筋面积标注

"Asx:804.2" 表示 X 方向纵筋面积，单位为 mm^2。

"Asy:804.2" 表示 Y 方向纵筋面积，单位为 mm^2。

"GX(100mm):201.1-134.0" 表示 X 方向加密区和非加密区的箍筋面积，单位为 mm^2。

"GY(100mm):201.1-134.0" 表示 Y 方向加密区和非加密区的箍筋面积，单位为 mm^2。

（2）双偏压验算。

选择"柱"|"校核"|"双偏压验算"，程序会自行检查实配结果是否满足承载力的要求。程序验算后，对于不满足承载力要求的柱，柱截面会以红色填充显示。对于不满足双偏压验算承载力要求的柱，用户可以直接修改实配钢筋，并再次验算，直到满足要求为止。

 注意事项

由于双偏压配筋计算本身是一个多解的过程，因此采用不同的布筋方式会得到不同的计算结果，它们都可能满足承载力要求。

7. 施工图绘制与出图

与连续梁类似，当用户选择"柱"菜单时，程序会按照默认参数将柱的平法施工图显示在中间的图形显示区。若对柱施工图的参数做了修改，则需要在选择"钢筋重算"与"重新归并"选项后，选择图 7.36 所示的"柱"|"绘图"|"绘新图"重新绘制平法施工图。

"柱"|"绘图"|"批量出图"功能与"梁"|"绘图"|"批量出图"功能完全一致，因而此处不做赘述。

7.4.2 柱的立剖面图绘制及立面改筋

1. 立剖面图绘制

柱的立剖面图绘制方法与连续梁的立剖面图绘制方法类似，选择"柱"|"立剖面"|"立剖面图"，根据屏幕下方的命令提示选择需要绘制立剖面图的柱，并确认选择柱的信息，程序会自动绘制柱的立剖面图。

2. 立面改筋

"立面改筋"是一种在全部柱的立面线框图上显示柱的配筋信息，准许用户进行修改配筋的操作方式。

选择"柱"|"立面改筋"|"立面改筋"，屏幕会弹出图7.43所示的窗口。图中竖向的线条即为框架柱，在框架柱的旁边标注了该柱的配筋内容。

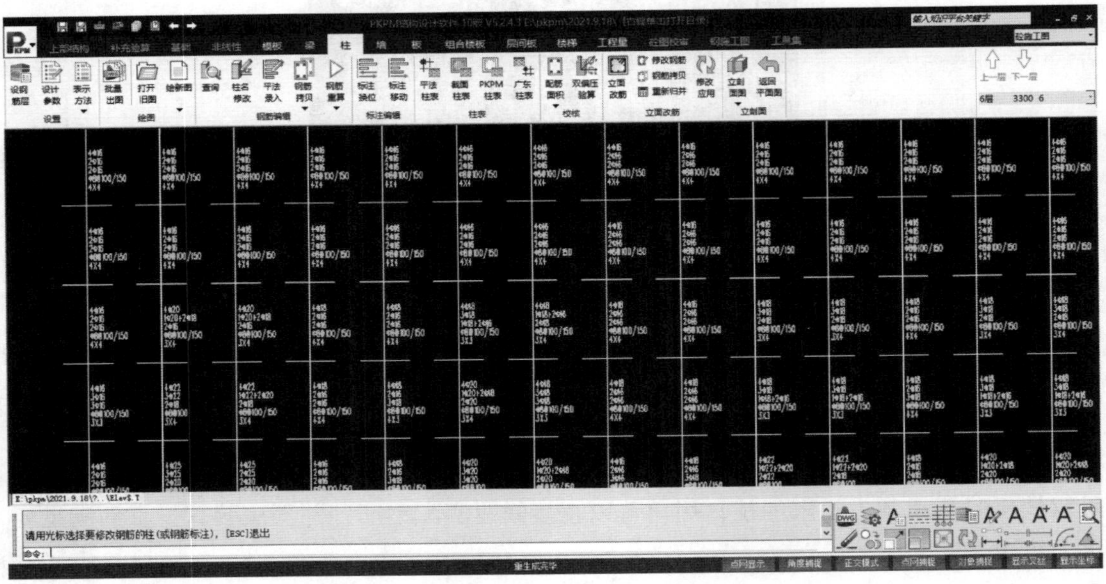

图7.43 "立面改筋"窗口

立面改筋的方式包括"修改钢筋""钢筋拷贝"两种方式。

① 修改钢筋：选择"柱"|"立面改筋"|"修改钢筋"，再单击需要修改的钢筋字符，在弹出的对话框中修改钢筋信息，或者可以直接双击钢筋字符，同样会弹出对话框，修改后关闭对话框即可。

② 钢筋拷贝：可以将一根柱一层的钢筋信息拷贝到另一根柱的任意一层上，层号不对应，包括纵向钢筋、箍筋、搭接（与下层）等信息可一起拷贝过来。

完成修改之后选择"柱"|"立面改筋"|"修改应用"，即可完成修改并返回上一级菜单。

7.5　剪力墙施工图设计

剪力墙结构因其具有良好的抗震性能而得到较为广泛的应用，涉及剪力墙的结构体系主要包括框架–剪力墙结构、剪力墙结构、筒体结构和板柱–剪力墙结构等。剪力墙结构中包括墙柱、墙梁和墙身3种构件，施工图围绕着这3种构件进行设计。"墙"菜单如图7.44所示。

剪力墙施工图的绘制主要包括以下几个步骤：设置钢筋层→修改设计参数→钢筋编辑→绘制平法表→校核→绘图与导出。

图7.44　"墙"菜单

1. 设置钢筋层

设置钢筋层的操作步骤与7.3.1节连续梁的钢筋标准层的设置完全一样，因而此处不做赘述。

 注意事项

梁、板、柱、墙等不同构件设置的钢筋标准层是相互独立的，互不影响。

2. 修改设计参数

选择图7.44所示的"墙"|"设置"|"设计参数"，屏幕会弹出"工程选项"对话框，用户可以在此对话框内做修改"显示内容""绘图设置""选筋设置""构件归并范围"及自定义"构件名称"等操作。下面主要介绍其中的"选筋设置"和"构件归并范围"参数。

（1）选筋设置。

剪力墙施工图绘制程序在自动配筋时，会从用户指定的钢筋规格中选取与计算结果接近的一种钢筋作为实配钢筋。

 注意事项

选筋时，程序会根据构件尺寸来确定所需的纵筋根数，并按计算配筋面积和构造配筋量中的较大值进行选配，在相应的备选钢筋规格中，按表中的次序选取直径进行试配，当得到的配筋面积大于前述较大值且超过所需要的不多时，即认为选筋成功。

（2）构件归并范围。

由于对于剪力墙约束边缘构件，常出现拉结区较小的情况，因此，考虑到施工方便，程序提供了一个具体的参数控制项"拉结区长度小于**mm时并入阴影区"，具体数值由用户输入，当拉结区长度小于输入的数值时，程序会将拉结区并入阴影区，即统一按一个暗柱考虑。

默认情况下，程序不考虑各连续梁的跨度差异，即只要截面尺寸相同、配筋量相近，就可归并为同一编号；若不选中"允许不同跨度的连续梁编号相同"，则不同跨度的连续梁将分别取不同的名称。

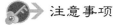 注意事项

程序中称约束边缘构件在阴影区以外的部分为拉结区。

3. 钢筋编辑

（1）构件查找。

当剪力墙施工图中的构件较多时，通过使用"构件查找"功能可以方便地定位该构件的位置，进而查看该构件的配筋信息。选择图 7.44 所示的"墙"|"钢筋编辑"|"构件查找"，屏幕会弹出图 7.45 所示的对话框，输入待查找构件的名称后程序会将该构件高亮显示。

图7.45　　"请输入"对话框

（2）墙柱编辑、连梁编辑与分布筋编辑。

"墙柱编辑"提供了一种快捷修改墙柱配筋的方式。选择"墙"|"钢筋编辑"|"墙柱编辑"，屏幕会弹出图 7.46 所示的对话框，在此对话框内可以修改墙柱的尺寸信息与配筋信息。

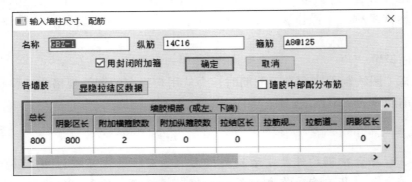

图7.46　　"输入墙柱尺寸、配筋"对话框

"连梁编辑"用于配置带有洞口的剪力墙上部连续梁的配筋，操作步骤与"墙柱编辑"相似。

"分布筋编辑"用于配置剪力墙上的分布筋，操作步骤与"墙柱编辑"相似。

4. 绘制平法表

剪力墙包括了 3 种构件，即墙柱、墙梁和墙身，相应地，程序提供了"墙柱表""墙梁表"和"墙身表"功能，以表格的方式表示 3 种构件的配筋情况。

以墙柱表的绘制为例，选择图 7.44 所示的"墙"|"平法表"|"墙柱表"，屏幕会弹出图 7.47 所示的"选择大样"对话框，在此对话框内选择需要绘制大样的墙柱，单击"确定"按钮，在空白处单击即可完成墙柱表的绘制。

图7.47 "选择大样"对话框

5. 校核

"校核"选项组用于墙身与墙柱的计算配筋面积与实际配筋面积的验算。

当验算计算配筋面积时，若墙柱的构造配筋量较大，则该构件会以白色显示；若计算配筋面积较大，则该构件会以黄色显示。当验算实际配筋面积时，若实际配筋面积或者配箍率小于计算配筋面积，则该构件会以红色显示。连续梁纵筋配筋率高过规范限值时会以黄色显示。

6. 绘图与导出

剪力墙平法施工图的绘制与前文中连续梁、柱的平法施工图的绘制类似，打开"墙"菜单时，程序会以默认参数绘制剪力墙平法施工图，若修改了配筋参数则需要重新绘图。

剪力墙平法施工图的导出与连续梁、柱平法施工图的导出完全一样，因而此处不做赘述。

7.6 设 计 实 例

7.6.1 框架结构施工图绘制

1. 梁平法施工图绘制

以第2章2.4节的6层办公楼为例，对框架结构施工图的绘制进行介绍，建筑的各项参数不变。

进入"梁"菜单后，程序会自动给出首层梁平法施工图，如图7.48所示，用户可以通过屏幕右上角的"楼层选择"下拉菜单查看任意楼层的梁平法施工图。

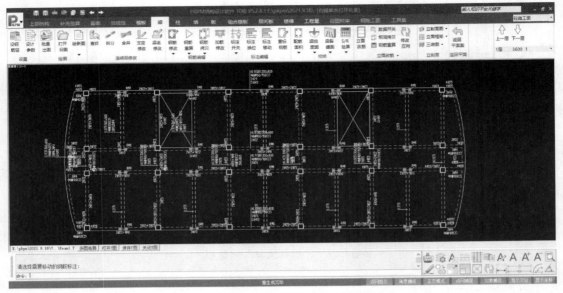

图7.48　首层梁平法施工图

为了便于理解，本实例截取了办公楼框架的梁平法施工图局部，如图7.49所示。该局部图钢筋标注的含义解释如下。

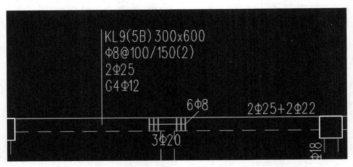

图7.49　梁平法施工图局部示例

（1）梁支座上部纵筋2Φ25+2Φ22：表示支座上部纵筋为2根直径为25mm的HRB335级钢筋与2根直径为22mm的HRB335级钢筋。

（2）梁下部纵筋3Φ20：表示梁下部纵筋为3根直径为20mm的HRB335级钢筋，全部伸入支座。

（3）附加箍筋6Φ8：表示主次梁相交处，每侧各配置3根直径为8mm的HPB300级钢筋。

（4）KL9（5B）300×600：表示框架梁，其编号为9，共有5跨，两端带悬挑，截面尺寸为300mm×600mm。

（5）Φ8@100/150（2）：表示箍筋为直径为8mm的HPB300级钢筋，加密区间距为100mm，非加密区间距为150mm，采用双肢箍。

（6）2Φ25：表示梁上部跨中位置的纵筋为2根直径为25mm的HRB335级钢筋。

（7）G4⏀12：表示梁的两个侧面共配置了4根直径为12mm的HRB335级构造钢筋，每侧配置2根。

程序是按照默认的参数进行施工图输出的，也可以对齐进行参数修改，本实例中"纵筋选筋参数"做如下调整："主筋选筋库"的钢筋直径选择"6、6.5、8、10、12、14、16"并选中"主筋直径不宜超过柱尺寸的1/20"选项；其他参数不变，取默认值。单击"确定"按钮后，屏幕会弹出图7.50所示的"梁施工图"对话框，单击"是"按钮，则程序会重新归并选筋。

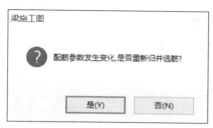

图7.50　"梁施工图"对话框

通过选择"校核"选项组中的"梁挠度图"与"梁裂缝图"选项，可以查看本层梁正常使用极限状态的挠度与裂缝值。该实例的挠度图示例与裂缝图示例分别如图7.51与图7.52所示，本实例满足规范对正常使用极限状态的要求（若不满足规范要求，程序会在绘图区以红色标出）。

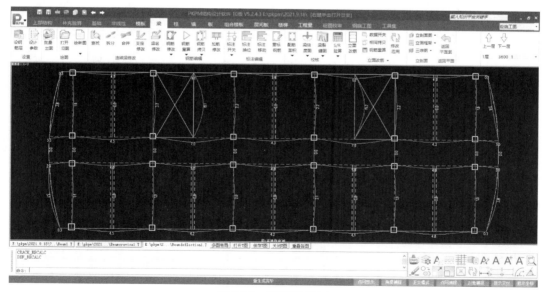

图7.51　挠度图示例

梁的配筋面积显示可以通过"配筋面积"来显示，本实例以计算配筋面积显示为例。选择"梁"|"校核"|"配筋面积"|"计算面积"，弹出梁的计算配筋面积显示窗口。将光标放在某一根梁上，屏幕上会显示该梁的一些基本信息，如图7.53所示，内容包括梁的编号、界面尺寸、配筋等信息。

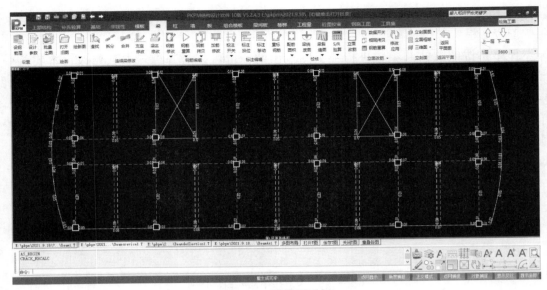

图7.52　裂缝图示例

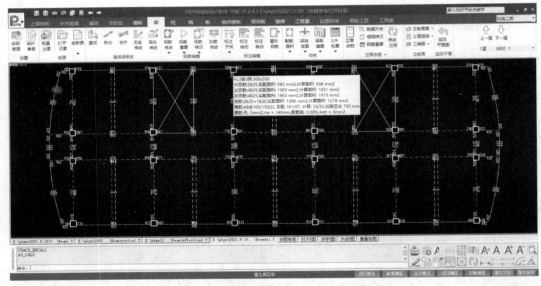

图7.53　梁的计算配筋基本信息示例

2. 柱平法施工图绘制

选择上部菜单栏中的"柱"菜单，进入柱施工图绘制界面，程序按照默认参数给出了各层柱的平法施工图，通过选择"柱"|"设置"|"表示方法"可以修改施工图的表示方式，本实例选择原位注写方式，如图7.54所示，用户可以通过屏幕右上角的"楼层选择"下拉菜单选择查看任意楼层的柱平法施工图。

为了便于理解，本实例截取了办公楼框架柱平法施工图局部，如图7.55所示，该局部图钢筋标注的含义解释如下。

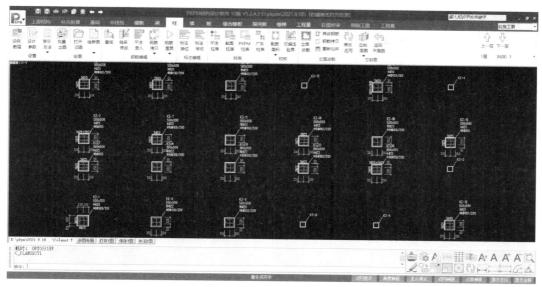

图7.54　某层柱的平法施工图

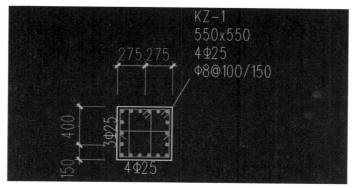

图7.55　柱平法施工图局部示例

（1）KZ-1：表示框架柱，其编号为1。

（2）3Φ25：表示截面 h 边侧面中部配置3根直径为25mm的HRB335级钢筋。对采用对称配筋的矩形柱，只在一侧注写，对称边忽略不写。

（3）4Φ25：表示截面 b 边侧面中部配置4根直径为25mm的HRB335级钢筋。对采用对称配筋的矩形柱，只在一侧注写，对称边忽略不写。

（4）550×550：表示框架截面尺寸为550mm×550mm。

（5）4Φ25：表示角部各配置1根直径为25mm的HRB335级钢筋，共4根。

（6）Φ8@100/150：表示箍筋为直径为8mm的HPB300级钢筋，箍筋加密区间距为100mm，非加密区为150mm。

7.6.2　高层建筑剪力墙结构施工图绘制

以4.4节中的18层高层剪力墙结构为例，进行剪力墙施工图的绘制。

367

选择上部菜单栏中的"墙"菜单，进入剪力墙施工图界面，屏幕会自动显示出楼层的剪力墙构件轮廓，如图7.56所示。

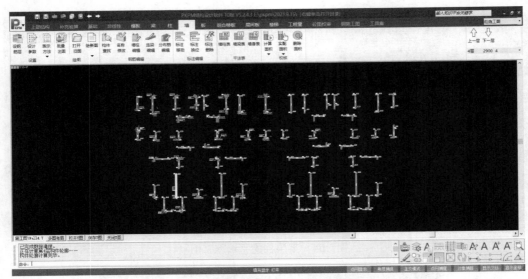

图7.56　剪力墙构件轮廓显示

选择图7.44所示的"墙"|"设置"|"设计参数"按钮，弹出"工程选项"对话框，在该对话框中对参数修改如下。

（1）绘图设置：调整详图比例为1∶30。

（2）构件名称：取消选中"在名称中加注G或Y以区分构造边缘构件和约束边缘构件"选项。

其他参数保持默认，单击"确定"按钮即可完成参数的设置。

对于钢筋标准层设置则取程序默认值，完成设置后选择"墙"|"绘图"|"绘新图"|"重新归并选筋并绘新图"，程序将按照用户设置的各项参数来完成剪力墙施工图的绘制工作。

为了便于理解，剪力墙的平法施工图采用截面注写的方式表示，本实例截取了该办公楼剪力墙平法施工图局部，如图7.57所示，该局部图钢筋标注的含义解释如下。

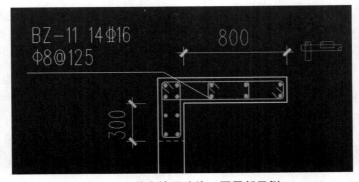

图7.57　剪力墙平法施工图局部示例

（1）BZ-11：表示壁柱，其编号为 11。

（2）14Φ16：表示配置 14 根直径为 16mm 的 HRB400 级钢筋。

（3）Φ8@125：表示箍筋直径为 8mm 的 HPB300 级钢筋，间距为 125mm。

图 7.58 所示为剪力墙墙体截面注写方式局部示例，其各项参数的含义解释如下。

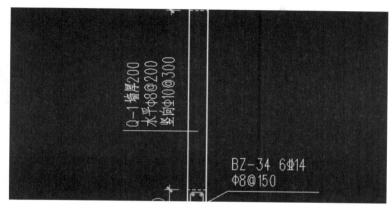

图7.58　剪力墙墙体截面注写方式局部示例

（1）Q-1 墙厚 200：表示剪力墙，其编号为 1，分布钢筋单排布置，墙厚度为 200mm。

（2）水平 Φ8@200：表示水平方向配置直径为 8mm、间距为 200mm 的 HPB300 级钢筋。

（3）竖向 Φ10@300：表示竖直方向配置直径为 10mm、间距为 300mm 的 HPB300 级钢筋。

思考与练习题

1. 混凝土结构施工图模块最重要的基本功能是什么？

2. 执行混凝土结构施工图模块前，必须进行哪些分析计算？

3. 为什么要进行钢筋归并？它可以带来哪些好处？

4. 如何划分梁钢筋标准层？它与 PMCAD 建模时定义的结构标准层有何不同？

5. 不同标准层的自然层可以划分为一个钢筋标准层吗？

6. 钢筋层是如何命名的？钢筋层又有何作用？

7. 两根相交梁高度不同时，高度大的梁一定会作为高度小的梁的支座吗？

8. 剪力墙上的连续梁应该如何处理？为何前缀是 LL 而不是 KL？

9. 梁的实际配筋面积有时会比计算配筋面积大很多，为什么？

10. 柱施工图的绘制表示方法有哪些？它们各自的优缺点是什么？

第8章

SAP2000结构分析软件

知识结构图

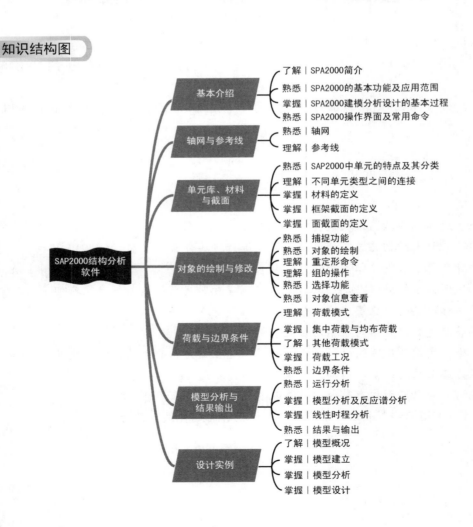

- SAP2000结构分析软件
  - 基本介绍
    - 了解 | SPA2000简介
    - 熟悉 | SPA2000的基本功能及应用范围
    - 掌握 | SPA2000建模分析设计的基本过程
    - 熟悉 | SPA2000操作界面及常用命令
  - 轴网与参考线
    - 熟悉 | 轴网
    - 理解 | 参考线
  - 单元库、材料与截面
    - 熟悉 | SAP2000中单元的特点及其分类
    - 理解 | 不同单元类型之间的连接
    - 掌握 | 材料的定义
    - 掌握 | 框架截面的定义
    - 掌握 | 面截面的定义
  - 对象的绘制与修改
    - 熟悉 | 捕捉功能
    - 熟悉 | 对象的绘制
    - 理解 | 重定形命令
    - 理解 | 组的操作
    - 熟悉 | 选择功能
    - 熟悉 | 对象信息查看
  - 荷载与边界条件
    - 理解 | 荷载模式
    - 掌握 | 集中荷载与均布荷载
    - 了解 | 其他荷载模式
    - 掌握 | 荷载工况
    - 熟悉 | 边界条件
  - 模型分析与结果输出
    - 熟悉 | 运行分析
    - 掌握 | 模型分析及反应谱分析
    - 掌握 | 线性时程分析
    - 熟悉 | 结果与输出
  - 设计实例
    - 了解 | 模型概况
    - 掌握 | 模型建立
    - 掌握 | 模型分析
    - 掌握 | 模型设计

SAP2000 是结构分析软件，其基本功能包括静力与动力分析、线性与非线性分析等。在结构设计方面，SAP2000 囊括中国、欧洲及美国规范，还具备桥梁分析及施工模拟的功能。因此，SAP2000 可广泛应用于土木工程结构设计中。

本章通过对 SAP2000 的发展、组成特点及运用等方面进行介绍，使读者对 SAP2000 有一个比较整体的认识。

8.1 基本介绍

8.1.1 SAP2000 简介

SAP2000 起源于结构分析软件 SAP，它是 Structural Analysis Program 的简称，是由美国 Computer and Structure Inc.(CSI) 公司开发研制的集成化通用结构分析与设计软件，在过去的 40 多年中，随着有限元方法的不断改进，SAP 在演变过程中有多个版本出现，比如最早期从 SAP-I、SAP-II 到 SAP-V、SAP-VI 一直到目前的 SAP2000，其在世界范围内得到了广泛应用。美国 CSI 公司是加州大学伯克利分校的学生 Ashraf 于 1978 年创建的，其产品得到了全球工程师用户的不断使用和建议。凭借 SAP2000、ETABS、SAFE 等高质量产品，美国 CSI 公司成为土木工程分析与设计工具软件开发领域公认的全球领导者和创新者。

北京筑信达工程咨询有限公司是美国 CSI 公司在中国大陆地区唯一的合作伙伴，致力于打造更符合国内工程师需求的 SAP2000 中文版。SAP2000 中文版分别于 2003 年 10 月和 2005 年 11 月通过建设部鉴定，除英文版的全部功能外，SAP2000 中文版还支持国内常用的建筑结构设计规范。此外，国内工程师们可以通过 SAP2000 中文版（以下的 "SAP2000" 均特指 "SAP2000 中文版"）提供的 "筑信达工具箱" 进行软件的二次开发，以提高软件操作的专业性和便捷性。

SAP2000 现已覆盖国内 300 余家大型设计院、外资事务所、高校及科研机构。从中央电视台总部大楼到北京奥运会的国家游泳中心、国家体育场，再到 "一带一路" 建设的海外市场开拓，SAP2000 在这些重大工程项目中的使用无不体现出 SAP2000 强大的结构设计功能，同时也将进一步推动 SAP2000 在国内的使用。

8.1.2 SAP2000 的基本功能及应用范围

SAP2000 适用于对民用建筑、工业建筑、桥梁、管道、大坝等不同体系类型的结构进行分析和设计，也可以根据需要完成世界上大多数国家和地区的结构规范设计。其能够很好地模拟材料非线性、能量耗散装置、管道系统、连续倒塌等一系列特性，几乎覆盖了结构工程中所有的计算分析问题。

1. 集成化的三维建模环境

SAP2000 的工作环境集成了前处理、分析及后处理等功能模块，用户可以在同一个操作界面中完成几何建模、属性定义、荷载施加、设置并运行分析、结果后处理及结构设计等各种操作。同时，SAP2000还提供交互式的数据库编辑功能，用于高效地批量化操作或二次处理。此外，SAP2000还支持一系列自动模块，如快速建立常用模型、电子表格交互编辑、增强的自动网格划分、定义复杂截面、动画显示变形/振型/应力轮廓和时程结果、交互生成定制报告、对常见模型格式导入/导出等。

2. 强大高效的分析技术

SAP2000几乎覆盖了结构工程领域所有的结构分析功能，为用户提供了可靠的计算分析结果。

（1）SAP2000拥有丰富的单元库，常用的单元如下。

① 框架单元：多用于模拟梁、柱、支撑和桁架。当释放单元端部弯矩并且加上非线性属性（如单拉、大变形）时还可用于模拟悬索、拉索等柔性构件。

② 钢束单元：用于模拟混凝土构件的内嵌应力。

③ 索单元：用于模拟悬索的单向拉伸、应力刚化及大位移效应。

④ 板壳单元：用于模拟墙、板、壳等薄壁类构件。

⑤ 平面单元：平面单元是一个3节点或4节点单元，用来模拟二维均匀厚度的平面应力和平面应变行为。此单元可以模拟处于平面应力状态的薄壳结构或处于平面应变状态的长等截面构件。

⑥ 轴对称单元：用于模拟几何和荷载均具有轴对称特性的结构。

⑦ 实体单元：用于模拟地基、路堤、水坝等三维块体结构或构件的细节模型。

⑧ 连接单元：用于模拟两点之间或单点与地面之间特殊的连接关系，包括阻尼器、隔振器、防屈曲支撑等。

（2）SAP2000主要的分析功能如下。

① 静力分析：包括线性静力分析和非线性静力分析。线性静力分析为最常规的结构分析类型，多应用于结构的弹性设计；非线性静力分析通过考虑不同的非线性因素，广泛应用于稳定性分析、索分析及静力弹塑性分析等。

② 模态分析：是研究结构动力特性的一种方法，一般应用在工程振动领域。其中，模态是指结构的固有振动力特性，每一个模态都有特定的固有频率、阻尼比和模态振型。特征向量法多用于计算结构固有的动力学特性，包括固有频率、基本振型等。Ritz向量法可以考虑动力荷载的空间分布形式，主要用于反应谱分析和时程分析。

③ 反应谱分析：振型分解反应谱法是目前结构抗震计算的基本分析方法，SAP2000支持多种类型的振型组合及方向组合。

④ 时程分析：针对随时间变化的动力荷载进行逐步求解，多用于形状不规则建筑、甲类建筑或超高超限建筑的补充计算。模态时程分析多用于线性分析，也可以考虑部分非线性分析，如减隔振分析。直接积分时程分析可同时用于线性和非线性分析，如动力弹塑性分析。

⑤ 稳态分析：用于在频域范围内求解简谐荷载作用下的结构动力问题，如汽机基础的动力计算。

⑥ 功率谱密度分析：同样用于在频域范围内求解简谐荷载作用下的结构动力问题。功率谱密度分析与稳态分析的不同之处在于，稳态分析属于确定性分析，功率谱密度分析属于非确定性的随机分析。

⑦ 屈曲分析：用于计算结构或构件出现分支点失稳的临界荷载和屈曲模态。在此基础上，后续非线性稳定性分析可利用屈曲模态引入结构的初始几何缺陷。

⑧ 移动荷载分析：用于计算结构在移动荷载作用下最不利的荷载效应和最不利的荷载位置，包括桥梁结构的汽车荷载、厂房结构的吊车荷载等。

⑨ 阶段施工分析：用于计算分阶段施工的荷载效应及材料的时变属性，如混凝土的收缩、蠕变及龄期效应。

⑩ 多步静力分析：通过定义车辆荷载的起始位置、起始时间、行驶方向和行驶速度，计算不同时间点上结构的线性静力响应，通常与移动荷载分析配合使用。

⑪ 超静定分析：主要用于在超静定结构中考虑预应力产生的次效应。

8.1.3 SAP2000建模分析设计的基本过程

在进行结构分析时，SAP2000操作主要分为模型建立、模型分析、模型设计三大步骤，其工作流程见图8.1。

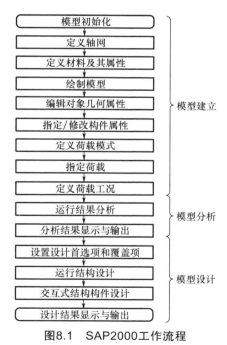

图8.1 SAP2000工作流程

8.1.4 SAP2000操作界面及常用命令

1. 界面组成

如图8.2所示，SAP2000具有集成化的操作界面。模型的建立、运行、设计及分析结果的显示都可以在同一个界面下进行。其操作界面是标准的 Windows 操作界面，利用鼠标即可完成对模型的移动、缩放、最大 / 最小化等操作。整体来讲，用户界面可以分为 5 个区域，即标题栏、菜单栏、工具栏、模型窗口及状态栏。

（1）标题栏位于操作界面顶部，用来显示程序名称、版本号及当前文件名称。

（2）菜单栏位于标题栏下方，包含 13 个菜单：文件、编辑、视图、定义、绘制、选择、指定、分析、显示、设计、选项、工具、帮助。

（3）工具栏水平布置于菜单栏下方，界面左侧竖向布置的工具栏称为侧工具栏。工具栏中的命令为菜单中常用的命令快捷方式，包括绘制、捕捉、选择等。

（4）模型窗口是操作界面中最大的区域。默认情况下，屏幕会并列显示模型的二维视图和三维视图。用户也可以根据需要对视图窗口进行添加或删除，但窗口个数不得超过 4 个。

（5）状态栏位于操作界面底部，用来显示视图位置状态、光标坐标值、当前坐标系及单位制。

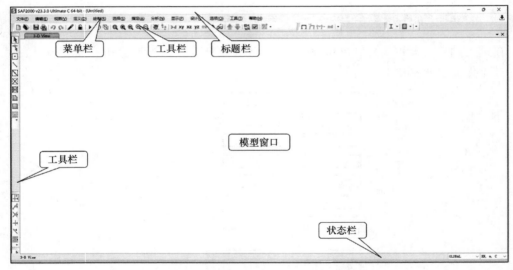

图8.2　SAP2000（V23.3.0）操作界面

2. 菜单

SAP2000 中所有操作命令全部集成于 13 个菜单下（图 8.3～图 8.5）。各菜单的主要功能如表 8-1 所示。

如果菜单下的命令显示为黑色字体，则表示该命令当前处于激活状态，用户可直接单击来执行命令。如果菜单下的命令显示为灰色字体，则表示该命令当前处于非激活状态，用户暂时无法使用。如需激活处于非激活状态的命令，用户往往需要先完成切换视图状态、选择几何对象或运行结果分析等相关操作。

用户也可以通过键盘快捷方式执行菜单中的某些命令。例如，在"文件"菜单"打开"命令栏的右侧有 Ctrl+O，即表示在键盘同时按下 Ctrl 键和 O 键也可以运行"打开"命令（图 8.6）。

(a)"文件"菜单

(b)"编辑"菜单

(c)"视图"菜单

(d)"定义"菜单

图8.3　"文件""编辑""视图""定义"菜单

(a)"绘制"菜单

(b)"选择"菜单

(c)"指定"菜单

(d)"分析"菜单

图8.4　"绘制""选择""指定""分析"菜单

(a)"显示"菜单   (b)"设计"菜单   (c)"选项"菜单   (d)"工具"及"帮助"菜单

图8.5 "显示""设计""选项""工具"及"帮助"菜单

图8.6 快捷键命令

表 8-1 各菜单的主要功能

菜单名称	主 要 功 能
文件	该菜单提供各种与文件相关的操作命令
编辑	该菜单提供各种与几何编辑相关的操作命令
视图	该菜单提供各种与视图控制或视图显示相关的操作命令
定义	该菜单提供各种用于定义的操作命令
绘制	该菜单提供各种与几何建模相关的操作命令
选择	该菜单提供各种与对象选择相关的操作命令
指定	该菜单提供各种用于指定属性或荷载的操作命令
分析	该菜单提供各种用于控制结构分析的操作命令
显示	该菜单提供各种用于显示分析结果或设计结果的操作命令
设计	该菜单提供各种用于结构设计的操作命令
选项	该菜单提供各种与软件设置有关的选项
工具	该菜单提供运行外部插件的接口，用户在添加 API 插件后即可快速调用
帮助	该菜单提供用户手册、联机文档、软件更新及中英文切换等操作命令

3. 工具栏

为避免烦琐的多级菜单式操作，用户可以直接单击工具栏中的按钮。默认的主工具栏包括标准工具栏、显示工具栏和设计工具栏；默认的侧工具栏包括绘制工具栏、选择工具栏和捕捉工具栏。用户可以根据需要添加或隐藏工具栏。在工具栏空白处右击即可弹出工具栏列表，如图 8.7 所示。工具栏名称左侧的"√"标志表示该工具栏目前为显示状态，单击工具栏名称即可切换显示和隐藏状态。如需将工具栏恢复为默认状态，执行"选项"|"重置工具栏"命令即可。

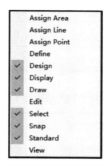

图8.7 工具栏设置

4. 模型窗口

SAP2000 操作界面中最大的区域即模型窗口，可用于显示几何模型、选择几何对象、查看分析或设计结果等。用户可根据需要同时打开 1～4 个视图窗口，各个视图窗口中的操作相互独立、互不影响。

用户一次只能对一个视图窗口进行操作，该视图窗口称为激活视图窗口，此时视图窗口为高亮显示。操作只对当前激活视图窗口起作用。视图窗口上部为标题条，显示视图中的相关信息，如视图状态、楼层位置及分析结果等。

单击视图窗口右上角的倒三角按钮"▼"可在弹出的下拉列表中切换或添加视图窗口。同理，单击关闭按钮"×"即可关闭当前视图窗口。

5. 状态栏

状态栏（图 8.8）用于显示 SAP2000 模型状态信息，它是与用户互动信息反馈的窗口。用户可以从状态栏得到重要信息。在一般视图状态下，状态栏从左至右给出的信息包括视图位置状态、光标坐标值、当前坐标系及单位制。

图8.8 状态栏

6. SAP2000 常用命令

键盘特殊键的功能见表 8-2，鼠标操作方式见表 8-3。

表 8-2　键盘特殊键的功能

特殊键	功　能	特殊键	功　能
F1	帮助文本	F8	显示框架、索或钢束内力或应力
F2	缩选窗口	F9	显示壳内力或应力
F3	恢复全视图	Shift+F4	平移模型
F4	显示未变形形状	Shift+F5	开始钢框架设计 / 校核
F5	运行分析	Shift+F6	开始混凝土框架设计 / 校核
F6	显示变形	Shift+F7	开始铝框架设计 / 校核
F7	显示节点反力	Shift+F8	开始冷弯框架设计 / 校核

表 8-3　鼠标操作方式

鼠标操作	功　能
单击	选择菜单项、激活命令、单击按钮和选择视图对象
右击	应用在模型对象上，将弹出对象信息；应用在绘图区，将弹出快捷菜单；应用在工具栏，将弹出添加工具栏菜单
按 Ctrl 键同时单击	应用在模型重叠位置对象上，将弹出对象列表，可从中选择所需选择的对象；应用在对话框中有列表的情况，列表项可以进行多选，列表项可以是相邻或不相邻的
按 Ctrl 键同时右击	应用在模型重叠位置对象上，将弹出对象列表，从中选择所需选择的对象后弹出所选对象属性信息
按 Shift 键同时单击	应用在对话框中有列表情况，对相邻列表项可以进行多选
快速双击	应用于绘制过程，用于结束某个绘制操作；应用于工具栏，用于隐藏工具栏
按住鼠标左键拖动	应用于视图控制，用于窗选放大视图；应用于选择，用于窗选模型对象；应用于重定形命令，用于改变对象形状

8.2　轴网与参考线

8.2.1　轴网

SAP2000 中坐标系包含整体坐标系和局部坐标系，根据用户定义可分为笛卡儿坐标系和柱坐标系。整体坐标系包括默认坐标系（GLOBAL）及用户自定义的坐标系（CSYS1）。局部坐标系包括节点局部轴、框架局部轴、面局部轴及实体局部轴等，用户可以通过添加附加的笛卡儿坐标系、柱坐标系或者轴线，拼装成复杂的轴网系统。

1. 新建轴网

打开SAP2000后，选择"文件"|"新模型"，弹出"新模型"对话框，用户可以单击轴网，在轴网线数量区域和轴网间距区输入X、Y、Z方向的轴线数量和轴线间距。在SAP2000中轴网可以创建直角轴网和柱面轴网（图8.9），直角轴网可用于绘制规则的矩形或者块体类结构的几何模型，柱面轴网多用于绘制筒仓、网壳等柱状结构的模型。

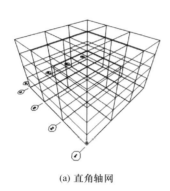
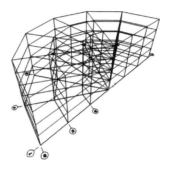

(a) 直角轴网   (b) 柱面轴网

图8.9 直角轴网和柱面轴网

基于默认或自定义的坐标系（即GLOBAL或CSYS1），用户可选择"定义"|"坐标系/轴网"或在模型窗口右击选择"编辑轴网"，弹出"坐标/轴网系统"对话框（图8.10），再单击"修改/显示坐标系"按钮，在弹出的"轴网数据"（图8.11）对话框中分别定义沿X、Y、Z 3个方向的轴线数量、间距及起始位置。同时，用户也可以根据需要添加新轴网线或删除现有轴网线。

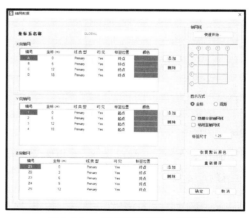

图8.10 "坐标/轴网系统"对话框   图8.11 "轴网数据"对话框

 注意事项

"轴网数据"对话框中的轴线数量和间距都是以新坐标系与轴网对话框中的数据为基础的。因此对于有较多轴线的轴网务必事先准确定义轴线数量，以防止后期添加轴线

带来的不便。

2. 整体坐标系与附加坐标系

前文提到，定义的第一个坐标系被称为整体坐标系（GLOBAL），此后用户添加的坐标系被称为附加坐标系。整体坐标系可以是笛卡儿坐标系，也可以是柱面坐标系。整体坐标系坐标轴均为 X、Y、Z 轴显示，但坐标值显示方式根据坐标系类型不同而有所区别。柱面坐标系显示为径向、环向、Z 向。

打开"坐标/轴网系统"对话框，单击"添加坐标系"按钮，弹出"坐标系的位置和方向"对话框，即可新建附加坐标系。附加坐标系可以是新建坐标系，也可以是整体坐标系的复制。二者的区别在于整体坐标系不可删除，位置不能移动，附加坐标系可以删除和移动。附加坐标系的个数无限制且坐标原点独立，当进行绕 X、Y、Z 轴旋转、移动等操作时，坐标原点亦随之改变。

SAP2000 模型窗口仅能显示一个坐标系，用户可在状态栏切换至不同的坐标系。

3. 一般轴网系统

一般轴网系统是通过已有轴网转换，使轴线由整体编辑状态拆散成单根轴线编辑状态的轴网系统。一般轴网系统的轴线能更加灵活地独立定义或者直接绘制编辑。打开"坐标/轴网系统"对话框，选择目标坐标系，再选中"转换为一般轴网"（图 8.12），即完成转换。此时，用户可以根据需要添加轴线或者对已有的轴线进行编辑。

图8.12　选中"转换为一般轴网"

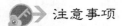 注意事项

由于转换为一般轴网系统为不可逆操作，转换后不能恢复为整体编辑状态，因此用户应谨慎转换，或者可以通过添加目标坐标系的副本进行转换。

8.2.2　参考线

参考线表现为立面视图中的一条轴线，在平面视图中则显示为一个点。在立面视图中参考线与轴线的作用基本相同。在平面视图中参考线起到定位点的作用，可以用来定位平面视图中的任意位置，因此又称为参考点。

参考线的绘制方法是通过轴网交点或者与已经存在的点的相对距离来绘制的。在平

面视图中，执行"绘制"|"参考点"命令或者在平面视图空白位置右击，在弹出的快捷菜单中单击"绘制平面参考点"按钮，弹出"对象属性"对话框，在对话框中输入相对距离值，将光标移至轴线交点，单击就会出现十字参考点。

一般参考线不会对结构计算产生影响，使用后可删除。用户在模型窗口右击，在弹出的快捷菜单中单击"编辑参考点"按钮，弹出"编辑参考点"对话框（图8.13），在对话框中可以对参考点进行添加与删除。

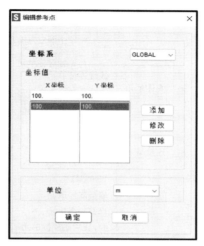

图8.13 "编辑参考点"对话框

8.3 单元库、材料与截面

8.3.1 SAP2000 中的单元特点及其分类

在 SAP2000 中，单元一共分为以下 4 类。

第一类是线单元，包括框架单元、钢束单元和索单元，在结构中用来模拟梁、柱、支撑、桁架和索等。

第二类为面单元，主要分为板壳单元和二维实体单元。其中板壳单元又可细分为薄板单元、厚板单元、薄壳单元、厚壳单元、膜单元，在建筑模型中用来模拟墙、楼板、筏板基础等。

第三类为实体单元，此单元多用于细部分析。

第四类为连接单元，此单元可以在两节点之间绘制，也可以在一个节点位置处绘制。单节点的连接单元默认为一节点接地，各个单元节点的自由度都为 6 个（U1、U2、U3、R1、R2、R3）。图 8.14 所示为 SAP2000 中的单元分类。

1. 线单元

线单元在 SAP2000 中可以细分为框架单元、钢束单元和索单元。

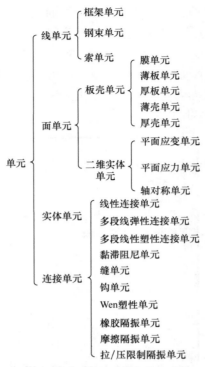

图8.14　SAP2000中的单元分类

1）框架单元

框架单元使用一般的三维梁－柱公式，包括双轴弯曲、扭转、轴向变形、双轴剪切变形等效应。在平面和三维结构中，框架单元常用来模拟梁、柱、斜撑和桁架。

2）钢束单元

钢束单元是一种可以包含在其他对象（框架、壳、板、轴对称实体和三维实体）中以实现预应力和张拉应力对这些对象产生影响的特殊类型单元。这些钢束附着在其他对象上，并通过它们提高结构的承载能力。SAP2000 中模拟预应力的方式有两种，一种是将预应力钢束模拟成为一种具有刚度、质量的单元，另一种是将其模拟为荷载。

3）索单元

SAP2000 中索单元常用来模拟自重和张拉作用下的柔性索。

2. 面单元

面单元在 SAP2000 中可以细分为板壳单元和二维实体单元。

1）板壳单元

在 SAP2000 中，板壳单元用来模拟墙、楼板及其他薄壁构件，可具体分为：膜单元、板单元（又分为薄板单元和厚板单元）及壳单元（又分为薄壳单元和厚壳单元）。膜单元只具有平面内的刚度，主要承受膜力，建筑结构中楼板通常用膜单元来模拟；板单元的行为与膜单元相反，只具有平面外的刚度，主要承受弯曲力，用来模拟薄梁或者地基梁等；壳单元的力学行为是膜单元与板单元之和，是真正意义上的壳单元。

2）二维实体单元

二维实体单元主要用于描述薄平板结构（平面应力）、等截面的"无限长"结构（平面应变）和轴对称实体结构。

3. 实体单元

实体单元是一个八节点单元（图 8.15），用来模拟三维结构和实体。它是基于包含 9 个可选择的非协调弯曲模式的等参公式。若单元的形状为矩形，使用非协调弯曲模式可以显著地改善单元在平面内的弯曲性能，改善的效果甚至在非矩形中也有体现。

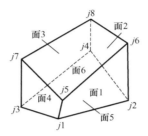

图8.15 实体单元

4. 连接单元

SAP2000 中连接单元包括线性连接单元、多段线弹性连接单元、多段线性塑性连接单元、黏滞阻尼单元、缝单元、钩单元、Wen 塑性单元、橡胶隔振单元、摩擦隔振单元和拉 / 压限制隔振单元。

1）线性连接单元

此连接单元需要用户指定刚度及各方向的阻尼值。刚度及阻尼值可以是耦合的也可以是解耦的。桥梁结构中上部结构和下部桥墩之间的垫板及弹性地基梁下部的接触面都可以利用线性连接单元建立计算模型。

2）多段线弹性连接单元

此连接单元用来模拟力与位移的关系（需遵从图 8.16 所示的关系曲线），力与位移的关系必须为：通过原点；至少有一个正的变形点和一个负的变形点；对于一系列点的变形值必须为单调递增的，不存在相等的两个值。

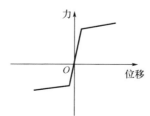

图8.16 多段线弹性连接单元的力与位移关系曲线

3）多段线性塑性连接单元

此连接单元模拟的是常见材料的塑性行为。此连接单元的塑性关系可通过一系列的力与变形的关系曲线来定义，其塑性关系曲线如图 8.17 所示。

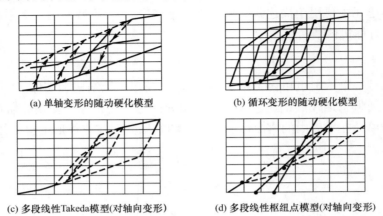

(a) 单轴变形的随动硬化模型　　　　(b) 循环变形的随动硬化模型

(c) 多段线性Takeda模型(对轴向变形)　　(d) 多段线性枢纽点模型(对轴向变形)

图8.17　塑性关系曲线

4）黏滞阻尼单元

SAP2000 中的黏滞阻尼单元采用的是精确的 Maxwell 计算模型，在该模型中，阻尼器与弹簧串连，如图 8.18 所示。

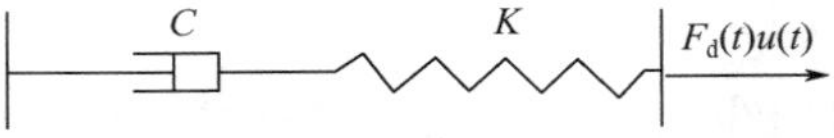

$$C \quad\quad K \quad\quad F_{\mathrm{d}}(t)u(t)$$

图8.18　黏滞阻尼单元示意

假设弹簧与阻尼器的"位移"分别是 d_{k} 和 d_{c}，则有式（8-1）和式（8-2）关系成立。

$$d = d_{\mathrm{k}} + d_{\mathrm{c}} \tag{8-1}$$

$$f_{\mathrm{d}} = k d_{\mathrm{k}} = c v^{\alpha} \tag{8-2}$$

式中，d 为单元位移；d_{k} 为弹簧位移；d_{c} 为阻尼器位移；k 为弹簧刚度；c 为阻尼系数；v 为阻尼器变形速度；α 为速度指数，使用范围为 0.2 ～ 2.0。

5）缝单元

图 8.19 所示为缝单元示意。利用缝单元，可以将 *open* 设置为零来模拟单压对象。

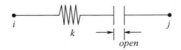

$$i \quad\quad k \quad\quad open \quad\quad j$$

图8.19　缝单元示意

缝单元行为描述如式（8-3）所示。

$$f = \begin{cases} k(d + open) & d + open < 0 \\ 0 & d + open \geqslant 0 \end{cases} \tag{8-3}$$

式中，k 为弹簧刚度；*open* 为初始裂缝开启宽度，且必须为 0 或正值。

6）钩单元

图 8.20 所示的为钩单元示意。利用钩单元，可设 *open* 为零来模拟单拉对象。

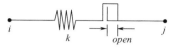

图8.20　钩单元示意

钩单元的行为描述如式（8-4）所示。

$$f = \begin{cases} k(d - open) & d > open \\ 0 & d \leqslant open \end{cases} \tag{8-4}$$

式中，k 为弹簧刚度；*open* 为初始裂缝开启宽度，且必须为 0 或正值。

7）Wen 塑性单元

图 8.21 所示为同轴 Wen 塑性模型，此塑性模型是基于 1976 年 Wen 提出的滞后行为，其行为描述如式（8-5）所示。

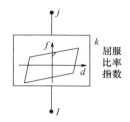

图8.21　同轴Wen塑性模型

$$f = r \cdot k \cdot d + (1 - r)\sigma_y \cdot z \tag{8-5}$$

式中，k 为弹簧刚度；σ_y 为屈服力；r 为指定的屈服后刚度对弹簧刚度 k 的比值；z 为一个内部滞后变量，$-1 \leqslant z \leqslant 1$。

8）橡胶隔振单元

图 8.22 所示为橡胶隔振单元，该单元对于 2 个剪切变形有耦合的塑性属性，且对余下的 4 个变形有线性的有效刚度属性。

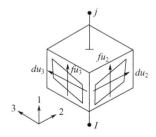

图8.22　橡胶隔振单元

9）摩擦隔振单元

图 8.23 所示为摩擦隔振单元，此单元在剪切变形上与摩擦塑性耦合，具有沿剪切方

向滑移后的滑移后刚度，在轴向上具有缝行为，对于弯矩具有线性有效刚度。此单元还可以模拟在接触面上的缝和摩擦行为。

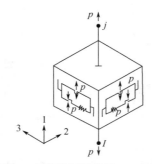

图8.23　摩擦隔振单元

10）拉 / 压限制隔振单元

此单元在剪切自由度上具有和摩擦隔振单元类似的行为，在轴向上具有缝和钩行为，即不仅可以受拉也可以受压，在 3 个弯矩变形上也具有非线性行为。

8.3.2　不同单元类型之间的连接

这里的单元连接指的是两种及两种以上单元不通过耦合关系建立起来的连接情况。图 8.24 所示为板单元与框架单元通过单节点连接。由于板单元没有绕单元坐标系三轴旋转的自由度，因此如果框架单元诱发板单元绕三轴旋转，则连接位置的某个方向应为铰接。SAP2000 中一般使用虚拟单元处理自由度不协调的问题。

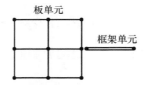

图8.24　板单元与框架单元通过单节点连接

8.3.3　材料定义

用户定义的材料属性可以赋予多个不同类型的单元。在 SAP2000 中材料属性分为分析属性、设计属性和高级属性，不同的属性应用于不同阶段的计算。分析属性是在结构分析过程中参与计算的数据，通过这些数据计算出结构构件在各种工况下的标准内力。设计属性是根据规范对构件进行设计、校核时的依据。高级属性一般用于非线性分析或动力分析，可以考虑材料的徐变、阻尼和应力 – 应变关系。

1. 一般材料定义

这里的一般材料是指工程中常用的处于线弹性阶段属性的材料。SAP2000 提供了几种材料类型：Aluminum（铝）、ColdFormed（冷轧钢）、Concrete（混凝土）、Steel（钢）、Rebar（钢筋）、Tendon（钢束）、Other（其他）。它们本身带有各自的属性，可以直接使用，但不能被删除。用户可以根据自身需求对材料属性数据进行更改。

　　用户自定义材料时，例如定义中国标准C30混凝土时，其操作步骤为：首先执行"定义"|"材料"命令，弹出"定义材料"对话框（图8.25），单击"添加材料"按钮，弹出"添加材料"对话框（图8.26）。在"材料类型"下拉列表中选择"Concrete"，材料等级为"GB50010 C30"，单击"确定"按钮，回到"定义材料"对话框，再在"定义材料"对话框中单击"修改/显示材料"按钮，弹出"材料属性数据"对话框（图8.27），在对话框中输入材料的弹性模量、泊松比、热膨胀系数、剪切模量等参数值，单击"确定"按钮，完成材料的自定义。

图8.25　"定义材料"对话框

图8.26　"添加材料"对话框

图8.27　"材料属性数据"对话框

2. 材料高级属性定义

在"材料属性数据"对话框（图8.27）中选中"高级属性"选项，会弹出"材料属性选项"对话框（图8.28），在该对话框内可定义材料的高级属性，此时可选择材料的对称类型，包含各向同性、正交各向异性、完全各向异性及单轴材料4种类型。

图8.28　"材料属性选项"对话框

8.3.4 框架截面定义

SAP2000中框架截面的定义包含了梁、柱、支撑等所有框架对象类型构件的截面。程序本身自带了多种典型形状的截面定义功能，如工字形、槽形、角形、管形等，基本上能够涵盖工程中所能涉及的所有截面形状。对于非标准形状的构件截面或者组合的构件截面，可以通过SAP2000提供的截面设计器进行自定义。

1. 导入框架截面

SAP2000提供了包括中国规范在内的多国规范标准的型材截面数据库文件（表8-4）。这些型材截面数据库文件存在于SAP2000的安装目录下，以".xml"为扩展名。目前已有数据库的型材截面类型包括工字钢、槽钢、T形截面、角钢、圆钢管。用户可以选择一次导入单个或多个标准型材截面。通过选择"定义"|"截面属性"|"框架截面"|"导入框架截面"，可以选择要导入的截面。

表8-4　型材截面数据库文件

文件名	含义
AA6061-T6.xml	AA标准6061-T6压型铝材截面
AISC14.xml	美国钢结构协会型钢V14
AISC14M.xml	美国钢结构协会型钢V14M
AISC15.xml	美国钢结构协会型钢V15
AISC15M.xml	美国钢结构协会型钢V15M

续表

文件名	含义
ASTMA1085.xml	美国试验与材料协会型钢
Australia–NewZealand.xml	澳大利亚及新西兰标准型钢
BSShapes2006.xml	英国标准型钢
ChineseGB08.xml	中国标准型钢
CISC.xml	加拿大钢结构协会型钢
Euro.xml	欧洲型钢
Indian.xml	印度标准型钢
JIS–G–3192–2014.xml	日本热轧标准型钢
Korean.xml	韩国标准型钢
Nordic.xml	北欧四国标准型钢
Russian.xml	俄罗斯标准型钢
Aluminum.xml	美国标准铝型钢
SJIJoists.xml	美国应用钢结构标准型钢

2. 添加框架截面

选择"定义"|"截面属性"|"框架截面"|"添加框架截面",弹出"添加框架截面"对话框,如图 8.29(a)所示,用户可以在对话框中选择截面类型和截面形式。

(a) 添加框架截面

(b) 截面设计器

图8.29　框架截面定义

3. 截面设计器定义框架截面

SAP2000 提供了截面设计器（Section Designer），用户可以通过选择"定义"｜"截面属性"｜"框架截面"｜"添加框架截面"，选择截面类型为"Other"[图 8.29（b）]，单击"截面设计器"按钮，弹出"SD 截面数据"对话框（图 8.30）。用户可以在该对话框中定义任意形状的截面，该截面可以由一种材料构成，也可以是组合截面。

图8.30　"SD截面数据"对话框

8.3.5　面截面定义

在 SAP2000 中，提供的截面类型包括壳、平面、轴对称。用户可选择"定义"｜"截面属性"｜"面截面"，在弹出的"面截面"对话框（图 8.31）中的"截面类型"下拉列表中选择。

图8.31　"面截面"对话框

8.4　对象的绘制与修改

SAP2000的绘制菜单栏配合各种功能，可直接实现对平面图、立面图或者三维视图的绘制。本节重点介绍SAP2000建模过程中涉及的捕捉功能、对象的绘制、重定形命令、组的操作、选择功能及对象信息查看等方面的内容。

8.4.1　捕捉功能

SAP2000在绘制构件时，可以利用捕捉功能（捕捉功能按钮在左侧工具栏处）进行定位，或执行"绘制"|"捕捉"命令。捕捉功能一般配合绘制功能使用，捕捉功能开关可以随时在绘制构件的过程中应用，并且可以同时按下多个捕捉功能按钮。

8.4.2　对象的绘制

1. 点对象的绘制

绘制特殊点对象时，执行"绘制"|"特殊节点"命令或单击"绘制特殊节点"按钮，在弹出的"对象属性"对话框中可以输入需要绘制的点对象与屏幕单击位置的距离关系数值，如图8.32所示。

对象属性	✕
偏移 X	0.
偏移 Y	0.
偏移 Z	0

图8.32　点对象的绘制

2. 线对象的绘制

SAP2000可以在平面视图、立面视图和三维视图中采用不同方式绘制包括框架梁、柱、索、斜撑等在内的多种线对象（图8.33）。执行"绘制"|"框架/索/钢束"命令，在弹出的"对象属性"对话框中选择"线对象类型"，包括直框架、曲线框架、索、钢束。

对象属性	✕
线对象类型	直框架
截面属性	直框架
端部释放	曲线框架
局部轴转角	索
XY平面内沿法线偏移	钢束
绘图控制	无 <空格键>

图8.33　线对象的绘制

次梁端部常按铰接处理，可在"对象属性"对话框中的"端部释放"中选择"Pinned"（铰接）（图8.34）。SAP2000提供了专门绘制次梁的命令，可执行"绘制"|"快速绘制次梁"命令或者单击"快速绘制次梁"按钮。实际应用中，如需不均匀分布布置次梁，则可采用布置框架的方式布置，修改"端部释放"为"Pinned"，并配合捕捉功能捕捉梁端点，逐根绘制。

图8.34　次梁绘制

当绘制竖向支撑时，切换到立面视图，单击"快速绘制支撑"按钮，弹出"对象属性"对话框，可在对话框中编辑"截面属性""端部释放"及"支撑形式"等参数（图8.35）。

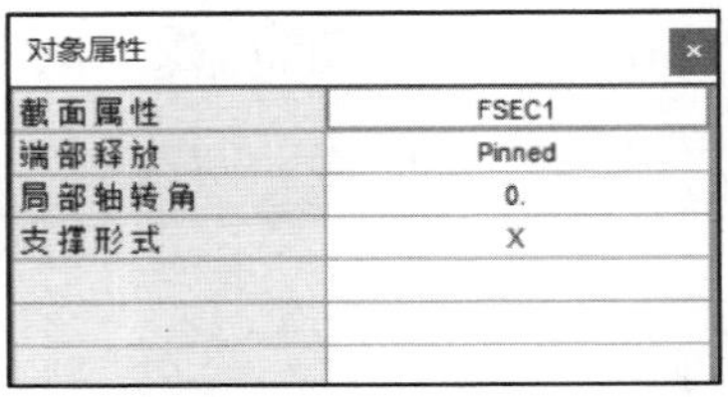

图8.35　绘制支撑对话框

3. 面对象的绘制

SAP2000中的面对象可以模拟结构中的楼板、墙、坡道等构件，并且提供多种绘制面对象的方法。下面分别介绍绘制面对象的常用方法。

1）绘制壳面

根据要绘制的面的截面形状，可以选择不同的命令。执行"绘制"|"多边形面"命令，可以进行多边形绘制操作。

2）绘制斜面

斜面一般可分为直坡面、螺旋坡面、曲坡面。具体绘制方法如下。

（1）绘制直坡面：选择一根梁，执行"编辑"|"拉伸"|"拉伸：线→面"命令，在弹出的"拉伸：线→面"对话框中选择"直线拉伸"选项卡［图8.36（a）］，在界面中增设增量数据，完成直坡面的绘制。

（2）绘制螺旋坡面：在"拉伸：线→面"对话框中选择"环向拉伸"选项卡［图8.36（b）］，在"增量数据"中输入"环向角度"与"数量"，完成螺旋坡面的绘制。

（3）绘制曲坡面：在"拉伸：线→面"对话框中，选择"高级拉伸"选项卡［图8.36（c）］，单击"定义/修改拉伸路径"按钮，弹出"定义拉伸路径"对话框，在对话框中输入参数定义拉伸路径，完成曲坡面的绘制。

4. 实体对象的绘制（拉伸）

选择面对象，执行"编辑"|"拉伸"|"拉伸：面→体"命令，弹出"拉伸：面→体"对话框（图8.37），用户可以通过编辑"增量数据"完成拉伸面生成实体对象的绘制。

(a)"直线拉伸"选项卡

(b)"环向拉伸"选项卡

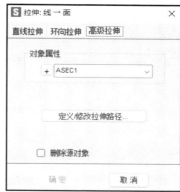

(c)"高级拉伸"选项卡

图8.36　"拉伸：线→面"对话框

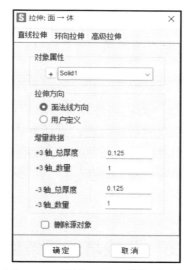

图8.37　"拉伸：面→体"对话框

8.4.3 重定形命令

执行"绘制"|"重定形模式"命令或单击"重定形模式"按钮，此时光标会变成绘制状态。在需要修改的对象上按住鼠标左键并移动，移动到指定位置再释放鼠标，即完成对象的重定形。

8.4.4 组的操作

SAP2000中可以按组的名称选择对象。以组为单位设计对象，通常要先定义组的名称，再把它制定成一组对象。执行"定义"|"对象组"命令，在弹出的"定义对象"

对话框中单击"添加对象组"按钮，弹出"对象组"对话框。根据实际工程需要，在"对象组"对话框中选中所定义组的用途。然后，在视图中选择一组构件，执行"指定"|"对象组"命令，弹出"指定对象组"对话框，在"指定对象组"对话框中选择组的名称，使其高亮显示，单击"确定"按钮后，该组构件就被编辑成以该名称定义的组；也可以直接选择一组构件，在"指定对象组"对话框中单击"定义对象组"按钮，添加新对象组。

在定义完组后，可以通过组来选择构件。执行"选择"|"选择"|"对象组"命令，选择需要选中的对象。

8.4.5 选择功能

SAP2000 提供了多种选择命令。基本的选择操作包括点选、窗选、相交线选择。当光标处于选择状态时，即可进行选择。在对象上单击选择对象，称为点选；在区域的左上角单击"选择模式"按钮，按住鼠标左键移动光标至区域的另一个对象，选择区域内的对象，称为窗选；执行"选择"|"选择"|"相交线"命令，然后在要选的对象上绘制一条穿过对象的虚线，与之相交的对象将被选中，称为相交线选择。也可以通过执行"选择"|"选择"|"属性"命令按对象的属性进行选择。

8.4.6 对象信息查看

SAP2000 中对象分为点、线、面、实体4种，用户可以将光标放在要查看的对象上，然后右击，弹出"对象模型"对话框，通过对话框查看该对象信息。在建立模型期间需要随时查看该对象的指定信息，检查校核对节点各项指定操作的正误。如果需要查看该对象的荷载信息，则可以单击"对象模型"中的"荷载"按钮，从弹出的对话框中查看对象的荷载信息。

8.5 荷载与边界条件

本节将介绍各种荷载与边界条件的定义方法和施加过程。程序加载前需定义荷载模式，用于指定作用于结构上的各种荷载的空间分布，如集中荷载、均布荷载、地震荷载、温度荷载等。

8.5.1 荷载模式

执行"定义"|"荷载模式"命令，弹出"定义荷载模式"对话框，如图 8.38 所示。在该对话框中可以完成结构分析中荷载模式的定义。如图 8.38 所示，荷载模式的定义包括模式名称、类型、自重乘数及自动侧向荷载模式4部分。荷载模式中的类型包括恒Dead（恒荷载）、Live（活荷载）、Roof Live（屋面活荷载）、Quake（地震荷载）、Wind（风荷载）、Snow（雪荷载）、SeaState（波浪荷载）、Other（其他）等。荷载模式中的自重乘

数用于指定结构的自重荷载，可以根据需要对其进行缩放。对于地震荷载、风荷载及波浪荷载，SAP2000可以根据用户选择的设计规范自动对结构指定侧向荷载，用户可以单击"修改侧向荷载"按钮在弹出的列表中选择相关规范。

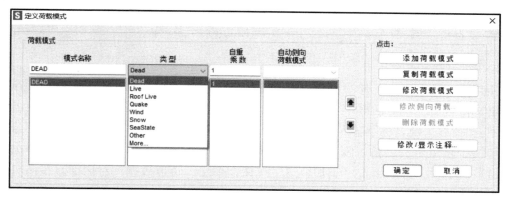

图8.38 "定义荷载模式"对话框

8.5.2 集中荷载与均布荷载

SAP2000中除了自重荷载、地震荷载、风荷载、雪荷载和波浪荷载是自动施加到结构上的，其他荷载都需要人工施加。

1. 集中荷载

1）给点对象施加集中荷载

选择点对象，执行"指定"|"节点荷载"|"集中荷载"命令，在弹出的"指定集中荷载"对话框中输入荷载分量值，单击"确定"按钮，相应的集中荷载和方向会显示在节点上。

2）给线对象施加集中荷载

给线对象施加集中荷载时，首先选择线对象，然后执行"指定"|"框架荷载"|"集中荷载"命令，在弹出的"指定集中荷载"对话框中指定荷载模式、坐标系、荷载方向和荷载类型，并输入荷载相对距离与大小，单击"确定"按钮，相应的集中荷载和方向会显示在线对象上。

2. 均布荷载

1）均布线荷载

一般将填充墙、隔墙自重及设备荷载转化为线荷载指定给梁。其操作方法与施加面荷载相似。首先选择线对象，然后执行"指定"|"框架荷载"|"分布荷载"命令，在弹出的"指定分布荷载"对话框中选择荷载模式，单击"确定"按钮，视图中将显示出荷载数值。

2）均布面荷载

施加恒、活均布面荷载方法相同。首先选择面对象，然后执行"指定"|"面荷

载"｜"均布面荷载"命令，在弹出的"指定均布面荷载"对话框中的"荷载模式"下拉列表中选择荷载名称，在"均布荷载"处输入均布面荷载值，单击"确定"按钮，视图中将显示出荷载数值。

8.5.3 其他荷载模式

1. 车道荷载

公路、桥梁结构分析时需定义车道荷载。执行"定义"｜"荷载工况"命令，在弹出的"定义荷载工况"对话框中单击"添加荷载工况"按钮，在"荷载名称"选项组的编辑行中，"荷载工况名称"输入"MOVE"，选择"荷载工况类型"为"移动荷载分析"，弹出"缺少轨道定义，是否现在定义轨道？"提示框，然后单击"是"按钮，弹出"定义轨道"对话框，最后单击"添加轨道"按钮，弹出"轨道数据"对话框，在该对话框中用户可根据实际需要完成车道荷载定义。

2. 温度荷载

温度荷载为温度变化时框架、壳、实体单元的热应变，值为材料热膨胀系数与单元温度变化之积。执行"指定"｜"框架/索/钢束/面/实体荷载"｜"温度荷载"命令，弹出"指定温度荷载"对话框。在对话框中选择"温度梯度"并输入温度值，完成温度荷载定义。其中"温度梯度"指沿截面厚度或截面宽度和高度方向上单位长度的温差，正值代表升温，负值代表降温。

3. 地面位移荷载

地面位移荷载只能指定给与结构直接相连的点对象，且必须以约束、弹簧或者指定给点对象的连接单元这 3 种方式之一与地面相连。执行"指定"｜"节点荷载"｜"位移荷载"命令，弹出"指定位移荷载"对话框，在对话框中输入支座位移值，单击"确定"按钮，相应的荷载数值和方向会显示在节点上。

4. 应变荷载

可对框架线对象和面对象施加应变荷载。选择要指定应变荷载的框架线对象，执行"指定"｜"框架荷载"｜"应变荷载"命令，弹出"指定应变荷载"对话框，用户可以通过指定给对象应变分量或者通过节点样式来添加。对面对象施加应变荷载与对线对象施加应变荷载方法相同。

5. 表面压力荷载

表面压力荷载用来在单元侧面施加外部压力荷载。选择一个或多个要施加荷载的面对象，执行"指定"｜"面荷载"｜"表面压力（全部）"命令，在弹出的"指定表面压力"对话框中进行设置。压力在一个面上可以是均布的，也可以由节点样式插值得到，对不同的面不必相同。作用在一侧的压力乘以厚度，并沿着侧面长度积分，然后被分配至此侧面的两个节点上。对于静水压力分布利用节点样式即可得到，并且压力值可以相互叠加。

6. 孔隙压力荷载

孔隙压力荷载用来模拟固体介质中流体的拖曳和浮力作用，比如水对土壤的作用。选择一个要指定荷载的实体对象，执行"指定"|"实体荷载"|"孔隙压力"命令，在弹出的"指定孔隙压力"对话框中选择荷载模式及通过的压力来完成孔隙压力荷载的设置。按这种方法指定给实体的孔隙压力荷载及产生的位移、应力和反力代表固态介质的响应。对于平面单元和轴对称作为实体的特殊形式，也可以施加孔隙压力荷载，其操作方法相同，只是选择的是面对象。

7. 预应力荷载

预应力荷载是通过嵌入到对象内部的预应力筋（即钢束）来实现的。选择一个要指定荷载的钢束对象，执行"指定"|"钢束荷载"|"钢束内力/应力"命令，在弹出的"指定钢束荷载"对话框中定义各项参数。为了计算复杂的锚固过程，用户可以在不同的荷载工况中指定不同的预应力荷载，并适当进行施加。

8.5.4 荷载工况

荷载工况用于指定荷载的作用方式（静力或动力）、结构的响应方式（线性或非线性）及分析求解的具体方法（振型叠加法、直接积分法等）。用户可以根据需要在同一个计算模型中定义任意数量或类型的荷载工况，也可以有选择性地运行部分工况或删除工况结果。

1. 工况类型

SAP2000支持各种类型的结构分析，包括静力分析、模态分析、反应谱分析、屈曲分析、时程分析等，执行"定义"|"荷载工况"|"添加荷载工况"命令，弹出"荷载工况数据"对话框（图8.39），用户可以在"荷载工况数据"对话框中选择工况类型。根据结构对荷载的响应方式，结构分析可分为线性分析和非线性分析；根据是否考虑惯性力，结构分析可分为静力分析和动力分析。

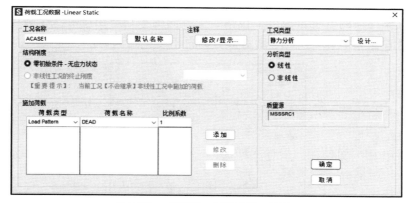

图8.39 "荷载工况数据"对话框

2. 施加荷载

自动侧向荷载（风荷载和地震荷载）及基于荷载模式指定的各种荷载，其本身不会对结构产生任何响应。只有在荷载工况中调用荷载模式，基于荷载模式指定的荷载才能真正作用于结构并产生结构响应。执行"定义"|"荷载工况"|"添加荷载工况"命令，弹出"荷载工况数据"对话框，用户可以在"荷载工况数据"对话框中施加荷载。

3. 分析顺序

通常线性工况与线性工况之间并无直接的前后顺序，但是线性工况与非线性工况或非线性工况与非线性工况之间，则可以通过结构刚度或初始条件建立明确的前后顺序。执行"定义"|"荷载工况"|"显示工况树"命令，弹出"工况树"对话框，用户可以在"工况树"对话框中调整分析顺序。

4. 质量源

各种分析类型的结构动力分析均需考虑结构质量或由此产生的惯性力。SAP2000中的质量源用于定义结构质量的来源，包括单元质量、点质量、线质量、面质量及各种类型的荷载转换的质量。执行"定义"|"质量源"|"添加质量源"命令，弹出"质量源数据"对话框，用户可以在"质量源数据"对话框中添加质量源。

5. 荷载组合

荷载组合可用于组合荷载工况或其他荷载组合的分析结果。用户可以根据需要定义任意数量的荷载组合，但每个荷载组合的名称必须唯一，不得与其他荷载组合或工况重名。执行"定义"|"荷载组合"|"添加荷载组合"命令，弹出"荷载组合数据"对话框，用户可以在"荷载组合数据"对话框中添加荷载组合。

8.5.5 边界条件

1. 设置节点约束

在模型各节点（含支座节点）处，都可以非常简便灵活地设置节点约束。执行"指定"|"节点"|"支座"命令，弹出"指定节点支座"对话框（图8.40），该对话框中列出了一个点对象存在的6个自由度，包括3个方向的平动自由度和3个方向的转动自由度。用户根据需要选中某项，即表示对该方向自由度施加约束。

图8.40　"指定节点支座"对话框

2.节点约束

节点约束可限制节点间的相对自由度，减少系统求解方程的数量，提高计算效率。执行"定义"|"节点约束"命令，弹出"定义节点约束"对话框。在"约束类型"下拉列表中选定约束类型后，单击"添加约束"按钮，在弹出的对话框中选取约束自由度，参数定义完毕后依次单击两次"确定"按钮，完成节点约束的定义（图8.41）。之后选中需约束的节点，执行"指定"|"节点"|"节点约束"命令，在弹出的"指定节点约束"对话框中选择指定的节点约束，单击"确定"按钮，即将节点约束指定给选中节点。

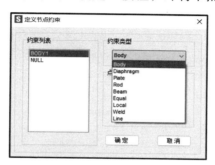

图8.41 定义节点约束

 注意事项

Body 约束将空间中任意位置的多个节点连接在一起，这些节点可在空间任意位置。

3.节点区

结构分析中，如果我们假定结构梁柱节点区为刚性，这样将导致节点区没有任何位移和内部变形。因此，在进行分析时需要对节点区进行一定的指定。

SAP2000 可在分析模型内指定节点区，生成两个相关节点，通过赋予节点区差动旋转来模拟梁－柱、梁－支座和柱－支座连接上的差动平移。选中要指定节点区的节点，执行"指定"|"节点"|"节点区"命令，弹出"指定节点区"对话框。该对话框中有3个主要设置区域和一个选项定义区域，3个主要设置区域分别描述了节点区的3个方面的特征，包括节点属性来源、连接方式和局部轴，用户可以根据需要选择属性完成节点区定义。节点区定义具有唯一性，如果要对已经定义节点区的节点重新指定节点区，则必须选中"替换现有节点区"或"删除现有节点区"。

8.6 模型分析与结果输出

8.6.1 运行分析

当模型的几何信息、荷载信息等设置完成并检查无误后，可运行分析对模型求解。

1. 分析选项

执行"分析"|"设置分析选项"命令，弹出"分析选项"对话框（图8.42），用户在该对话框下可以选择有效自由度和求解器选项。

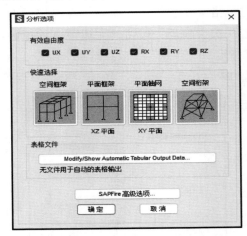

图8.42　"分析选项"对话框

2. 运行工况

SAP2000允许用户有选择地运行荷载工况，不需要每次都全部运行。执行"分析"|"设置运行工况"命令，弹出"设置运行工况"对话框（图8.43），在该对话框下用户可以选择需要运行的工况，并运行分析。

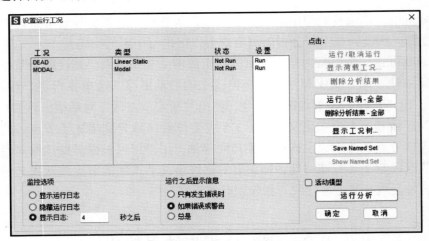

图8.43　"设置运行工况"对话框

8.6.2　模态分析及反应谱分析

1. 模态分析

模态分析也称振型叠加法动力分析，是线性结构系统地震分析中最常用且最有效的方法，使用SAP2000对结构进行模态分析可以提供基本性能参数，帮助用户对结构响应进行定性判断，并提供相关结构概念设计需求。

1）模态分析基本步骤

SAP2000进行模态分析的基本步骤有：①由动力方程转换为微分方程；②生成模态方程；③求解模态方程。

2）特征向量法和Ritz向量法

对于耦合线性结构，必须先对结构采用适当方法进行解耦，SAP2000提供了特征向量法和Ritz向量法两种方式进行模态解耦。相比而言，Ritz向量法由于所有求得的特征向量都是与荷载相关的，因此避免了不参与动态响应的对结构精确度没有帮助的振型计算，将有限的计算时间全部用于对结果精度有益的振型计算中。

3）质量参与系数和荷载参与系数

SAP2000输出了模态分析中结构的质量参与系数、静荷载参与系数和动荷载参与系数，它们反映了模态分析截断高阶振型与所有振型精确分析所存在的某一类型的误差。

2. 反应谱分析

地震作用虽然总体上很短暂，但是作用的大小是随时间变化的，目前经常使用的结构时程分析法往往需要复杂的计算，而且分析时需要更详细和针对性的场地信息，因此考虑地震作用下能满足大部分规范要求和工程师需求的仍然是反应谱分析。

1）振型组合的基本理论与方法

SAP2000对反应谱分析和振型组合分析，给出了CQC法（完全平方根组合）、SRSS法（平方和的平方根法）、ABS法（绝对值相加法）、GMC法（通用模态组合方法）等组合方法，中国规范考虑了结构耦合效应的情况，可以采用SRSS法和CQC法的组合方法。

2）方向组合基本方法

方向组合基本方法分为SRSS法、ABS法和Modified SRSS法。其中SRSS法假设两个方向响应最大值在统计上相互独立，通过两个方向平方和的平方根进行方向组合。ABS法假设两个方向最大值都发生在相同的时间点上，通过求它们的绝对值之和来进行方向组合，该方法是一种较为保守的方法。Modified SRSS法是中国规范所规定的双向地震的组合方法。

3）中国规范中反应谱分析在SAP2000中的实现

中国规范对地震作用提供了两种计算方法：底部剪力法和振型分解法。底部剪力法是一种静力分解法；振型分解法就是反应谱法，它虽然是一种拟动力分析方法，但可以得到比底部剪力法更为合理的结构地震作用分析结果。用户可以通过执行"定义"|"函数"|"反应谱函数"命令来定义反应谱的函数，在"函数"下拉列表中选择"中国规范（Chinese 2010）"，然后通过执行"定义"|"荷载工况"命令添加并定义反应谱分析工况。

8.6.3 线性时程分析

反应谱分析有时不能满足非线性问题的分析需要，这时就需要采用时程分析。SAP2000 提供了线性时程分析和非线性时程分析功能，并且已经可以使用线性时程分析结果直接对结构构件进行设计。

1. 线性时程分析的基本理论

线性时程分析本质上仍是对结构基本动力微分方程的求解，最终得到结构在动力荷载作用下结构基本响应的方法。与反应谱分析法不同，线性时程分析法将动力作用以时间函数的形式引入微分方程，并通过相应的积分方式得到结构每一个时刻的响应及响应的变化情况。SAP2000 中线性时程分析可以使用的积分方式是此类型分析的关键问题之一。

（1）时间积分方式。SAP2000 中推荐使用的几种直接积分法包括 Newmark 法、Wilson 法、排列法等，这些方法都是隐式方法。

（2）阻尼参数设置。当结构遭遇地震时，即使结构主体构件保持弹性变形状态，结构次要构件的永久变形也会耗散一定的能量，从理论上讲这部分能量是很难估计的，因此 SAP2000 通过加入人工阻尼或数值阻尼来模拟这部分能量耗散。

2. 时程曲线的输入

在 SAP2000 中，当需要使用线性动力时程分析法进行结构地震作用计算时，需要将地震波引入程序中。地震波可以是实际地震记录波，也可以是人工模拟加速度时程曲线。

3. 线性时程分析工况的定义

通过执行"定义"|"函数"|"时程函数"|"添加函数"命令，可以完成时程函数曲线的定义，在完成时程函数曲线定义之后，需要定义时程分析荷载工况。可以在"荷载工况数据"对话框的"工况类型"下拉列表中选择"时程分析"，时程分析工况的全部定义都可以在这里完成。

8.6.4 结果与输出

对应于强大的分析功能，SAP2000 同样提供了全面、灵活的数据输出方式，用户可以方便直观地查看分析、设计结果；同时也可以根据需要自行对输出数据格式进行编辑排版，适用于不同结构类型的分析输出。

1. 显示变形形状

对于任意模型，分析完成后，视图会自动切换到某个工况下的变形状态，如需更换显示的工况，则可执行"显示"|"变形图"命令，在弹出的"显示变形图"对话框中选择三次曲线，之后单击"确定"按钮，即可显示结构变形后的形状。

2. 显示内力 / 应力

当程序运行分析操作后，单元的内力 / 应力均可以通过执行"显示"|"内力 / 应力"命令，在弹出的对话框中选择需要查看的对象，单击"确定"按钮，然后在视图中显示出来。

3. 分析、设计结果数据表格显示

SAP2000中分析数据表格显示是通过执行"显示"|"表格"命令完成的。执行"显示"|"表格"命令,弹出"选择数据库表格"对话框,对话框中的树状图显示了所有输入、输出数据的结构图,用户可以选择需要显示输出的数据。

4. 分析、设计结果数据文件输出

系统分析、设计结果可以直接打印到文档输出,并且可以导出为数据库文件(*.mdb)或电子表格(*.xls)进行输出。

1)打印表格输出

当系统运行分析完成后,执行"文件"|"打印表格"命令,弹出"选择数据库表格"对话框。用户选择需要打印的选项,"输出类型"选择"RTF文件"或者"TXT文件"。

2)导出数据文件

系统分析、设计数据可以导出为数据库(*.mdb)文件或电子表格(*.xls)文件。

(1)执行"文件"|"导出"|"MS Access数据库文件(*.mdb)"命令,弹出"选择数据库表格"对话框。用户选择需要输出的选项,将数据导出为Access数据库文件。

(2)执行"文件"|"导出"|"MS Excel电子表格文件(*.xls)"命令,弹出"选择数据库表格"对话框。用户选择需要输出的选项,将数据导出为Excel数据库文件。

8.7 设计实例

8.7.1 模型概况

以一个3层钢框架结构为例,介绍SAP2000进行结构分析设计的基本步骤。X向为3跨,轴间距为6m;Y向为2跨,轴间距为8m。结构共3层,结构层高均为4m,型钢截面为HW400×400×18×28,均采用Q235钢。楼面恒荷载为4.5 kN/m^2,楼面活荷载为3 kN/m^2,屋面恒荷载为6 kN/m^2,屋面活荷载为0.5 kN/m^2,边梁线荷载为8 kN/m^2。抗震设防烈度为8度,不考虑风荷载。图8.44所示为模型概况。

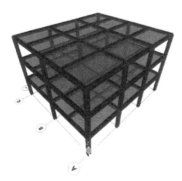

图8.44 模型概况

8.7.2 模型建立

1.初始化设置及定义轴网

单击界面工具栏左上角的"新模型"按钮，弹出"新模型"对话框（图8.45），"单位制"为"N，mm，C"、"材料"为"China"。在"模板"选项组中单击"轴网"按钮，弹出"快速绘制轴网线"对话框（图8.46），设置轴线数量及轴网间距。框架 X、Y 向跨数分别为3跨、2跨，轴间距分别为6m、8m；3层框架，层高为4m。故依次输入轴线数量为"4""3""4"，轴线间距为"6000""8000""4000"，单击"确定"按钮生成轴网，如图8.47所示。

模型建立

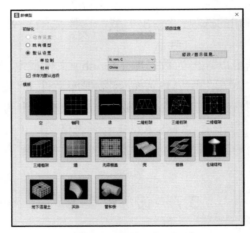

图8.45　"新模型"对话框

图8.46　"快速绘制轴网线"对话框

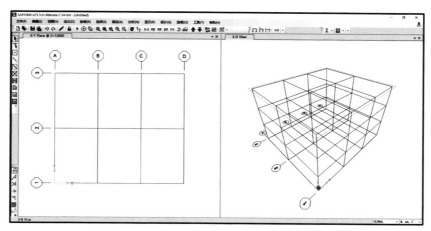

图8.47　生成轴网

参考 8.2.1 节打开"坐标 / 轴网系统"对话框（图 8.48），此时整体坐标系系统默认命名为"GLOBAL"，单击"修改 / 显示坐标系"按钮，弹出"轴网数据"对话框（图 8.49），将 X 向采用数字命名，Y 向采用字母命名。单击两次"确定"按钮，完成坐标 / 轴网的修改。

图8.48　"坐标/轴网系统"对话框

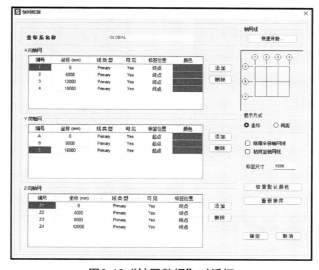

图8.49　"轴网数据"对话框

2. 定义材料属性

参考 8.3.3 节打开"定义材料"对话框（图 8.50）。单击"添加材料"按钮，弹出"添加材料"对话框（图 8.51），选择定义 Q235 钢。单击"确定"按钮，返回"定义材料"对话框，单击"修改/显示材料"按钮，在弹出的"材料属性数据"对话框（图 8.52）中，用户可对材料参数进行修改。

图8.50　"定义材料"对话框

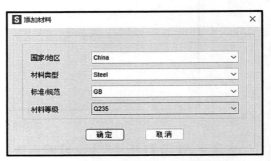

图8.51　"添加材料"对话框

3. 定义框架、板截面

参考 8.3.4 节打开"导入框架截面"对话框（图 8.53）。单击"导入框架截面"按钮，弹出"导入框架截面"对话框，在该对话框中可以定义中国标准型钢截面，单击"工字形/H形"按钮，在弹出的"Section Property File"窗口中选择"ChineseGB08.xml"中国标准型钢，根据截面形式导入标准截面（图 8.54）。

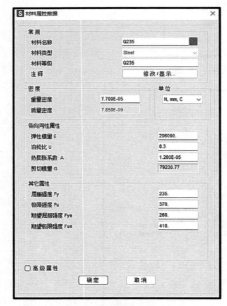

图8.52　"材料属性数据"对话框

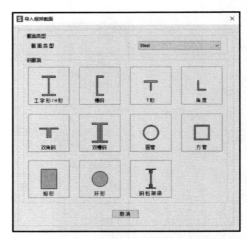

图8.53　"导入框架截面"对话框

(a) 选择中国规范

(b) 选择标准型钢截面

图8.54 选择截面属性文件

通过执行"定义"|"截面属性"|"框架截面"|"修改/显示框架截面"命令,用户可以根据需要自定义截面名称、材质及属性,如图8.55所示。

参考8.3.5节打开"面截面"对话框(图8.56),在"截面类型"下选择"壳",单击"添加面截面"按钮,弹出"壳截面数据"对话框,在对话框中的"厚度"选项组中"膜"(计算平面内刚度)和"板"(计算平面外刚度)均输入"0.01"(图8.57)。这里不考虑楼板刚度,因此定义刚度为"0"的板,取"0.01"用以传递面荷载。

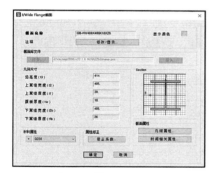

图8.55 自定义截面名称、材质及属性

图8.56 "面截面"对话框

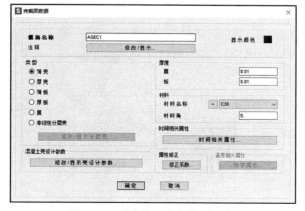

图8.57 "壳截面数据"对话框

4. 绘制构件

接下来开始绘制模型中的框架梁、框架柱及楼板。

执行"视图"|"设置 2D 视图"命令，弹出"设置 2D 视图"对话框（图 8.58），在平面栏选中"X–Y 平面"并输入"Z"的值为"4000"。

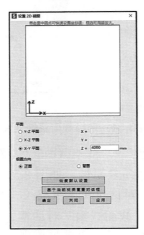

图8.58　"设置2D视图"对话框

执行"绘制"|"框架/索/钢束"命令，弹出"对象属性"对话框（图 8.59），在"截面属性"下拉列表中选择"HW400×400×18×28"，然后在"X–Y Plane@Z=4000"界面上绘制框架梁，因框架梁会被柱支座分成若干跨，所以框架梁应分段布置，即主梁应一跨一跨地绘制。

对象属性	
线对象类型	直框架
截面属性	HW400X400X18X28
端部释放	Continuous
局部轴转角	0.
XY平面内沿法线偏移	0.
绘图控制	无 <空格键>

图8.59　"对象属性"对话框

单击侧工具栏上的 🖋 按钮，用以捕捉框架端点和中点。执行"绘制"|"框架/索/钢束"命令，弹出"对象属性"对话框，在"截面属性"下拉列表中选择"HW400×400×18×28"，指定"端部释放"项为"Pinned"（简支），在每两道水平方向主梁的中间平行绘制一道次梁（图 8.60）。

对象属性	
线对象类型	直框架
截面属性	HW400X400X18X28
端部释放	Pinned
局部轴转角	0.
XY平面内沿法线偏移	0.
绘图控制	无 <空格键>

图8.60　绘制次梁

执行"绘制"|"多边形面"命令,弹出"对象属性"对话框,选择"截面属性"为"ASEC1",以主次梁划分的矩形为板,绘制零刚度板(图8.61)。

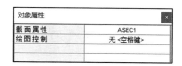

图8.61　绘制零刚度板

在"X–Y Plane@Z=4000"视图中,单击左侧工具栏中的"选择模式"按钮,再单击"全选"按钮,选中绘制的所有构件,执行"编辑"|"带属性复制"命令,弹出"带属性复制"对话框(图8.62),在"坐标增量"选项组中的"dz"处输入"4000","增量数据数量"处输入"2",单击"确定"按钮退出。

图8.62　"带属性复制"对话框

执行"绘制"|"框架/索/钢束"命令,弹出"对象属性"对话框,在"截面属性"下拉列表中选择"HW400×400×18×28",在 X–Z 平面或 Y–Z 平面视图上绘制框架柱,"端部释放"选择"Continuous",框架柱分3段布置,然后单击"选择模式"按钮,选择竖向的柱子,再单击"带属性复制"按钮,复制框架柱,其步骤与复制框架梁相同。

5. 设置约束条件

单击工具栏上的"默认3D视图"按钮,选择所有柱脚节点,再执行"指定"|"节点"|"支座"命令,弹出"指定节点支座"对话框(图8.63),选中全部6个节点自由度,定义刚接柱脚,单击"确定"按钮,完成柱脚约束设置(图8.64)。

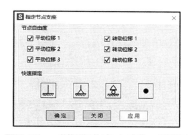

图8.63　"指定节点支座"对话框

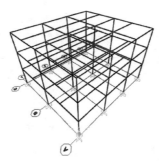

图8.64　指定节点支座

6. 定义荷载模式、荷载工况和荷载组合

参考 8.5.1 节打开"定义荷载模式"对话框（图 8.65）。系统默认"模式名称"为"DEAD"，"自重乘数"为"1"，用于计算结构自重，补充定义活荷载模式及 X 向和 Y 向地震模式。在"模式名称"中输入"LIVE"，在"类型"下拉列表中选取"Live"，自重系数输入"0"，单击右侧的"添加荷载模式"按钮，即可创建活荷载模式。

根据以上方法定义 X、Y 向地震荷载模式"Ex""Ey"（"类型"选择"Quake"，"自动侧向荷载模式"选择"无"），单击"确定"按钮退出对话框。

定义荷载

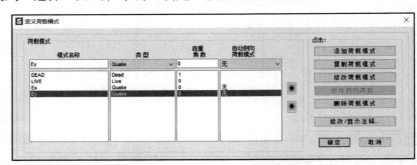

图8.65　"定义荷载模式"对话框

本实例地震作用采用反应谱法进行分析计算，参考 8.6.2 节选择 Chinese 2010 反应谱函数，单击"添加函数"按钮，弹出"Response Spectrum Chinese 2010 函数定义"对话框（图 8.66），定义"函数名称"为"8 degree"的反应谱函数，"阻尼比"输入"0.04"，"抗震设防烈度"选择"8（0.2g）"，"地震影响系数最大值"输入"0.16"，"场地特征周期"输入"0.35s"，单击两次"确定"按钮完成反应谱函数的定义。

同 8.5.4 节打开"定义荷载工况"对话框（图 8.67），其中，Modal 工况为模态分析工况，该实例的"工况类型"选择"MODAL"。程序默认的"工况类型"为"Linear Static"（线性静力工况）。

在"定义荷载工况"对话框中，"工况名称"选择"MODAL"，然后单击"修改 / 显示荷载工况"按钮，在弹出的"荷载工况数据"对话框（图 8.68）中可以对模态分析进行基本设置。

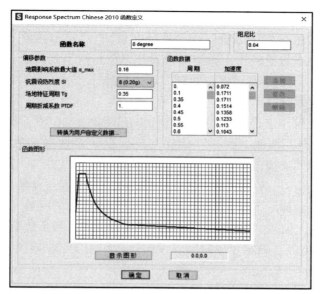

图8.66 "Response Spectrum Chinese 2010函数定义"对话框

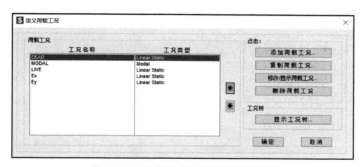

图8.67 "定义荷载工况"对话框

图8.68 "荷载工况数据"对话框

　　模态分析中，在考虑相同计算振型数目的前提下，使用 Ritz 向量法将得到更精确的结果。对于本实例，进行模态分析时选择特征向量法。"模态数量"指模态分析时需要分析的阶数，如果模态数量较少，振型质量参与系数将达不到要求，则采用反应谱法得到的地震作用将偏小。本实例"模态数量"最大值输入"10"。单击"确定"按钮，完成模态分析工况的设置。

　　接下来对荷载工况"Ex"和"Ey"进行修正。单击"定义荷载工况"对话框中的"修改/显示荷载工况"按钮，弹出"荷载工况数据"对话框（图 8.69），在"工况类型"下拉列表中选择"反应谱分析"，"模态组合"选择"CQC"（完全平方组合），"方向组合"选择"SRSS"（平方和的开方），"模态工况"选择"MODAL"。在"施加荷载"选项组中"荷载名称"下拉列表中选择"U1"（X 向），"函数"下拉列表中选择"8 degree"，"比例系数"输入"9800"（即重力加速度 g，比例系数单位为 mm/s^2）。单击"添加"按钮，然后单击"确定"按钮完成 X 向地震作用工况的定义。

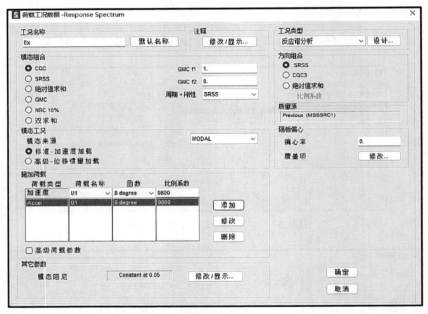

图8.69　　"荷载工况数据"对话框

　　Y 向地震作用工况的定义与 X 向类似，不同之处在于"荷载名称"下拉列表中选择"U2"（Y 向），参考 8.5.4 节打开"定义荷载组合"对话框（图 8.70），单击"添加荷载组合"按钮，弹出"荷载组合数据"对话框（图 8.71），在对话框中将"荷载组合"命名为"1.3D+1.5L+1.4Ex"，选择荷载工况"DEAD""LIVE"和"Ex"，分别输入比例系数"1.3""1.5"和"1.4"，单击"确定"按钮，完成一组荷载组合定义。用户可以根据自身需要，定义不同荷载组合。

　　7. 荷载输入

　　单击工作界面右下角"单位制"下拉选项，设置单位为"kN，m，C"，并且在"设

置 2D 视图"对话框中设置平面视图为"X–Y Plane@Z=4000"。框选二层（高度为 4m 处的平面，即二楼地面标高处）所有单元，执行"指定"|"面荷载"|"导荷至框架的均布面荷载（壳）"命令，弹出"指定导荷至框架的均布面荷载"对话框（图 8.72）。在该对话框中"荷载模式"选择"DEAD"，"导荷方式"选择"Two Way"（即面荷载向四边框架分布），"荷载"值输入"4.5"。同理"荷载模式"选择"LIVE"，输入活荷载值"3"，单击"确定"按钮，完成二层恒荷载和活荷载输入。

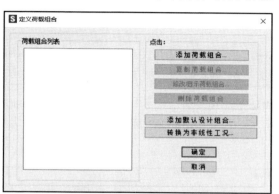

荷载输入

图8.70　"定义荷载组合"对话框

图8.71　"荷载组合数据"对话框

选择二层框架边梁，参考 8.5.2 节打开"指定分布荷载"对话框（图 8.73），"荷载模式"选择"DEAD"，"均布荷载"输入"8"（单位为 kN/m），单击"确定"按钮退出对话框，完成二层框架恒荷载输入。

单击工具栏中的"上移一层"命令，重复第二层指定荷载操作。

单击工具栏中的"上移一层"命令，选择屋面单元，分别输入恒荷载 6 kN/m² 及活荷载 0.5 kN/m²。用户可以右击单元查看荷载情况。

(a) 指定恒荷载

(b) 指定活荷载

图8.72　指定面荷载

图8.73　"指定分布荷载"对话框

用户可以选择模型，执行"显示"|"对象荷载"|"面"命令，弹出"显示面荷载"对话框（图8.74），"模式名称"选择"DEAD"，"荷载类型"选择"均布荷载 – 合力"，"导荷方式"选择"Two Way"，单击"确定"按钮，视图窗口将显示楼面荷载分布到框架梁的线荷载（恒荷载），如图8.75所示。

8. 定义质量源

执行"定义"|"质量源"|"修改/显示质量源"命令，弹出"质量源数据"对话框（图8.76），在"荷载模式"下拉列表中选择"DEAD"，"乘数"输入"1"，单击"添加"按钮即可添加恒荷载；同理可添加活荷载，在"荷载模式"下拉列表中选择"LIVE"，"乘数"输入"0.5"，单击两次"确定"按钮即完成质量源的定义。

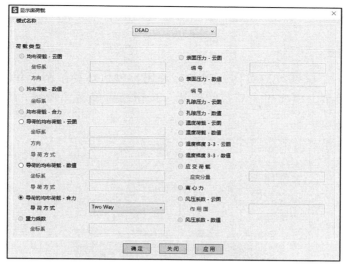

图8.74 "显示面荷载"对话框

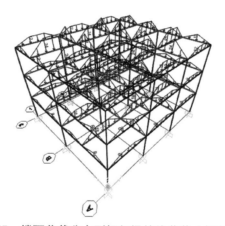

图8.75 楼面荷载分布到框架梁的线荷载（恒荷载）

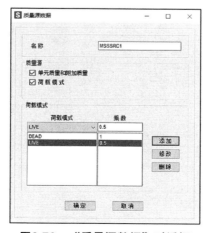

图8.76 "质量源数据"对话框

8.7.3 模型分析

1. 设置分析类型

执行"分析"|"设置分析选项"命令，弹出"分析选项"对话框（图 8.77），此时框架模型为空间模型，因此单击"空间框架"按钮，再单击"确定"按钮，即完成分析类型设置。

模型分析

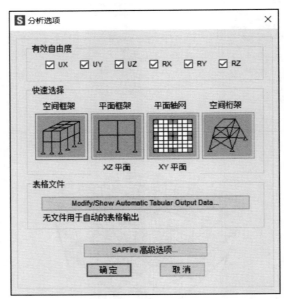

图8.77 "分析选项"对话框

2. 设置分析工况和运行分析

执行"分析"|"设置运行工况"命令，弹出"设置运行工况"对话框（图 8.78），选择全部荷载分析工况进行计算，单击"运行分析"按钮，进行结构计算分析。

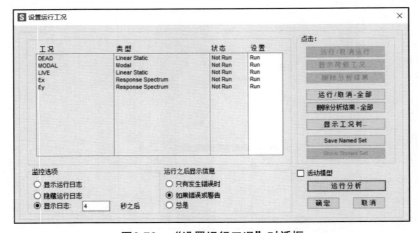

图8.78 "设置运行工况"对话框

3. 查看分析结果

执行"视图"|"设置2D视图"命令，弹出"设置2D视图"对话框，在该对话框中选择"X–Z平面"，输入"Y=8"，然后在"X–Z Plane@Y=8"的窗口，选择Ⓑ轴上所有的框架梁和框架柱。执行"视图"|"仅显示选择的对象"命令，再执行"视图"|"设置3D视图"命令，弹出"设置3D视图"对话框（图8.79），单击"快速视图"选项组中的"xz"按钮，单击"确定"按钮退出视图设置。

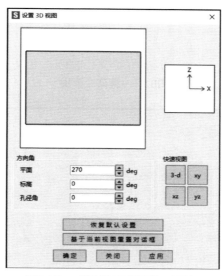

图8.79　"设置3D视图"对话框

执行"显示"|"变形图"命令，弹出"显示变形图"对话框（图8.80），选中"未变形图"，单击"确定"按钮，视图窗口将显示框架变形图（图8.81）。

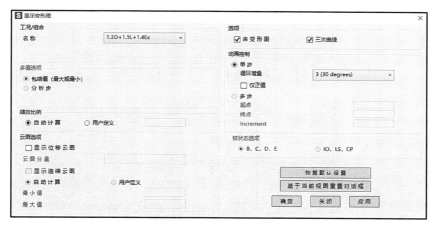

图8.80　"显示变形图"对话框

执行"显示"|"内力/应力"|"框架/索/钢束单元"命令，弹出"显示线单元内力/应力"对话框（图8.82），"应变分量"选择"弯矩3–3"（显示主轴弯矩），单击"确定"按钮，视图窗口将显示框架弯矩图（图8.83）。

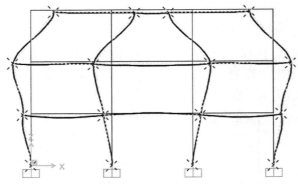

图8.81　框架变形图

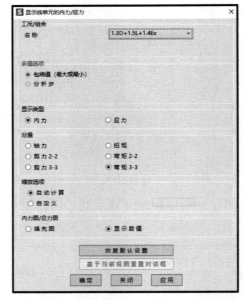

图8.82　"显示线单元内力/应力"对话框

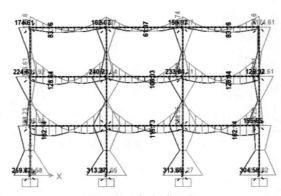

图8.83　框架弯矩图

右击框架即可得到此位置的剪力、弯矩、挠度值,"显示选项"选择"最大值"可以得到框架梁的剪力、弯矩及挠度最大值发生的位置(图8.84)。

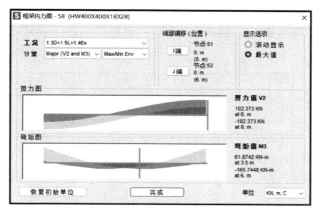

图8.84　框架单元详细内力变形图

8.7.4　模型设计

1. 设置钢框架设计首选项、覆盖项及设计荷载组合

执行"设计"|"钢框架设计"|"查看修改首选项"命令,弹出"钢框架设计首选项"对话框(图8.85),在"设计规范"下拉列表中选择"Chinese 2018",在"高层建筑?"下拉列表中选择"否",在"抗震等级"下拉列表中选择"等级Ⅲ"。

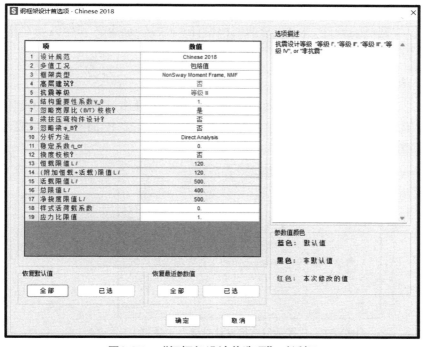

模型设计

图8.85　"钢框架设计首选项"对话框

用户可以根据自身需求对设计首选项参数进行修改。

执行"设计"|"钢框架设计"|"选择设计组合"命令，弹出"选择设计组合"对话框（图8.86），选择"组合列表"中的"1.3D+1.5L+1.4Ex"，单击"添加"按钮，取消选中"自动生成基于规范的设计组合"，单击"确定"按钮，完成对钢框架的荷载组合设置。

图8.86　"选择设计组合"对话框

2. 运行交互式设计

执行"设计"|"钢框架设计"|"开始钢结构设计/校核"命令，程序开始对构件进行设计验算。

3. 查看设计结果

执行"设计"|"钢框架设计"|"显示设计信息"命令，弹出"显示钢结构设计结果（Chinese 2018）"对话框（图8.87），在"设计输出"项中选择"P-M颜色和数值"，单击"确定"按钮即可显示构件应力比（图8.88）。

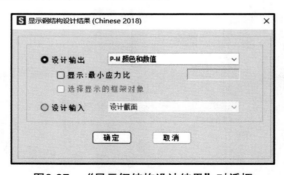

图8.87　"显示钢结构设计结果"对话框

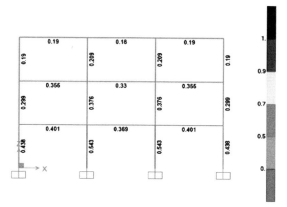

图8.88 显示构件应力比

右击某个构件，单击"细节"按钮，弹出"Steel Stress Check Data Chinese 2018"对话框（图 8.89），用户可以通过该对话框了解钢构件的具体信息，包括截面几何特征、构件类型、设计内力、设计参数、控制截面采用的规范公式、应力比等。

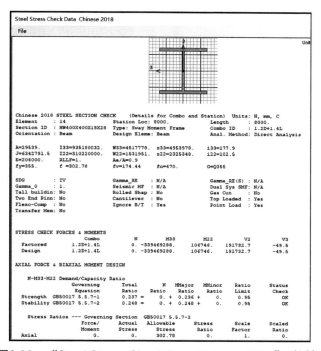

图8.89 "Steel Stress Check Data Chinese 2018"对话框

思考与练习题

1. SAP2000 的基本功能是什么？
2. 简述 SAP2000 是如何统计结构钢用量的。

3. 如何应用 SAP2000 进行模态分析？

4. 以集中荷载下的简支梁的受力分析为例，运用 SAP2000 计算简支梁跨中弯矩和挠度。

5. 用 SAP2000 计算图 8.90 所示钢框架结构，X 向为 4 跨，轴间距为 6m；Y 向为 2 跨，轴间距为 8m，结构共 3 层，层高为 4m，屋脊处层高为 5m，型钢柱截面为 HM600×300×12×20，型钢梁截面为 HM400×300×10×16，均采用 Q235 钢，楼面恒荷载为 5 kN/m²，楼面活荷载为 2.5 kN/m²，边梁线荷载为 7kN/m²，屋面恒荷载为 5 kN/m²，屋面活荷载为 0.5 kN/m²，抗震设防烈度为 8 度，不考虑风荷载。

图8.90　3层框架模型概况

参 考 文 献

北京金土木软件技术有限公司，中国建筑标准设计研究院，2012. SAP2000 中文版使用指南［M］. 2 版. 北京：人民交通出版社.

北京筑信达工程咨询有限公司，2018. SAP2000 中文版技术指南及工程应用：全 2 册［M］. 北京：人民交通出版社.

冯若强，李娜，陆金钰，2012. 土木建筑计算机辅助设计［M］. 南京：东南大学出版社.

顾祥林，2011. 建筑混凝土结构设计［M］. 上海：同济大学出版社.

顾祥林，2015. 混凝土结构基本原理［M］. 3 版. 上海：同济大学出版社.

李国强，等，2014. 建筑结构抗震设计［M］. 4 版. 北京：中国建筑工业出版社.

梁发云，曾朝杰，袁聚云，等，2021. 高层建筑基础分析与设计［M］. 2 版. 北京：机械工业出版社.

孙香红，孔凡. 实用混凝土结构设计：课程设计及框架结构毕业设计实例［M］. 西安：西北工业大学出版社，2020.

中国建筑科学研究院，建筑工程软件研究所，2009. PKPM 结构软件施工图设计详解［M］. 北京：中国建筑工业出版社.